制造业先进技术系列

天然气调压装置关键阀门设计选型与应用技术

主　编　陆培文

副主编　黄健民　李　锴

参　编　李东明　刘维洲　彭忍社
郑　欣　樊军康　卫俊青
黄　楠　张长明　娄　娟
张兴盛

U0279169

机 械 工 业 出 版 社

本书基于天然气调压装置对阀门的控制要求和使用要求，结合流体的压力、流量和温度等参数，给出了天然气调压装置关键阀门的正确设计和选用方法。本书全面阐述了天然气调压装置关键阀门的结构、材料、设计计算、试验与检验，并介绍了天然气调压装置关键阀门的选型与应用。

本书全面采用了国内外现行相关设计标准和数据，可供天然气运输和阀门设计、制造、安装、使用与维修人员使用，也可为大专院校相关专业师生提供参考。

图书在版编目（CIP）数据

天然气调压装置关键阀门设计选型与应用技术 / 陆培文主编. -- 北京：机械工业出版社，2024. 6.
（制造业先进技术系列）. -- ISBN 978 - 7 - 111 - 76808 - 1

Ⅰ. TE974

中国国家版本馆 CIP 数据核字第 2024F0U468 号

机械工业出版社（北京市百万庄大街 22 号　邮政编码 100037）
策划编辑：王永新　　　　　　　责任编辑：王永新
责任校对：韩佳欣　李　婷　　封面设计：马精明
责任印制：邓　博
北京盛通数码印刷有限公司印刷
2025 年 2 月第 1 版第 1 次印刷
169mm × 239mm · 18.75 印张 · 364 千字
标准书号：ISBN 978-7-111-76808-1
定价：89.00 元

电话服务　　　　　　　　　　网络服务
客服电话：010-88361066　　机　工　官　网：www.cmpbook.com
　　　　　010-88379833　　机　工　官　博：weibo.com/cmp1952
　　　　　010-68326294　　金　　书　　网：www.golden-book.com
封底无防伪标均为盗版　　　　机工教育服务网：www.cmpedu.com

前　　言

天然气调压装置关键阀门在天然气管道输送系统中被广泛应用于控制流体的压力、流量。由于流体的压力、流量、温度和物理化学性质的不同，对流体调压装置的控制要求和使用要求也不同，所以调压装置的阀门种类也不同。因此，正确地设计和选用调压装置关键阀门，是实现调压装置关键阀门的调节性能、密封性能、动作性能和流通能力的关键所在。对于大多数调压装置关键阀门来说，调节阀的性能（基本误差、回差、死区、始终点偏差、额定行程偏差、固有流量特性、泄漏量等）是首要问题。自力式调节阀（监控调压阀）是当控制指挥器（导阀）将调压阀的出口压力给定后，还能够在用气量发生变化时，使调压阀的出口压力波动稳定在5%以内；安全切断阀是当下游信号采集点处的压力超出弹簧所设定的范围后，采集点处的压力信号反馈给指挥器（导阀），使阀门快速关闭，从而切断气体向下游的输送，保护下游设备及管道的安全。如果密封性差或密封寿命低、动作不可靠，则会造成天然气的外漏或内漏，从而产生环境污染和经济损失，甚至造成人身伤亡。因此，对于高、中压气体调压装置关键阀门的设计和制造来说，安全可靠是非常重要的。

本书就是从天然气调压装置关键阀门——安全切断阀、自力式调节阀（监控调压阀）、轴流式调节阀（工作调压阀）的设计入手，重点介绍天然气调压装置关键阀门的组成及分类、安全切断阀的设计和选用、自力式调节阀的设计和选用、轴流式调节阀的设计和选用，如调压装置关键阀门的最小壁厚计算、密封比压的计算、紧固件的计算、弹簧和膜片的计算、调节阀计算的理论基础、流量系数的计算、调节阀的可调比、调节阀的固有流量特性、调节阀的公称尺寸、调节阀壳体和内件材料、调节阀的噪声、调压装置关键阀门的检验、压力试验和性能检验，以及调压装置关键阀门的选型与应用技术等。

本书在编写过程中注重标准的应用，贯彻GB/T 4213、GB/T 17213（所有部分）、GB/T 26640、GB/T 26481、GB 27790、CJ/T 335、JB/T 13885、ASME B16.34、API 6D、EN 334、EN 14382等标准。

本书在编写过程中尽量考虑天然气调压装置关键阀门用户的需求，把可能用到的各种数据资料尽量提供清楚，正文中无法提供的，在相关的技术标准或设计手册中给予补充，力求全面。

本书在编写过程中，得到单位的领导及同志的指导和帮助。为本书提供技术资料和协助出版工作的有：博思特能源装备（天津）股份有限公司、天津贝特尔流体控制阀门有限公司、中国石油西气东输管道公司。

由于编著者水平有限，错误和不妥之处在所难免，真诚地希望广大读者批评指正。

编著者

目　录

第1章　天然气调压装置关键阀门综述

1.1　现代工业对天然气调压装置关键阀门的要求

石油、天然气长输管线站场输配系统的调压装置关键阀门，一般是由安全切断阀、监控调压阀（自力式调节阀）和工作调压阀（轴流式调节阀）组成。这三种阀门按照从上游至下游的顺序，串联安装在一起。通常情况下，安全切断阀、监控调压阀在工作时是全开的，只有工作调压阀会按照用户的要求调节天然气的工作压力和流量。当工作调压阀出现故障，停止调节压力和控制流量时，串联安装的监控调压阀（一直感应着下游的压力）将以略高于正常压力的状态开始运行，从而维持下游正常的压力和流量值。当串联安装的监控调压阀也出现故障，出口压力明显上升或降低时，安全切断阀将快速关闭，输气转入备用管线。在故障排除后，需要人工手动再开启安全切断阀。调压装置关键阀门在天然气长输管线分输站中担负着为下游用户平稳、安全地提供气源的任务，是直接联系站场和下游用户的纽带。因此，调压装置关键阀门的质量非常重要，要保证它工作可靠、不出故障、使用寿命长。

油气管道站场输配系统调压装置关键阀门如图1-1所示，其中包括安全切断阀、监控调压阀（自力式调节阀）、工作调压阀（轴流式调节阀）。

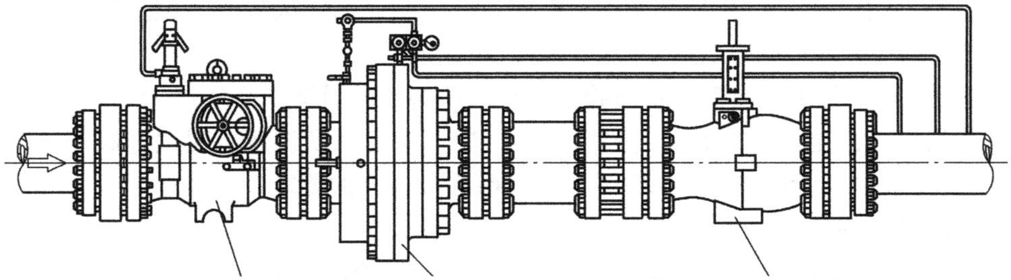

图1-1　油气管道站场输配系统调压装置关键阀门

传统的油气管道调压装置关键阀门虽然基本能满足许多油气管道的要求，但随着科学技术的不断进步，节约能源和保护生态环境的要求不断提高，对油气管道调压装置关键阀门提出了更严格的要求和更高的标准。

1. 质量稳定、工作可靠、操作安全

在油气管道调压装置的过程控制中，调压装置直接和介质接触，一旦发生故障，就会影响介质的输送。在石油、天然气的开采和输送过程中，大部分操作在低温高压条件下进行，介质都是易燃易爆的天然气和各种油品，因此，调压装置的可靠性和防火防爆性能非常重要。

为了保证调压装置的性能和可靠性，必须做到如下要求：

（1）确保调压装置关键阀门的制造质量　调压装置关键阀门的选用要经过严格的强度计算（壳体、螺栓），流量系数 K_v 值的计算；类型、公称压力、公称尺寸、各项性能指标都要符合国家标准、行业标准或国际标准。调压装置关键阀门的壳体或控压件的材料都应适应输送介质和用户规定的运行技术条件，金属材料应选择耐腐蚀、耐磨损且具有足够强度和刚度的材料，以避免丧失功能和承载能力。选择供烃类气体装置用公称压力大于或等于 Class600 的调压装置关键阀门时，应考虑具有抗释压爆裂的功能，还要按照国家标准或国际标准进行壳体静水压试验和密封性能试验。

（2）确保可靠的操作　为了防止误操作，工艺人员一定要认真阅读产品使用说明书，按标准 EN 14382：2019《气体调压站和设施用安全装置—入口压力达 100bar 的气体安全切断装置》、JB/T 13885—2020《气体调压装置用安全切断阀》、EN 334：2019《进口压力不大于 10MPa（100bar）的气体调压阀》、GB/T 17213.5—2008《工业过程控制阀　第 5 部分：标志》仔细核对阀体标志，如表示介质流动方向的箭头、阀体材料的缩写符号、制造厂厂标、熔炼标志、公称尺寸 DN 及公称压力 PN 或 Class；在电动执行机构适当位置的铭牌上应标出制造厂名、产品型号、工作温度、额定行程、额定流量系数 K_v 值、固有流量特性、可调比、壳体材料、设计位号、产品编号、产品制造年月等。

（3）确保有应急装置　当调压装置关键阀门使用在天然气管线上时，若输送的天然气流量和压力超过设定值或低于设定值，为防止直接损害其他设备，必须在管线或装置上安装安全切断阀。安全切断阀的泄漏量应符合 ISO 5208：2015 的 A 级要求；在容易发生火灾的场合，结构上应考虑到调压装置关键阀门的防火性能，应符合 ISO 10497：2022 或 API 6FA—2020 的要求。

2. 环境保护

自然环境、生活环境的保护越来越受到各级政府的重视。调压装置关键阀门对环境造成不良影响的因素主要是大气污染和噪声问题，需要有相应的处理措施。

（1）防止大气污染　“跑、冒、滴、漏”是众多天然气净化厂、炼油厂常见的问题。调压装置关键阀门发生泄漏，不仅会浪费大量能源，而且会污染环境，诱发中毒，引起火灾和爆炸。

为了防止污染大气，调压装置关键阀门的阀杆填料和阀盖垫片应选用适当的密封材料和恰当的密封结构及密封方法，对于 H_2S、易燃易爆及强腐蚀的介质，要按 ISO 15848-2：2015、API 622—2018、API 624—2023、GB/T 26481—2022 的要求进行逸散性检漏。

（2）防止噪声　在使用调压装置的环境保护问题中，噪声问题十分突出。由于调压阀的使用必然造成流体减压、流速变化和振动，噪声是难以避免的，问题是要控制噪声的大小。调节阀噪声的类型有机械振荡噪声、液体动力噪声、气体动力噪声，对其产生的机理、预估和防止可按标准 IEC 60534-8-1 ~ IEC 60534-8-4 进行。

3. 节约能源

在使用调压装置关键阀门的过程中要把节能问题和调节阀的结构、流量特性、使用、安装、维修联系起来。

（1）采用低流阻的调节阀　当流体流过调节阀时的流阻减小，能耗减少。可选用轴流式调节阀，使流道的结构为流线型，流阻就相当小，可使用低流阻（低 S 值）的调节阀，能够达到节能的目的。

（2）提高阀芯、阀座的密封性　阀芯、阀座的密封性能不好，调节阀就不能完全密封，产生泄漏会引起压力下降，造成动力损失。为了提高密封性，可采用增强聚四氟乙烯（RPTFE）、MOLON、DEVLON 或 PEEK 来代替纯聚四氟乙烯制造阀座，也可采用聚四氟乙烯、奥氏体不锈钢缠绕式密封垫片或迷宫式密封面等办法。

（3）提高阀杆的密封性　采用特殊阀杆密封结构，如波纹管密封结构，唇封 + O 形密封圈 + 填料的阀杆密封结构，也可在填料密封中使用隔环来提高填料密封性能。

（4）尽量使用电动执行机构　采用气动执行机构要始终保持一定的气压才能动作，采用液动执行机构要始终保持一定的液压力才能动作，这样所消耗的能源很多。如果采用电动执行机构，只需要在改变开度时供电，当调节阀达到所需要的开度时就停止供电。虽然电动执行机构造价较高，有隔爆性能要求，但具备节能的优点。

4. 适用于新能源

长期以来，石油、天然气是一种主要能源，而近年来出现了许多新能源，这些新能源从加工生产到运输、贮存，都对调压装置关键阀门提出了特殊要求。

（1）液化天然气　液化天然气是一种清洁的能源，它可以解决燃烧石油产生大气污染的公害问题。由于液化天然气的温度低达 -162℃，在这种低温情况下，对低温调节阀及其所选用的材料和结构都有新的要求，关键在于解决材料的韧性、强度和低温下的变形问题，要求阀杆填料密封部位在 0℃ 以上，动作部分不能冻结。如果低温调节阀用于超低温的液态氢（-253℃）及液态氦（-269℃）的控制系统，则从结构到材料处理都要使用特殊的方法。

（2）煤制天然气　将煤粉碎后与溶剂混合，再经过一系列的处理和脱硫，可得到一种优质燃料——煤制天然气。用于这种系统装置上的调节阀受液态排渣水煤浆的高速冲刷，会很快发生腐蚀而损坏，因此，材料的韧性、硬度、耐磨性、耐蚀性及耐热性都很重要，除选用适当的材料外，还可以用迷宫式结构来缓和煤浆的冲刷作用。

（3）开发页岩气　页岩气是存在于泥页岩中，以吸附及游离状态存在的非常规天然气。水力压裂是一种提取页岩和其他岩层中油气的方法，通常是通过高压向地下注入混入了砂子和各种化学物质的水，利用水力作用，人为地使油气层形成裂缝，并释放油气。而随着水平钻井技术与压裂技术的结合，压裂变得更加经济了，这意味着可以从一口井中钻削几个水平钻孔，就像河流上的支流一样，最大限度地增加可回收的油气量。此外，对于那些已经开采的油井，当传统技术无法开采更多的油气资源时，也可以在已经钻好的井上进行压裂。

展望未来，天然气调压装置要面临的问题会更多。随着科技进步，对环境保护的要求会越来越高，对 CO_2、SO_2、H_2S 的排放控制会越来越严格，这就要求对旧的天然气调压系统进行改造，或者创造出更先进的天然气调压方法，而新的天然气调压装置关键阀门对调节阀的要求就更高。

1.2　天然气调压装置关键阀门的历史和现状

1.2.1　天然气调压装置关键阀门的发展历史

天然气调压装置关键阀门的发展与工业生产过程的发展密切相关。远古时期，人们就为了控制河流或小溪的水流量，采用大石板或树干来阻止流动或改变水流方向。普遍认为是古罗马人为了农作物灌溉而开发了相当复杂的水系统，采用了旋塞阀和柱塞阀，并使用止回阀防止水的逆流。阀门工业的现代历史与工业革命并行，瓦特发明了第一台调节转速的控制器。其后，流体流量的控制越来越被人们重视。最早的调节阀是1880年由威廉·费希尔（William Fisher）制造的泵调节器，这是一种带重锤的自力式调节阀，当阀后压力增大时，在重锤作用下，调节阀开度减小，从而达到稳定压力的控制效果。

在20世纪20~30年代，以阀体形状为球形的球形阀为代表的单座和双座的调节阀（Globe Valve）问世；40年代相继出现了适用于高压介质的角形调节阀，用于腐蚀介质的隔膜阀和适用于大流量的蝶阀等，并研制出了阀门定位器等产品。1949年，在德国成立了化学和石化工业的第一个专业协会——测量与控制标准协会（NAMUR），并开展标准的制定工作。20世纪50~60年代出现了三通调节阀，用于配比调节和旁路调节，也进一步展开了对球阀的研究，出现了V

形开口的调节球阀，同时，还研究了适用于大压差和降低噪声的套筒调节阀。20 世纪 70 年代，套筒调节阀被广泛应用于工业生产过程控制，同时，偏心旋转阀成为角行程控制的佼佼者，偏心旋转阀具有良好的密封性和较大的流通能力，可应用于较大压差场合。20 世纪 80 年代开始，各种精小型调节阀诞生，它对调节阀执行机构进行的改革，使调节阀的重量和高度降低，流通能力提高。20 世纪 90 年代开始，随着计算机的广泛应用，人们对智能调节阀的要求也越来越强烈，相继诞生了各种智能电气阀的定位器和智能阀门定位器的现场总线控制。21 世纪初，又研制出轴流式调节阀，它的流通能力大幅提高，同时又降低了噪声。现场总线调压装置得到应用，随着控制功能的提高，对调压装置关键阀门的要求也越来越高。

1.2.2　我国天然气调压装置关键阀门的现状

我国天然气调压装置关键阀门工业生产行业起步较晚，在 20 世纪 60 年代才开始研究单座、双座调节阀等产品。20 世纪 70 年代开始，随着工业生产规模的扩大、工业过程控制要求的提高，一些调节阀产品已不能适应生产过程控制的要求，如对高压力、高压差、低温、高温和腐蚀、易燃、易爆及有毒介质控制的要求等。为此，一些大型石油化工企业在引进装置的同时，也引进了一些调节阀，如带平衡阀芯的套筒阀、偏心旋转阀、高压差迷宫式调节阀等，为我国的调节阀制造指明开发方向。20 世纪 80 年代开始，许多石化装置先后引进国外先进技术。随着引进装置的应用，一些调节阀制造厂也引进了国外著名调节阀制造商的技术和产品，使我国调节阀产品的品种和质量得到明显提高。我国生产出各种固有流量特性的套筒阀、偏心旋转阀等，并开始研制精小型调节阀。随着 600MW、1000MW 等大型超临界、超超临界火电项目的建设，我国也研制了减温减压装置、主蒸汽调节阀及各种电液执行机构、长行程执行机构等，以适应火电建设的需求。20 世纪 90 年代开始，我国的调节阀工业也在引进和消化国外先进技术后开始飞速发展，一些合资和外资的调节阀生产企业生产出有特色的产品，填补了一些特殊工业调节阀的空白，使我国调节阀工业水平大大提高，缩短了与国外的差距。在 21 世纪初，随着轴流式调节阀的研制成功，它的固有流量特性可任意制造，流通能力大大增加。随着现场总线技术的应用，未来我国的石油、天然气长输管线站场输配系统压力调节装置关键阀门的性能会越来越好。

目前，调节阀新的理论和计算公式已逐渐为大家所接受，但仍没有统一，历史留下来的各种计算公式仍被保留。采用旧的公式虽然误差大，但计算较为简单；采用新的公式虽然计算精确，但比较烦琐，因为计算的系数很多，要查阅很多的图表。但随着科技进步，采用新的公式进行计算势在必行。

1.3 天然气调压装置关键阀门的发展趋势

1.3.1 天然气调压装置关键阀门应用中存在的问题

1. 安全切断阀

(1) Honeywell - RMG (德国) 阀体为整体铸造的直通式，结构形式为旋启翻板式结构，依靠弹簧力及管道内压力实现密封。手动及远程控制切断在一个装置内，超过切断须外加一个导阀来实现。其缺点是：指挥器结构复杂，须外加导阀，且膜片易损坏；整体功能不全，无欠压切断功能；超压切断需要向外界排放天然气，存在安全隐患。

(2) Emerson - TARTARINI (意大利) 两段式锻造阀体，阀座为橡胶材质的平板式结构，阀瓣为套筒式结构，主密封依靠套筒端面和阀座平面密封。其缺点是：非直通式结构，流通能力差，压力损失大，噪声高（相对于直通式）；阀瓣与阀座为端面密封，密封比压小，密封面受气流冲击，易损伤，密封寿命短；须外加指挥器实现超压切断，且结构复杂、功能不全，无欠压切断和远程切断功能；无压力平衡的压力旁通阀，不便于人工就地开启阀门，易造成复位器损坏。

(3) GORTER (荷兰) 阀体为整体铸造的 GLOBE 结构，结构形式为截止阀式，依靠弹簧力及管道内介质压力密封。其缺点是：结构复杂，零件多、易损坏、动作不可靠；允许压差小，高压差时不宜采用；流通能力小，压力损失大，噪声高；由于流体对阀芯的推力大，即不平衡力大，因此，在高压差、公称尺寸 DN 大的应用场合，不宜采用这类安全切断阀；抗冲刷能力差，阀内流路复杂，在高压差应用场合，受到高压流体的冲刷较严重，并在高压差时造成流体的内蒸发和空化，加重了对阀体的冲刷。

2. 监控调压阀（自力式调节阀）

(1) Honeywell - RMG (德国) 两段式阀体，阀座为圆锥台式结构，阀瓣为套筒式，依靠套筒内壁的端面夹角与阀座锥面顶压密封，主膜片为盆形，指挥器为双级的膜片式结构。其缺点是：两段式结构不能实现在线维修，当更换易损的阀座配件时，阀门需要整体从管道上拆下后，才能进行维修工作；阀位指示为嵌入式，电阻器易损坏，维修成本高；指挥器内部的气体通道狭小，泄气控制阀无法排除高压降所析出的液滴，极易造成冰堵，导致停输。

(2) Emerson - TARTARINI FL (意大利) 四段式阀体，阀座是平板结构，阀瓣是套筒式结构，依靠套筒端面和阀座平面密封，膜片为平板结构。其缺点是：四段式阀体泄漏点多、密封困难；平面橡胶阀座易受气流杂质损伤、寿命低，密封比压小、易泄漏；唯一的阀位指示为单层密封的阀杆结构，维修需要解体阀门，且极易泄漏；主膜片为平板结构，阀门在循环开启关闭时，膜片承受拉伸力和产生变形量较大，易造成损坏，更不适宜在长期处于全开状态下的监控调压阀的场合使用。

3. 工作调压阀（轴流式调节阀）

（1）MOKVELD - RZD REQX（荷兰） 整体轴流式铸造阀体，调节单元的结构形式为活塞式阀芯配合多层套筒式结构，阀杆和推杆为斜齿条传动结构。其特点是：按调节阀制造厂家规定流向（套筒内进气）输送管道极易堵塞，造成活塞与套筒快速磨损和卡死而停输；单级密封的中腔阀杆的密封圈易内漏，造成中腔带压运行托起推杆，加速磨损阀杆与推杆之间的齿条，降低使用寿命，增加维修成本；调节阀的可靠性差。调节阀在出厂时的特性与运行一段时间后的特性有很大差异，如泄漏量增大、噪声增大、阀门重复精度变差等，给长期运行带来困难；调节阀外漏超标，随着环境保护意识的不断增强，调节阀的阀杆密封和垫片密封设计结构很关键，又加上对易燃、易爆、有毒、强腐蚀的介质要根据 ISO 15848-2：2015、API 622—2018、API 624—2023、GB/T 26481—2022 进行检查，因此，改善阀杆填料密封和垫片密封是当务之急。

（2）Honeywell - RMG（德国） 阀体为两段式铸造结构，调节单元的结构形式为活塞式阀芯配合多层套筒式结构，阀杆和推杆为齿轮齿条传动。其缺点是：两段式的阀体结构，增加了泄漏的可能性；齿轮与齿条的传动基本误差大，回差精度低，高精度传动保持寿命短，维护成本高；调节阀的固有流量特性已在产品出厂时确定，但工业过程被控对象特性各不相同，加上压降比的变化，使调节阀的工作流量特性不能与被控对象特性匹配，并使控制系统控制品质变差；调节阀的外漏超标、调节阀的阀杆密封和垫片密封，没有达到 ISO 15848-2：2015、API 622—2018、API 624—2023、GB/T 26481—2022 的要求。因此，改善阀杆密封结构和填料密封材料势在必行。

1.3.2 天然气调压装置关键阀门的发展方向

1. 安全切断阀

阀体为整体铸造直通式，结构形式为旋启翻板式结构或轴流式结构，依靠弹簧力及管道内介质压力实现密封，超压、欠压、手动及远程切断集成于一个指挥器（导阀）。翻板式结构适用于公称压力 Class150 ~ Class900、公称尺寸 NPS1 ~ NPS16；轴流式结构适用于公称压力 Class150 ~ Class900、公称尺寸 NPS8 ~ NPS40。其优点是：直通式的阀体结构流通能力强，压力损失小，噪声低，翻板式或轴流式结构密封比压大，密封效果好；指挥器（导阀）集成化程度高，具有超压、欠压、远程、就地切断的完整功能；指挥器（导阀）无橡胶膜片等易损件设计，避免膜片损坏泄漏天然气；阀门切断后，指挥器（导阀）不会向外界排放天然气，无爆炸性气体排放的安全隐患；轴流式的阀杆密封结构设计考虑了逸散性标准 ISO 15848-2：2015、API 622—2018、API 624—2023 和 GB/T 26481—2022 的要求，即有两道 O 形圈和两道唇封设计的平衡密封圈，保证阀杆密封结构。

2. 监控调压阀（自力式调节阀）

阀体改为三段式结构，阀座是梯形圆锥台结构，阀瓣是套筒式结构，密封原理为套筒的端面夹角与阀座锥面挤压密封，膜片为 W 形可伸缩式结构，指挥器（导阀）为双级，前置指挥器（导阀）的作用是为控制指挥器（导阀）提供一个稳定的进口压力，消除输气管线压力不稳定对控制指挥器（导阀）调压的影响。控制指挥器（导阀）的作用是调节和稳定调压阀的出口压力。当控制指挥器（导阀）将调压阀的出口压力给定后，还能够在用气量发生变化时，使调压阀的出口压力波动稳定在 5% 以内，并标配可互为备用的双过滤器。其优点是：三段式结构可真正实现在线维修清理和更换阀座；套筒与增强聚四氟乙烯（RPTFE）阀座对中性好，密封比压大，密封效果好，可实现零泄漏；就地、远程双阀位指示，阀杆密封为双层，可在阀体外维修，更换成本低；双过滤器更换滤芯无须停输；控制指挥器（导阀）为耐冰堵型设计，冷凝液滴可通过限流阀排到下游管线；控制指挥器（导阀）气源配备截止阀，便于查询阀后管线升压内漏点原因。

3. 工作调压阀（轴流式调节阀）

阀体为整体轴流式铸造或锻焊，调节单元的结构形式为活塞式阀芯配多层套筒式结构，阀杆和推杆为 45°斜齿条传动结构。其优点是：45°斜齿条传动效率高，基本误差和回差都小；多级近似等百分比打孔的多层套筒降噪效果好、调节精度高；双级密封的中腔阀杆的密封圈不易内漏和外漏，使轴流式调节阀达到 ISO 15848-2：2015 和 GB/T 26481—2022 的逸散性检漏要求，同时有效保护推杆和阀杆的斜齿条的使用寿命；管道气从套筒外进气，拦截管道中的杂质，有效保护阀芯和套筒，延长使用寿命，降低维修成本。

调节阀的发展方向主要是标准化、智能化和安全化，同时兼顾节能与环境保护。

（1）标准化 调节阀的标准化已经提到议事日程，调节阀的标准化主要表现在下列方面：

1）为了实现互换性。相同的公称压力 PN（Class）、相同的公称尺寸 DN（NPS）的调节阀使用相同的结构长度、相同的法兰标准，使用户不必为选择制造商而花费大量时间。

2）为了实现互换操作性。不同制造商生产的调节阀能够与其他制造商的产品协同工作，不会发生信号和阻抗的不匹配等现象。

3）标准化的诊断软件和其他辅助软件，使不同制造商的调节阀可进行运行状态的诊断、运行数据的分析等。

4）标准化的选型程序。调节阀的选型仍是自控设计人员十分关心的问题，采用标准化的计算程序，根据工艺所提供的数据，能够正确计算所需调节阀的流量系数 K_v（C_v），确定配管及选用恰当的壳体、阀芯及阀内件材质等，使设计过程标准化，提高设计质量和速度。

（2）智能化　调节阀的智能化主要采用智能阀的定位器，智能化表现在下列方面：

1）调节阀的自诊断。实现运行状态的远程通信等智能功能，使调节阀的管理更方便，故障诊断变得容易，也降低了对维护人员的技能要求。

2）减少产品类型。简化生产流程，采用智能阀门定位器不仅可方便地改变调节阀的固有流量特性，也可以提高控制系统控制品质。因此，对调节阀固有流量特性的要求可简化及标准化（如仅生产等百分比特性调节阀），用智能化功能模块实现与被控对象特性的匹配，使调节阀产品的类型和品种大大减少，使调节阀的制造过程得到简化。为减少调节阀的品种，国内也有厂家生产全功能调节阀。这些智能化方法将不断提高，并在生产和市场中经受考验和认可。

3）数字通信。数字通信将在调节阀中获得广泛应用，以 HART 通信协议为基础，一些调节阀的阀门定位器将输入信号和阀位信号在同一传输线实现；以现场总线为基础，调节阀与阀门定位器、PID 控制功能模块结合，使控制功能在现场实现，控制更及时、更迅速，并可分散危险。

4）智能阀门定位器。智能阀门定位器具有阀门定位器的所有功能，同时能够改善调节阀的动态和静态特性，提高调节阀的控制精度。因此，智能阀门定位器将在今后一段时间内成为重要的调节阀辅助设备被广泛应用。

（3）安全化　仪表控制系统的安全性已经得到各方面的重视，安全仪表系统（SIS）对调节阀的要求也越来越高，表现在以下几个方面：

1）对调节阀故障信息诊断和处理要求提高，不仅要对调节阀进行故障发生后的被动性维护，而且要进行故障发生前的预防性维护和预见性维护。因此，对组成调节阀的有关组件进行统计和分析，及时提出维护建议等更为重要。

2）对用于紧急停车系统或安全联锁系统的调节阀，提出及时、可靠、安全动作的要求。确保这些调节阀能够反应灵敏、准确。

3）对用于危险场所的调节阀，应简化认证程序，如本安应用的现场总线仪表，可简化为采用 FISCO 现场总线本质安全概念，使对本安产品的认证过程简化。

4）与其他现场仪表的安全性类似，对调节阀的安全性，可采用隔爆技术、防火技术、增安技术、本安技术、抗静电技术、无火花技术等；对现场总线仪表，还可采用实体概念、本安概念、FISCO 概念和非易燃概念等。

（4）节能　降低能源消耗，提高能源利用率是调节阀的一个发展方向。主要有以下几个方面：

1）采用低压降比调节阀。低压降比调节阀使调节阀在整个系统压降中占的比例减少，从而降低能耗，因此，设计低压降比的调节阀是发展方向之一。另一个发展方向是采用低阻抗调节阀，如采用蝶阀、偏心旋转阀等。

2）采用自力式调节阀。如直接采用阀后介质的压力组成自力式控制系统，用被控介质的能量实现阀后压力控制。

3）采用电动执行机构的调节阀。气动执行机构在整个调节阀运行过程中都需要有一定的气压，虽然可采用消耗量小的放大器等，但日积月累，耗气量仍是巨大的。采用电动执行机构，在改变调节阀开度时，需要供电，在达到所需开度时，就可不再供电。因此，从节能角度看，电动执行机构比气动执行机构有明显的节能优点。

4）采用压电调节阀。在智能阀门定位器中采用压电调节阀，只有当输出信号增加时才耗用气源。

5）采用带平衡结构的阀芯。降低执行机构推力或转矩，缩小膜头气室，降低能源消耗。

6）采用变频调速技术代替调节阀。对高压降比的应用场合，如果能量消耗很大，可采用变频调速技术，采用变频调速器改变有关运转设备的转速，降低能源消耗。

（5）保护环境　环境污染已成为公害，各级政府都非常重视环保。调节阀对环境的污染主要有调节阀噪声和泄漏（内漏和外漏）。其中，调节阀噪声对环境的污染更是十分严重。

1）降低调节阀噪声。研制各种降低调节阀噪声的方法，包括从调节阀流路设计到调节阀内件的设计。从噪声源的分析到降低噪声的措施，主要有设计降噪调节阀和降噪调节阀内件，合理分配压降。使用外部降噪措施，如增加隔离、采用消声器等。

2）降低调节阀外漏。调节阀外漏是指调节阀从阀杆填料部位和中法兰垫片处的“跑”“冒”“滴”“漏”，这些泄漏物不仅造成物料或产品的浪费，而且对大气环境造成污染，有时还会造成人员的伤亡或设备爆炸事故。因此，研究调节阀的阀杆密封结构和填料类型，使调节阀的逸散泄漏达到 ISO 15848-2：2015、API 622—2018、API 624—2023、GB/T 26481—2022 的要求，研制调节阀的密封将是调节阀今后一个重要的研究课题。

计算机科学、控制理论和自动化仪表等高新科学技术的发展推动了调节阀的发展，例如，现场总线调节阀和智能阀门定位器的研制，数字通信在调节阀的实现等。调节阀的发展也推动了其他科学技术的发展，例如，对防腐蚀材料的研究、对消弱和降低噪声方法的研究、对抗硫化氢（H_2S）腐蚀材料的研究、对抗硫化氢（H_2S）喷涂技术的研究、对流体力学的研究等。随着现场总线技术的发展，调节阀也将更智能和更可靠，它将与其他自动化仪表和计算机控制装置一起，使工业生产过程的功能更完善，控制精度更高，控制的效果更明显，控制将更可靠，并为我国现代化建设发挥更重要的作用。

第2章　天然气调压装置关键阀门的结构

2.1　安全切断阀

2.1.1　工作原理

1. 翻板式安全切断阀

翻板式安全切断阀由出口压力来控制指挥器（导阀）动作，从而实现切断气体向下游输送的功能。

“超压切断”功能，即当翻板式安全切断阀下游信号采集点处的压力超出弹簧所设定范围的最大值后，采集点处的压力信号被反馈给指挥器（导阀），指挥器（导阀）的活塞向上移动，从而使拉杆脱扣，重锤向下冲击撞针，撞针向下移动，使得挂钩与翻板脱开，翻板向下快速关闭阀门，从而切断气体向下游输送，保护下游设备及管道的安全。

“欠压切断”功能，即当翻板式安全切断阀下游信号采集点的压力低于弹簧所设定范围的最小值后，采集点处的压力信号被反馈给指挥器（导阀），指挥器（导阀）的活塞向下移动，从而使拉杆脱扣，重锤向下冲击撞针，撞针向下移动，使得挂钩与翻板脱开，翻板向下快速关闭阀门，从而切断气体向下游输送，保护下游设备及管道的安全。

翻板式安全切断阀还具备远程控制和就地控制切断功能。

事故消除后，须人工手动复位操作。

2. 自驱式安全切断阀

正常工作状态下，轴流自驱式安全切断阀为常开状态，指挥器（导阀）和电磁阀处于原始复位状态，控制气路将0.55～0.69MPa的气体动力源输入快排阀的入口，进入执行气缸，气缸活塞在气体驱动压力的作用下，使阀门保持全开状态。阀门可由系统管路的下游出口反馈压力来控制指挥器（导阀）的动作（自力式）或由静电阻抗器（ESD）系统电信号控制电磁阀动作，改变控制气路的通路，快速释放快排阀入口的压力，从而使快排阀放空，快速释放执行气缸内的驱动压力，气缸活塞在关闭弹簧的作用下，迅速向下运动，带动输出轴向下动作，传递给推杆向下运动，再通过45°斜齿条的传动，带动阀杆，推动阀芯动作，快速关闭阀门，从而实现切断气体向下游输送的功能。

“自力式超压切断”功能，即当阀门下游信号采集点的反馈压力超过指挥器（导阀）所设定的切断值后，采集点处的压力信号反馈给指挥器（导阀），使指挥器（导阀）内部活塞在反馈压力的推动下向上移动，使指挥器（导阀）内部方向阀动作，改变控制气路的通路，快速释放快排阀入口的压力，从而使快排阀放空，快速释放执行气缸内的驱动压力，气缸活塞在关闭弹簧的作用下，迅速向下运动，带动输出轴向下动作，传递给推杆向下运动，再通过 45°斜齿条的传动，带动阀杆，推动阀芯动作，快速关闭阀门。

自力式超压切断时，若要开启阀门实现复位，要在排除超压故障后，确保反馈压力低于指挥器（导阀）设定值，现场就地复位指挥器（导阀），从而恢复控制气路，将 0.55～0.69MPa 的驱动压力输入快排阀入口，输入执行气缸，开启阀门并实现复位。

“远程超压切断”功能（无此功能要求时，可不安装电磁阀），即当阀门正常工作状态时，控制气路中的电磁阀为长期带电状态，控制气路中处于全开状态。当人为远程控制安全切断阀时，站控 ESD 系统远程给电磁阀发送断电信号，电磁阀动作，改变控制气路的通路，快速释放快排阀入口的压力，从而使快排阀放空，快速释放执行气缸内的驱动压力，气缸活塞在关闭弹簧的作用下，迅速向下运动，带动输出轴向下动作，传递给推杆向下运动，再通过 45°斜齿条的传动，带动阀杆，推动阀芯动作，快速关闭阀门。

远程超压切断时，若要开启阀门实现复位，要在排除故障后，再取消站控 ESD 系统的断电信号，恢复电磁阀供电，现场就地复位电磁阀，从而恢复控制气路，将 0.55～0.69MPa 的驱动压力输入快排阀入口，输入执行气缸，开启阀门并实现复位。

2.1.2　安全切断阀的结构

1. 翻板式安全切断阀

翻板式安全切断阀的结构如图 2-1 和图 2-2 所示，翻板式安全切断阀指挥器（导阀）如图 2-3 和图 2-4 所示。

2. 自驱式安全切断阀

自驱式安全切断阀的结构如图 2-5 所示，自驱式安全切断阀控制箱内结构如图 2-6 所示。

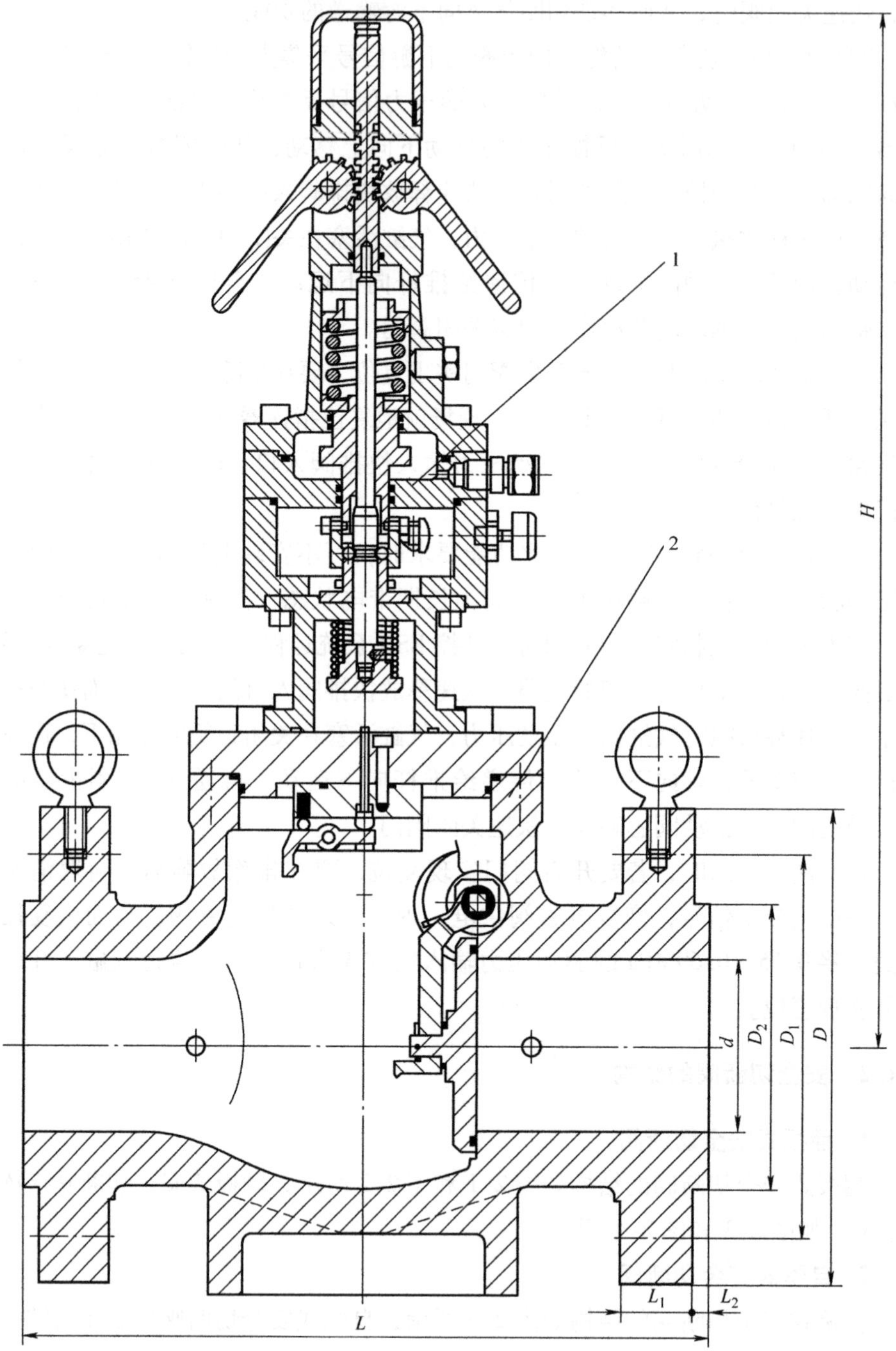

图 2-1 翻板式安全切断阀（DN25 ~ DN150）

1—指挥器（导阀） 2—主阀

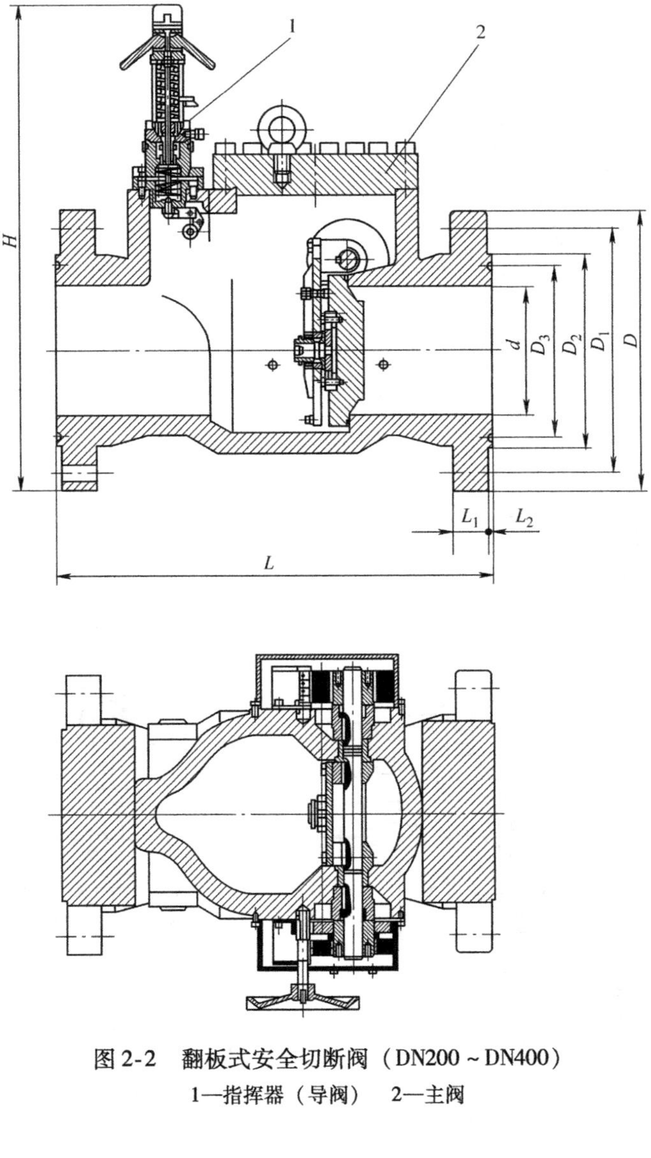

图 2-2　翻板式安全切断阀（DN200 ~ DN400）

1—指挥器（导阀）　2—主阀

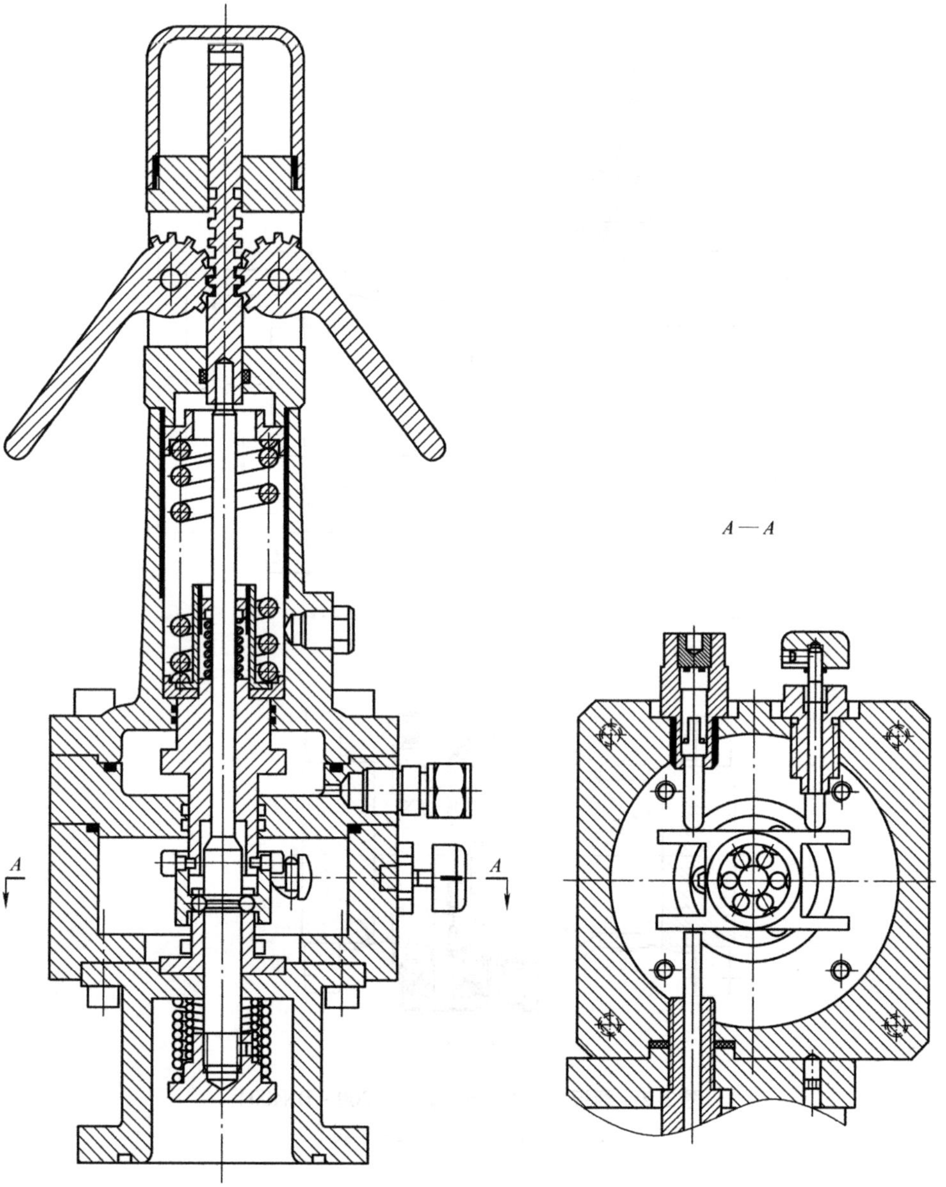

图 2-3 翻板式安全切断阀指挥器（导阀）（DN25 ~ DN150）

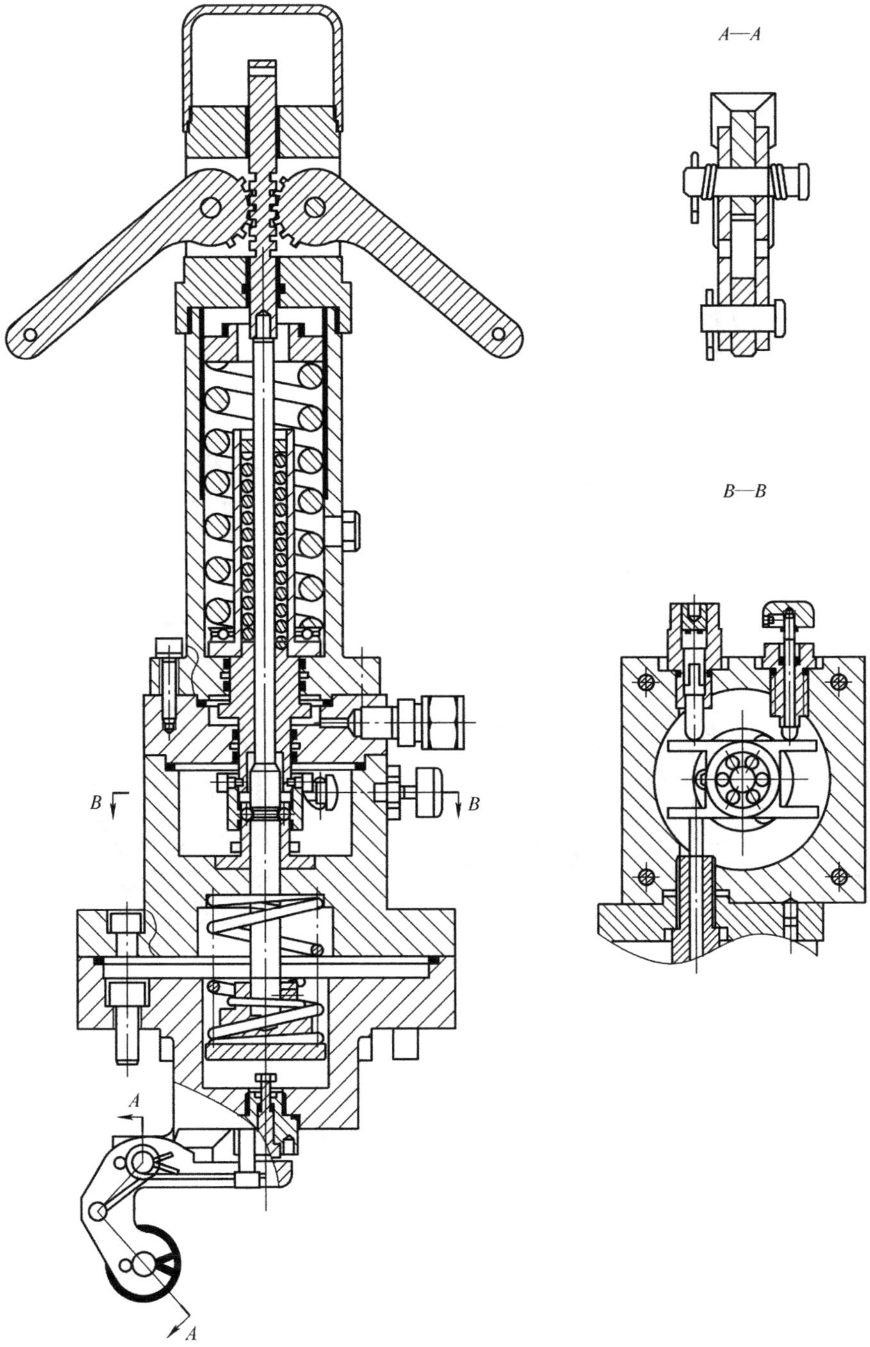

图 2-4　翻板式安全切断阀指挥器（导阀）（DN200 ~ DN400）

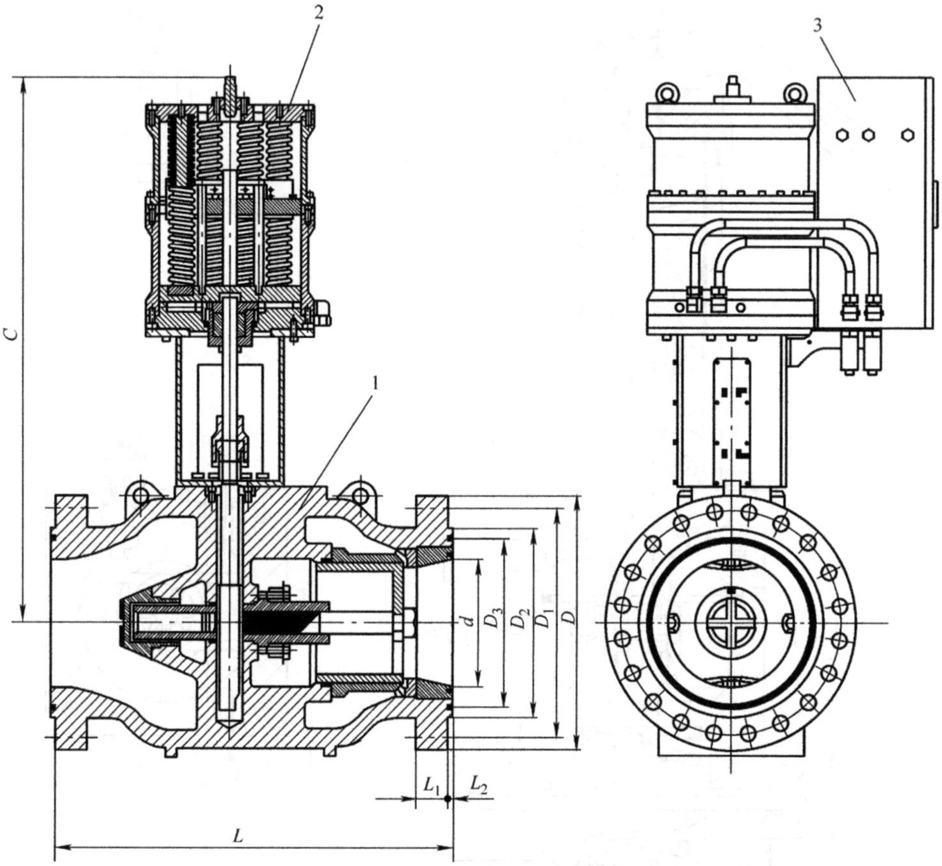

图 2-5 自驱式安全切断阀（DN200 ~ DN1000）

1—主阀 2—执行气缸 3—控制箱

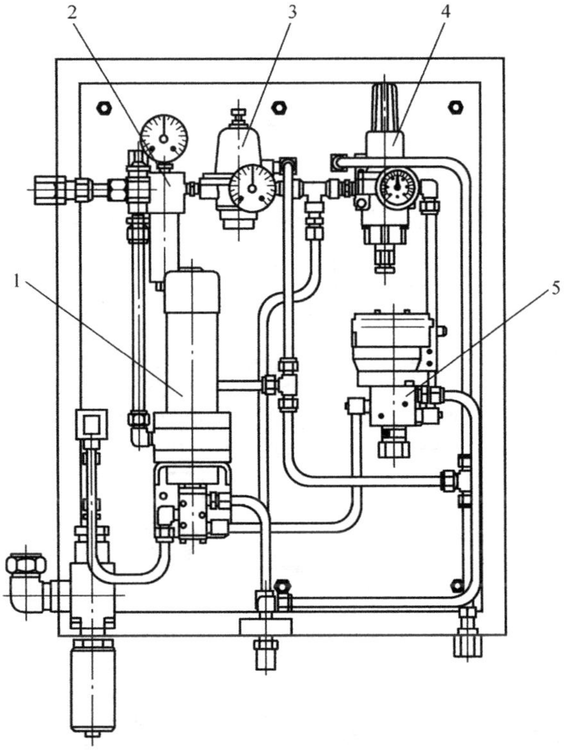

图 2-6　自驱式安全切断阀控制箱内结构

1—指挥器（导阀）　2—过滤器　3—高压减压阀　4—过滤减压阀　5—二位三通电磁阀

2.2　监控调压阀（自力式调节阀）

2.2.1　工作原理

站场输配系统管网的进口压力，经前置指挥器（导阀）稳压后，进入控制指挥器（导阀），控制指挥器（导阀）调压后，输出压力 p_3 进入监控调压阀后腔，推动膜片，克服弹簧作用力，使阀瓣套筒打开，实现减压和稳定流量的输出。

当下游用气量减小时，监控调压阀后的压力 p_2 升高，压力 p_2 反馈给控制指挥器（导阀），使控制指挥器（导阀）失去平衡，其输出压力 p_3 减小，监控调压阀内也打破了平衡，膜片在弹簧和压力 p_2 的作用下，使阀瓣套筒开度变小，甚至关闭，使监控调压阀的出口压力回降到设定压力值。

当下游用气量增加时，监控调压阀的压力 p_2 降低，压力 p_2 反馈给控制指挥器（导阀），使控制指挥器（导阀）失去平衡，其输出压力 p_3 增加，监控调压阀内也打破了平衡，膜片在弹簧和压力 p_2 的作用下，使阀瓣套筒开度增大，甚至全开，使监控调压阀的出口压力上升到设定的压力值。

2.2.2 监控调压阀（自力式调节阀）的结构

监控调压阀（自力式调节阀）的结构如图 2-7 所示。前置指挥器（导阀）的结构如图 2-8 所示，控制指挥器（导阀）的结构如图 2-9 和图 2-10 所示。

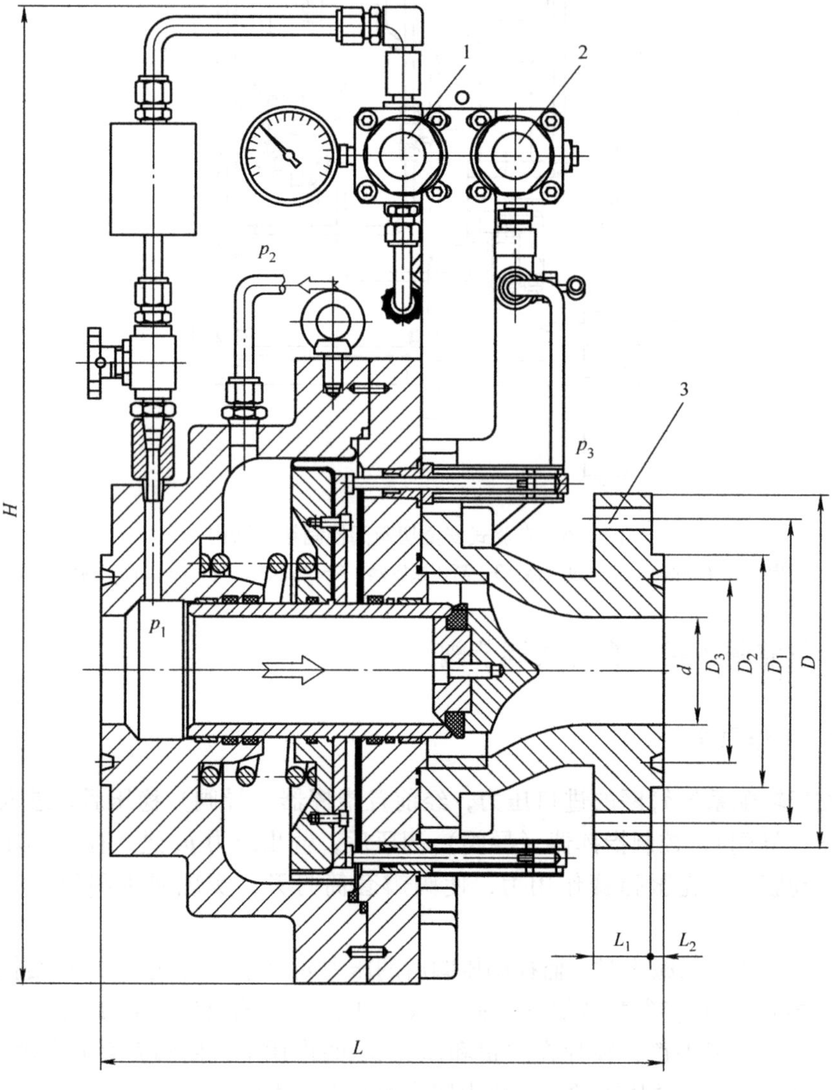

图 2-7 监控调压阀（自力式调节阀）

1—前置指挥器（导阀） 2—控制指挥器（导阀） 3—主阀

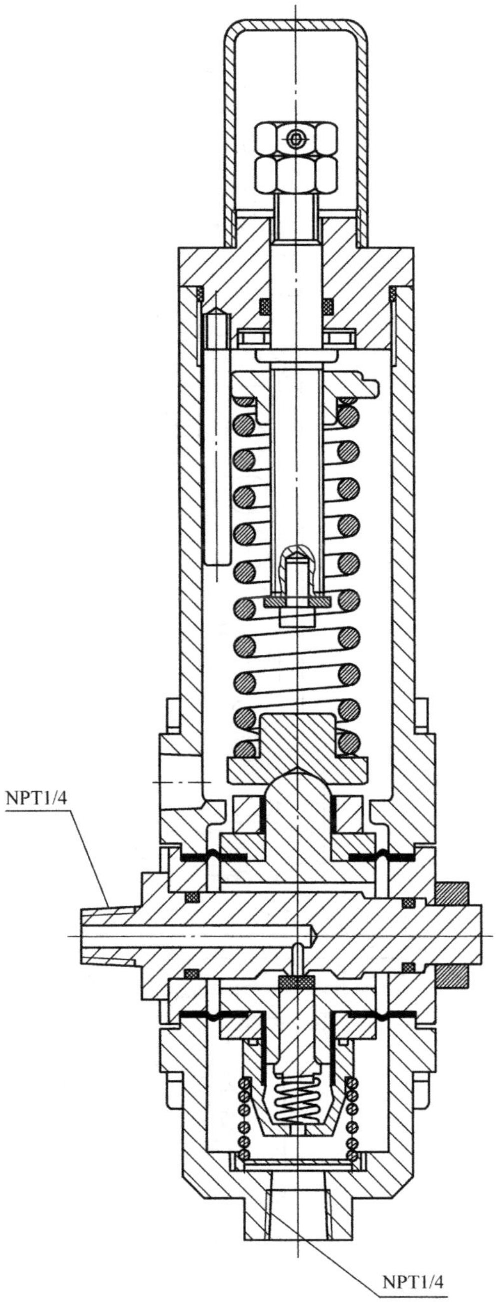

图 2-8　前置指挥器（导阀）（工作压力≤0.5MPa）

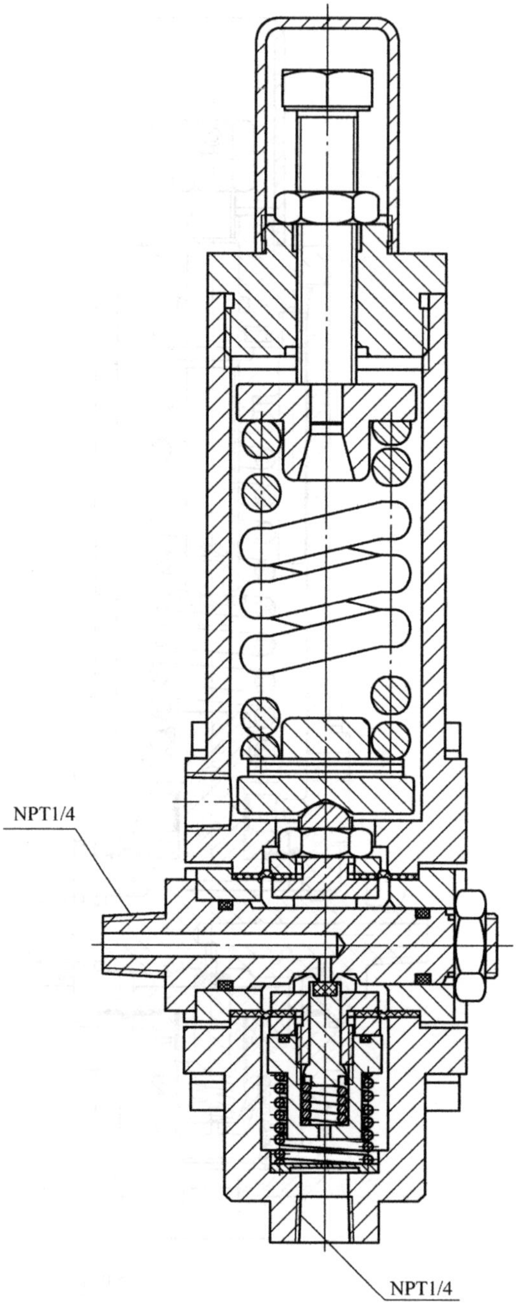

图 2-9 控制指挥器（导阀）（工作压力≤5.5MPa）

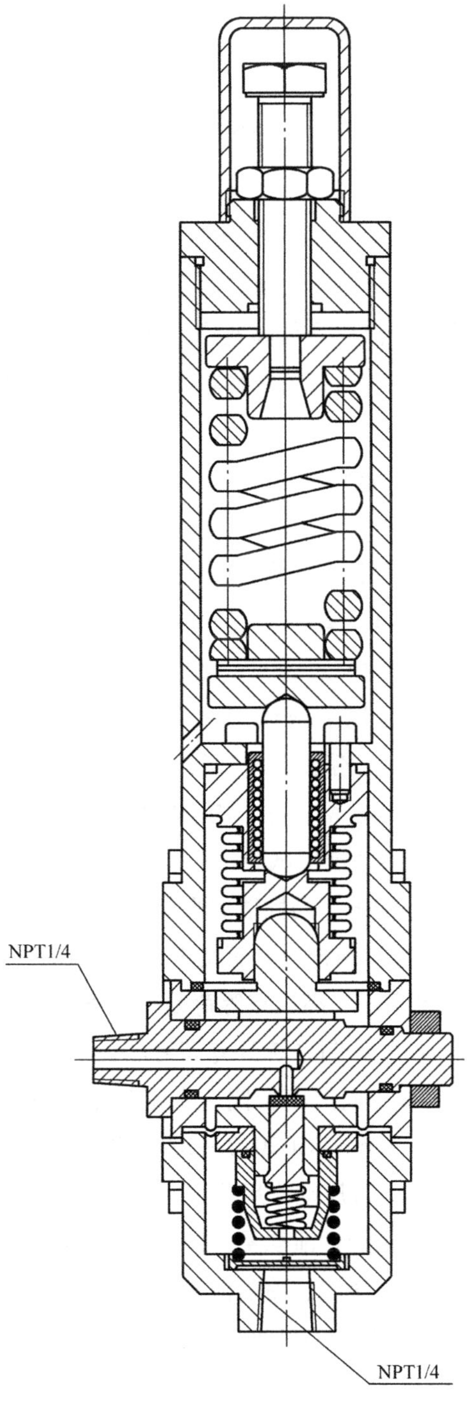

图 2-10　控制指挥器（导阀）（工作压力为 5.5 ~ 10.0MPa）

2.3 工作调压阀（轴流式调节阀）

2.3.1 工作调压阀（轴流式调节阀）技术特点

1. 轴流式设计

轴流式是指流体到控制阀以前，在阀体的内体和外体之间有一轴向对称流道，具有呈流线型并均匀对称的自由流通路径，完全避免了间接流和流向不必要的改变，因此，大大降低了流体局部高速流、噪声、湍流、喷射流的形成，提高了阀门的稳定性。轴流式设计与传统设计相比，最大限度地提高了单位通径上的流通能力。

2. 高可靠性、高性能、低维护

（1）高可靠性

1）所有壳体壁厚的计算和连接螺柱的计算都符合 ASME B16. 34—2020 的要求。壳体壁厚还符合标准 GB/T 26640—2011 中表 1 的规定。

2）全系列产品铸件均采用金属模具，最大限度地提高铸造质量。

3）壳体铸件采用 20 张以上射线拍片无损检测，不留余角，验收标准按 ASME B16. 34—2020 中强制性附录 I 的规定。

4）对具有抗硫要求的碳素钢铸件，均按硫化物应力开裂（SSC）、氢致开裂（HIC）要求由中国石油大学做抗硫试验。

5）所有动、静密封副均采用高性能的平衡密封圈，用于 Class 600 以上的轴流式调节阀中，所有非金属材料都应具有抗失压爆裂功能。

（2）高性能　能满足高压、高压差等苛刻工况条件的应用。

1）轴流式调节阀独特的密封系统具有高可靠性的密封性能，使得阀门在全压力、全压差条件下 100% 双向严密关闭，主密封副经过 20 万次以上带压动作后测试，仍能够完全达到 ANSI/FCI 70-2—2021 或 GB/T 17213. 4—2015 中Ⅵ级的泄漏量。经过 50 万次以上带压动作后测试，仍能够达到 ANSI/FCI 70-2—2021 或 GB/T 17213. 4—2015 中Ⅳ级的泄漏量，即使是超期使用也能做到这一点。

2）对称轴向流道降低了湍流、喷射流等的冲击，最大限度地提高了单位流道面积下的流通能力，比常规 GLOBE 阀的流道能力提高约 30%，最大可调比达 100∶1。

3）轴流式调节阀整体结构非常紧凑，对于公称尺寸 DN600（NPS24）以上的较大调节阀，其高度仅相当于 GLOBE 阀的约 1/2，即使是公称尺寸 DN600（NPS24）以下的调节阀，其高度也仅相当于 GLOBE 阀的约 2/3。对于公称尺寸和重量有特殊要求的场合非常适宜。

4）轴流式调节阀全系列产品均采用压力平衡式结构，使用较小的转矩就可以快速动作，且输出力矩小，所需的执行机构小。在有特殊要求的情况下，冲程时间较短，是压缩机喘振控制的最佳选择。

（3）低维护　维护工作量低，使其更加适应各种市场需求。

1）采用模块化设计结构，数量更少且通用的备件管理，使其维护更简便，能为用户实现“零”库存管理。专业制造使其交货期更短，可随订随供。

2）稳定可靠的连接，独立密封的 45°斜齿条传动系统，使其维护量非常低。

3）产品不但符合 GB/T 17213（所有部分）的要求，还符合 API 6D—2021 的性能要求，具有抗硫、失压抗爆裂、防火、抗静电等安全设计。

2.3.2　工作调压阀（轴流式调节阀）的结构

工作调压阀（轴流式调节阀）的结构如图 2-11 所示。

采用钻小孔式调节多层套筒，具备高精度等百分比或近似等百分比和线性的固有流量特性，除了对天然气介质有较好的控制，还将压力与噪声有效地分配到每一级的套筒上，有效地降低了噪声级数。

工作调压阀（轴流式调节阀）的基本误差可达到 ±1%、回差可达 1%、死区可控制在 0.6% 以内、额定行程偏差达到 1%、可调比可达到 100∶1。

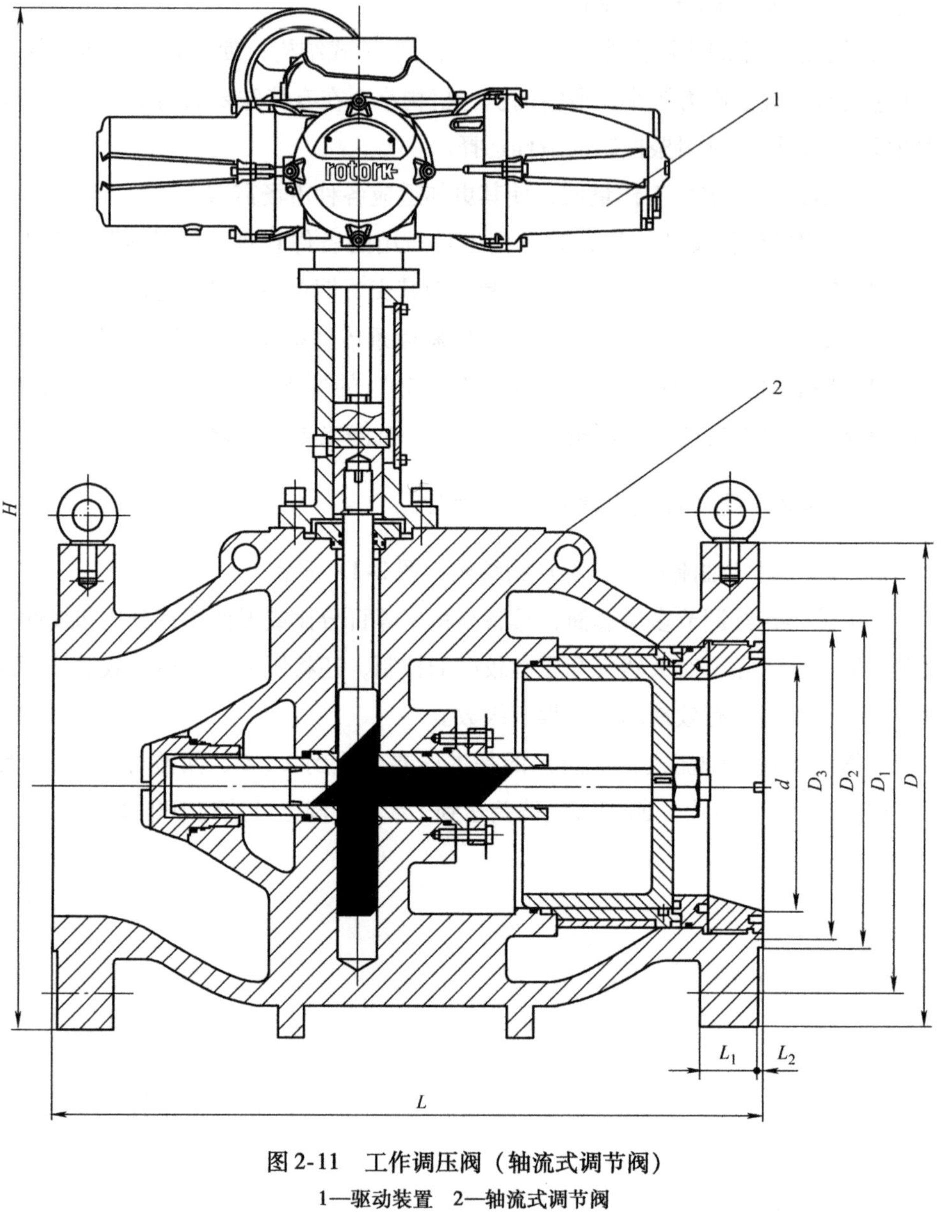

图 2-11 工作调压阀（轴流式调节阀）

1—驱动装置 2—轴流式调节阀

第3章 天然气调压装置关键阀门的材料

3.1 选择原则

1. 满足使用性能的要求

为了满足使用性能，要根据天然气调压装置关键阀门的工作条件来选择材料，工作条件主要包括流体的温度、工作压力、流体的性质（如有无腐蚀性、是否是易燃易爆介质及关键阀门零件在阀门中起的作用、受力情况等）等，而最关键的是要保证调压装置关键阀门在相应的工作环境中可靠地工作。

2. 良好的工艺性

工艺性包括铸造、锻造、切削、热处理、焊接等性能。

3. 良好的经济性

经济性即用尽可能低的成本制造出符合性能要求的产品。评价经济性可以用价值与性能（或功能）、成本三者的关系表示：

$$V（价值）=\frac{F（性能或功能）}{G（成本）}$$

从以上关系可以看出，提高产品价值有三个途径：性能不变、成本降低；成本不变，提高性能；提高一定成本，带来性能更大的提高。

需要说明的是，工艺性和经济性要服从使用性能的要求。也就是说，在保证使用性能的前提下，力求有良好的工艺性和经济性。十全十美的材料是不存在的，选材要综合考虑，解决主要矛盾。例如，在有些强腐蚀工况下使用的调压装置关键阀门，由于没有耐这种介质腐蚀的密封面材料，只能用本体材料做密封面，虽然容易造成密封面擦伤，但密封面擦伤总比因采用堆焊其他密封面材料而造成严重腐蚀破坏的要强，这种选材的处理方法就是通过解决腐蚀这个主要矛盾来保证阀门具有一定的使用周期。

可供制造调压装置关键阀门零件的材料很多，包括各种铸铁、铸钢、锻钢、有色金属及其合金，还有各种非金属材料等。为了减少供应和储备上的困难，在一定范围内使用的调压装置关键阀门的主要零件材料已经实现标准化。例如，JB/T 5300—2024《工业用阀门材料　选用指南》中对某些零件材料做了原则规定。但是工业生产各个领域的工况条件、流体特性十分复杂，所以必须了解材料的特性和应用场合，以便为了适应某一特定工况条件，尽量正确、合理地选择材料和代用材料。

3.2 壳体材料

3.2.1 安全切断阀

阀体、阀盖和翻板是调压装置关键阀门中安全切断阀的主要承压零件，直接承受流体压力。安全切断阀的阀体、阀盖是承压件；翻板、套筒、活塞是控压件。承压件的定义是：一旦它们被破坏，其所包容的流体会释放到大气中的零件。因此，所用的材料必须具有能在规定的流体温度和压力作用下达到的力学性能和良好的冷、热加工工艺性能。

大多数调压装置关键阀门中的安全切断阀的阀体和阀盖形状都比较复杂，因此，一般采用碳素钢铸件。碳素钢铸件适用于非腐蚀性流体，在某些特定条件下（如在一定范围内的温度、浓度条件下），也可以用于某些腐蚀性流体，适用温度范围为 -46 ~425℃。

1. 高温可熔焊碳素钢铸件

目前，我国采用的现行标准是 GB/T 12229—2005《通用阀门　碳素钢铸件技术条件》，该标准是参考 ASTM A216/A216M：1999《高温用可熔焊碳素钢铸件》（注：最新版本为 2021 年版）制定的。其技术要求如下：

（1）铸造

1）铸件用钢应用电弧炉或感应电炉熔炼。

2）所有铸件应按设计要求进行热处理。

3）铸件应是退火、正火或正火 + 回火的状态供货；ASTM A216/A216M：1999 铸件应按补充要求 S15，即淬火 + 回火供货。淬火温度为 890 ~910℃，回火温度为 500 ~650℃。

4）铸件必须冷却到低于相变温度后再进行热处理。

（2）化学成分　铸件化学成分应符合表 3-1 的规定。

（3）力学性能　铸件的力学性能应符合表 3-2 的规定。

表 3-1　铸件化学成分　　（质量分数,%）

化学元素		牌号		
		ZG205-415、WCA	ZG250-485、WCB	ZG275-485、WCC
主要化学元素	C	≤0.25	≤0.30	≤0.25
	Mn	≤0.70	≤1.00	≤1.20
	P	≤0.04	≤0.04	≤0.04
	S	≤0.045	≤0.045	≤0.045
	Si	≤0.60	≤0.60	≤0.60

（续）

化学元素		牌　号		
		ZG205-415、WCA	ZG250-485、WCB	ZG275-485、WCC
残余元素	Cu	≤0.30	≤0.30	≤0.30
	Ni	≤0.50	≤0.50	≤0.50
	Cr	≤0.50	≤0.50	≤0.50
	Mo	≤0.25	≤0.25	≤0.25
	V	≤0.03	≤0.03	≤0.03
	总和	≤1.00	≤1.00	≤1.00

注：1. ZG205-415、WCA 允许的最大 w_C 每下降 0.01%，最大 w_{Mn} 可增加 0.04%，直至最大 w_{Mn} 达 1.10% 时为止。

2. ZG250-485、WCB 允许的最大 w_C 每下降 0.01%，最大 w_{Mn} 可增加 0.04%，直至最大 w_{Mn} 达 1.28% 时为止。

3. ZG275-485、WCC 允许的最大 w_C 每下降 0.01%，最大 w_{Mn} 可增加 0.04%，直至最大 w_{Mn} 达 1.40% 时为止。

4. 钢中不可避免地含有一些杂质元素，为了获得良好的焊接质量，必须遵守表中的限制。关于这些杂质元素的分析报告，只有在订货合同中明确规定时，才予提供。

表 3-2　铸件的力学性能

力学性能	牌　号		
	ZG205-415、WCA	ZG250-485、WCB	ZG275-485、WCC
抗拉强度 R_m/MPa	≥415	≥485	≥485
屈服强度 R_{eL}/MPa	≥205	≥250	≥275
断后伸长率 A（%）	≥24	≥22	≥22
断面收缩率 Z（%）	≥35	≥35	≥35

注：当确切的 R_{eL} 不能测出时，允许用屈服强度 $R_{eL0.2}$ 代替，但需注明。

（4）质量要求

1）铸件表面应按 MSS SP-55—2011《阀门、法兰、管件及其他管路附件的铸钢件质量标准　表面缺陷》或 JB/T 7927—2014《阀门铸钢件外观质量要求》的规定。

2）承压铸件应按 GB/T 13927—2022《工业阀门　压力试验》的规定进行压力试验。

3）对于焊补深度超过壁厚的 20% 或 25mm（取小值）的铸件，焊补面积大于 65cm^2 的铸件或壳体试验中发现缺陷而进行焊补的铸件，均应按焊补工艺在焊补后进行消除应力处理或热处理。

（5）应用中的注意事项

1）GB/T 12229—2005 的 6 个牌号中最常用的是 ZG250-485、WCB 和

ZG275-485、WCC，其允许使用的最高温度为425℃。当长期处于高于425℃的工况时，碳素钢中的碳化物项可能转化为石墨，因此，不推荐长期用于高于425℃的工况。

2）ZG250-485、WCB的w_C标准值为不超过0.3%，但考虑到焊接性能，其w_C不应超过0.25%。

3）有关产品标准和工况条件对碳素钢铸件化学成分的要求：

① GB/T 19672—2021《管线阀门　技术条件》、GB/T 20173—2013《石油天然气工业　管道输送系统　管道阀门》、ISO 14313：2007《石油和天然气工业　管理运输系统　管道阀门》、API 6D—2021《阀门规范》规定，焊接端的碳素钢铸件w_C≤0.23%、w_S≤0.02%、w_P≤0.025%、碳当量（CE）≤0.43%。

② 要求执行NACE MR0175/ISO 15156：2015、GB/T 20972.1—2007、NACE MR0103/ISO 17945：2015，用于抗H_2S、抗SSC、HIC酸性环境的碳素钢铸件，其硬度应不大于22HRC，CE≤0.42%，更严格的要求下，CE≤0.38%，特别是对S、P的控制，若要通过抗SSC、HIC试验，则应控制w_S≤0.009%、w_P≤0.01%。

③ 若用于临氢工况，即执行JB/T 11484—2013《高压加氢装置用阀门　技术规范》，则应控制w_S≤0.02%、w_P≤0.02%、w_{Ni}≤1.0%、CE≤0.43%。

④ 若用于烷基氢酸条件，则对铸件截面厚度不大于25mm的，CE≤0.43%；对铸件厚度大于25mm的，CE≤0.45%。

⑤ 铸件焊补用焊材应选用低氢类焊材。

2. 低温承压件用铁素体钢铸件

我国低温承压件用铁素体钢铸件的材料标准是JB/T 7248—2024《阀门用低温铸钢件技术规范》。

（1）概述

1）该标准中低温承压件用铁素体钢铸件中包括了2个碳钢和1个碳锰钢，选用时应根据设计要求和使用工况进行选择。

2）用于低温下的钢材要求在低温下有足够的韧性，衡量其韧性的指标是在低温下的冲击吸收能量。不同类型（或牌号）的低温钢适用于不同的低温温度。低温铁素体承压件的碳钢和碳锰钢适用的温度分别为−32℃和−46℃。不同温度等级的阀门所选用的钢材必须在其所适用的温度下达到标准规定的冲击吸收能量，这样才是安全可靠的。对于低温冲击吸收能量，目前公认的一种试验方法是采用夏比V型缺口冲击试验，低温铁素体钢的最低试验温度见表3-3。

表3-3　低温铁素体钢的最低试验温度

牌号	最低试验温度/℃
LCA	−32
LCB	−46
LCC	−46

（2）热处理 所有铸件都应进行适合其设计和化学成分的热处理。通常铁素体钢采用液淬来保证厚截面的力学性能，同时大大提高薄截面的低温性能，材料的热处理要求见表3-4。

表3-4 材料的热处理要求

牌号	热处理状态	最低回火温度/℃
LCA、LCB、LCC	正火+回火或液淬+回火	590

注：铸件在正火或液淬加热前，应将浇铸并凝固的铸件冷却到相变区间温度以下。

（3）化学成分 铸钢件的化学成分应符合表3-5的规定。

表3-5 铸钢件的化学成分 （质量分数，%）

牌号	C	Si	Mn	P	S	Ni	Cr	Mo	Cu	V
LCA	≤0.25①	≤0.60	≤0.70①	≤0.04	≤0.045	≤0.50②	≤0.50②	≤0.02②	≤0.30②	≤0.03②
LCB	≤0.30	≤0.60	≤1.00	≤0.04	≤0.045	≤0.50②	≤0.50②	≤0.20②	≤0.30②	≤0.03②
LCC	≤0.25①	≤0.60	≤1.20①	≤0.04	≤0.045	≤0.50②	≤0.50②	≤0.20②	≤0.30②	≤0.03②

① w_C 在最大规定值下每减少0.01%，将允许最高 w_{Mn} 增加0.04%，直至最大含量达1.10%（LCA）、1.28%（LCB）、1.40%（LCC）。

② 这些残留元素总量最大值为1.00%。

（4）力学性能 铸钢件的力学性能应符合表3-6的规定。

表3-6 铸钢件的力学性能

牌号	抗拉强度 R_m/MPa	下屈服强度 R_{eL}/MPa ≥	断后伸长率 A（%）≥	断面收缩率 Z（%）≥	能量值/J（两个试样和三个试样最小平均值）	能量值/J（单个试样最小值）	试验温度/℃
LCA	415~585	205	24	35	18	14	-32
LCB	450~620	240	24	35	18	14	-46
LCC	485~655	275	22	35	20	16	-46

注：1. 断后伸长率可根据0.2%变形法或载荷下0.5%伸长法确定。

2. 断面收缩率标距与断面收缩直径之比应为4∶1。

3. 当 R_{eL} 不能准确测出时，允许用规定非比例延伸强度 R_p 代替，但须注明“规定非比例延伸强度”。

（5）焊补

1）应按ASTM A488/A488M—2018规定的焊接程序和焊工进行焊补。

2）焊补应采用与检验铸件同一标准进行检查，当按规定的磁粉无损检测生产的铸件时，焊补处应采用与检查铸件同样的标准进行磁粉无损检测。当按规定的射线无损检测生产铸件时，对液压试验有泄漏的铸件的焊补，或在准备焊补的铸件上任何缺陷凹坑的深度超过壁厚的20%或25mm（两者之间的较小值），或准备焊补的凹坑面积不小于65cm^2 的铸件，都应采用检查铸件的同一标准进行射线无损检测。

3）若焊补的深度超过壁厚的20%或25mm（两者之间的较小值），或焊补的缺陷面积不小于65cm^2 的铸件，或对液压试验有泄漏而进行焊补的铸件，应在焊补后进行去除应力或热处理。强制性的去除应力或热处理应按照合格审定的程序。

4）当铸件表面质量用目测法进行检验时，若发现不符合MSS SP 55—2011或JB/T 7927—2014规定的不合格缺陷，应去除目测表面质量不合格的缺陷。当用高温法去除缺陷时，铸件应被预热到表3-7所规定的最低预热温度以上。

表3-7　最低预热温度

牌号	厚度/mm	最低预热温度/℃
LCA	全部	10
LCB	全部	10
LCC	全部	10

（6）补充要求

1）冲击试验温度。当不采用表3-3列出的冲击试验温度时，应在凸台上紧靠材料代号的前面部位用低的应力打印，打出最低试验温度，以表示在该温度下材料满足冲击性能要求。例如，25LCB表示+25℉（-4℃），025LCB表示-25℉（-32℃）。

2）碳当量（CE）。当订单中有要求，规定碳当量时，其最大值应符合表3-8的规定。

可按下式确定碳当量：

$$CE = w_C + (w_{Mn}/6) + (w_{Cr} + w_{Mo} + w_V)/5 + (w_{Ni} + w_{Cu})/15$$

表3-8　最大碳当量　　（%）

牌号	最大碳当量
LCA	0.50
LCB	0.50
LCC	0.55

3.2.2　监控调节阀（自力式调节阀）

主阀阀体是天然气调压装置关键阀门中监控调压阀（自力式调节阀）的主要承压零件，直接承受流体压力。其中，前阀体、中阀体和后阀体是承压件。承压件的定义是：一旦它们破坏，其所包容的流体会释放到大气中的零件。因此，所用的材料必须具有能在规定的流体温度和压力作用下达到的力学性能和良好的冷、热加工工艺性能。

大多数天然气调压装置关键阀门中监控调压阀（自力式调节阀）的前阀体、中阀体、后阀体都采用锻件。

1. 碳素钢锻件

目前所使用的标准为 GB/T 12228—2006《通用阀门　碳素钢锻件技术条件》，该标准是参照美国材料试验学会标准 ASTM A105/A105M—2023《管道部件用碳素钢锻件》制定的，其技术要求如下：

（1）一般要求　锻件材料选用按表 3-9 的规定，其他性能相当的材料可以代用。

表 3-9　材料牌号

材料名称	材料牌号	使用温度/℃	标准号
碳素钢	25	-29 ~ 425	GB/T 699—2015
	A105	-29 ~ 425	ASTM A105/A105M—2023

（2）锻造

1）锻造用钢应为镇静钢。

2）锻件最终成形后，必须使其冷却到 500℃以下，才能进行规定的热处理。

（3）热处理

1）对于公称压力超过 PN20 的锻件，以及未注明压力等级的法兰必须进行热处理。

2）热处理方法为退火、正火或正火 + 回火。

3）25、A105 钢热处理温度可参考表 3-10 中数值。

表 3-10　热处理温度

牌号	正火温度/℃	回火温度/℃
A105	843 ~ 927	593
25	900	600

（4）化学成分　化学成分应符合表 3-11 的要求。

（5）力学性能　力学性能应符合表 3-12 的规定。

（6）锻件级别

1）公称压力 PN2. 5 ~ PN10 的锻件允许采用Ⅰ级锻件。

2）公称压力 PN16 ~ PN63 的锻件应符合Ⅱ级或Ⅱ级以上锻件级别要求。

3）公称压力不小于 PN100 的锻件，应符合Ⅲ级锻件的要求。

（7）锻件每个级别的检验项目和检验数目应按表 3-13 的规定

表 3-11 化学成分 （质量分数,%）

牌号	C	Si	Mn	P	S	Ni	Cr	Mo	V	Cu
A105	≤0.35	0.10 ~ 0.35	0.60 ~ 1.05	≤0.035	≤0.04	≤0.40	≤0.30	≤0.12	≤0.08	≤0.40
25	0.22 ~ 0.29	0.17 ~ 0.37	0.50 ~ 0.80	≤0.035	≤0.035	≤0.30	≤0.25	—	—	≤0.25

注：1. 在规定的最大 w_C =0.35% 以下，w_C = 每降低 0.01%，允许在规定的最大 w_{Mn} = 1.05% 基础上增加 0.06% 锰含量，直到最大 1.35% 为止。
2. Cu、Mo、Ni、Cr 和 V 的总质量分数不应超过 1.00%。
3. Cr、Mo 的总质量分数不应超过 0.32%。

表 3-12 力学性能

牌号	抗拉强度 R_m/MPa	屈服强度 R_{eL}/MPa	断后伸长率 A（%）	断面收缩率 Z（%）	冲击吸收能量 KU_2/J	硬度 HBW
A105	≥485	≥250	≥22	≥30	—	≤187
25	≥450	≥275	≥23	≥50	71	≤170

表 3-13 锻件检验项目

锻件级别	检验项目	检验数目
Ⅰ	硬度 HBW	逐件检验
Ⅱ	力学性能检验和冲击（R_m、R_{eL}、A、KU_2）	同炉批号、同炉热处理的锻件抽检一件
Ⅲ	力学性能试验和冲击（R_m、R_{eL}、A、KU_2）	同炉批号、同炉热处理的锻件抽检一件
	超声波检验	逐件检验
Ⅳ	力学性能试验和冲击（R_m、R_{eL}、A、KU_2）	逐件检验
	超声波检验	
	金相	同炉批号，同炉热处理的锻件抽检一件

（8）应用中的注意事项

1）化学成分和力学性能应满足表 3-11 和表 3-12 的规定，且不得使用含 Pb（铅）的材料。

2）对于有焊接要求的锻件，碳的质量分数应在 0.23% ~0.25%。

3）当合同要求碳当量（CE）时，锻件最大截面厚度小于 50mm 的锻件 CE≤0.47%，截面厚度大于 50mm 的锻件 CE≤0.48%。对于特殊工况其碳当量的控制还要严格，其值远小于上述值，如 API 6D 阀的焊接端的 CE 不应超过 0.43%。CE 应按下式计算：

$$CE = w_C + (w_{Mn}/6) + (w_{Cr} + w_{Mo} + w_V)/5 + (w_{Ni} + w_{Cu})/15$$

4）当锻件采用正火、正火+回火、淬火+回火的热处理工艺时，应在牌号后加上表示热处理工艺的字母："A"为退火；"N"为正火；"NT"为正火+回火；"QT"为淬火+回火。例如A105N，表示正火处理的A105。

5）锻件任意部位的硬度值应为137~187HBW，超出此范围则拒收。

6）允许对锻件的缺陷进行修补，但顾客要求锻件不允许焊补时，则不能焊补。如果需要对锻件缺陷进行焊补，则应采用不会在焊接部位产生大量氢气的方法进行焊补，并在焊后进行消除焊接应力处理。即将锻件加热到593℃与下转变温度之间，并按最大截面厚度每25.4mm最少保温0.5h来进行焊后热处理。完成焊后热处理的锻件应进行力学性能试验。

7）对要求执行NACE MR0175或GB/T 20972/ISO 15156《石油天然气工业 油气开采中用于含硫化氢环境的材料》规定的，材料的硬度不得超过187HBW，并要求严格控制钢中的C、S、P含量。一般应达到$w_C \leqslant 0.20\%$、$w_S \leqslant 0.009\%$、$w_P \leqslant 0.01\%$，CE视工况条件不同而不同，要求严的CE≤0.38%，一般要求CE≤0.42%。

8）对于要求执行GB/T 19672—2021、GB/T 20173—2013、API 6D—2021、ISO 14313规定的碳素钢阀门的焊接端则要求$w_C \leqslant 0.23\%$、$w_S \leqslant 0.02\%$、$w_P \leqslant 0.025\%$，CE≤0.43%。

2. 要求进行缺口韧性试验的管道部件用碳素钢锻件

国外低温锻钢的材料标准是ASTM A350/A350M—2023《要求进行缺口韧性试验的管道部件用碳素钢与低合金钢锻件》。

（1）制造工艺

1）熔炼工艺。应按以下几种基本熔炼工艺的任何一种进行制造：平炉、氧气顶吹转炉、电炉或真空感应熔炼（VIM）。基本熔炼过程可采用单独脱氧或精炼，其后的二次熔炼可采用电渣重熔（ESR）或真空电炉重熔。

2）锻造工艺。锻件材料应包括铸锭或锻造、轧制的单独连铸的钢锭、钢坯、扁坯或棒材。除各种类型的法兰外，如果零件的轴向长度与材料的金属流线大致平行，空心和圆柱形零件可由轧制棒材或无缝钢管制成。其他零件可由小于NPS4热轧或锻制棒材制成。弯管、U形弯头、三通或连管三通不应直接用棒材加工制成。

3）热处理。在热加工后重新加热进行热处理前，应将锻件冷却到相变温度以下，除牌号LF787以外的其他牌号应按正火，或正火+回火，或淬火+回火供货。

① 正火。将锻件加热至可产生奥氏体组织的温度，然后保温足够长的时间，以使温度完全均匀，然后在静止的空气中均匀冷却。

② 正火+回火。正火之后，将锻件重新加热至最低温度590℃，然后在该温

度保温，保温时间至少为30min/25mm，但绝不能少于30min，然后在静止的空气中冷却。

③ 淬火+回火。淬火的过程如下：a）将锻件完全奥氏体化，之后在适当的液态介质中淬火；b）采用多步过程进行，先是将锻件完全奥氏体化并快速冷却，再重新加热以使其部分重新奥氏体化，然后在适当的液态介质中淬火，所有经淬火的锻件都应进行回火处理，即重新将锻件加热到590℃和下临界相变温度之间，然后在该温度下保温，保温时间至少为30min/25mm，但绝不能少于30min。

（2）材料的化学成分　材料的化学成分应符合表3-14的规定。

（3）材料的力学性能和低温冲击试验

1）室温下材料的力学性能见表3-15。

表3-14　化学成分要求　　（质量分数,%）

钢号	C (max)	Mn	P (max)	S (max)	Si①	Ni	Cr	Mo	Cu	Nb	V
LF1	0.30	0.60～1.35	0.035	0.040	0.15～0.30	0.40max②	0.30max②③	0.12max②③	0.40max②	0.02max④	0.03max
LF2	0.30	0.60～1.35	0.035	0.040	0.15～0.30	0.40max②	0.30max②③	0.12max②③	0.40max②	0.02max④	0.03max

① 当按补充要求S11要求进行真空脱碳脱氧时，硅质量分数最高应为0.12%；

② 熔炼分析的铜、镍、铬、钼的质量分数之和不得超过1.00%；

③ 熔炼分析的铬、钼质量分数之和不得超过0.32%；

④ 按协议，铌（Nb）质量分数的限制、熔炼分析可达0.05%，产品分析可达0.06%。

表3-15　室温下的力学性能①

钢号	力学性能					
	拉伸强度 R_m/MPa	最小屈服强度 R_{eL}/MPa②③	伸长率 A（%）			最小截面收缩率 Z（%）
			4D标距的标准圆形试样，或成比例的小尺寸试样的最小伸长率（%）	厚度大于或等于5/16in（7.94mm）和小尺寸试样全截面试验，且标距为2in（50mm）的带状试样的最小伸长率（%）	厚度小于5/16in（7.94mm）的标距为2in（50mm）的带状试样，其最小延伸率的计算公式为：（t为实际厚度/in）	
LF1	415～585	205	25	28	$48t+13$	38
LF2	485～655	250	22	30	$48t+15$	30

① 硬度试验见（4）。

② 可以用0.2%变形法或用载荷下0.5%伸长法确定。

③ 仅适用于圆形试样。

2）低温冲击试样的制取要求：

① 试样应取自粗锻件或成品锻件，或从其延伸部分上截取。对于4540kg以

下的锻件，试样可取自然处理时的单独锻制试块，试该块与生产锻件应是同炉钢水浇铸而成。试样应从锻件或试块的最厚截面切取。

② 对于最大热处理厚度 $T \leqslant 50$mm 的锻件或试块，试样的纵向、轴向应取自锻件或试块厚度的中部，其长度的中点应距另一热处理表面（不包括 T 尺寸的表面）至少 50mm［一般表达为 $T/2 \times 2$in（50mm）］，如图 3-1 所示。

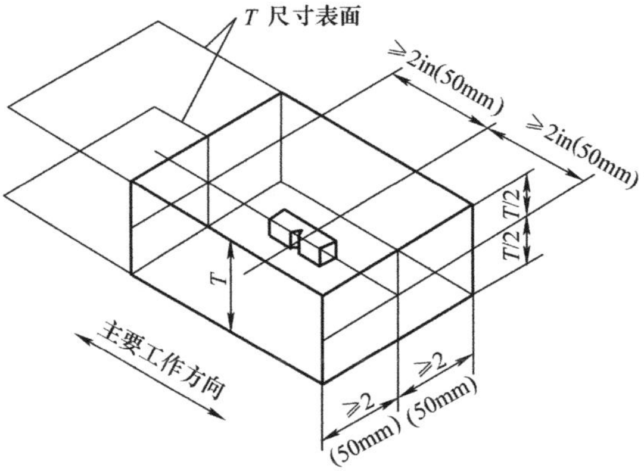

图 3-1　锻件为 $T \leqslant 2$in（50mm）的单独锻件试样

注：为了图示清晰，仅在图 3-1 ~ 图 3-4 中展示了夏比 V 型缺口试样。拉伸试验的试样位置和定向及长度中点位置应满足图 3-1 所示的夏比 V 型缺口试样的定位和方向相同的要求。

③ 最大热处理厚度 $T > 50$mm 的锻件或试块：

a）除了 b）和 c）所述要求之外，试样的中轴应取自距最近热处理表面至少为 $T/4$，其长度的中点应距所有其他热处理表面（不包括 T 尺寸的表面）至少 50mm，如图 3-2 所示。

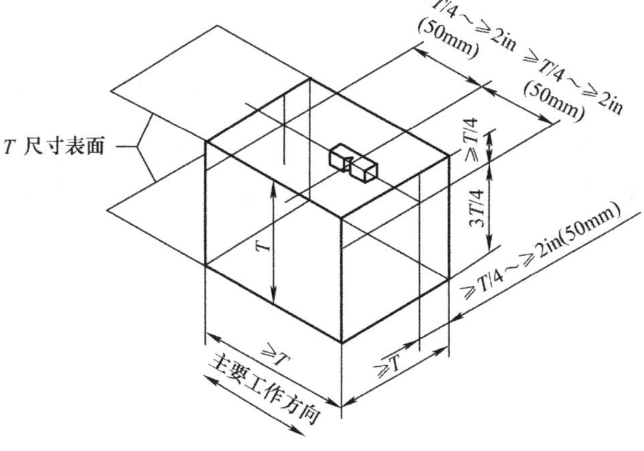

图 3-2　锻件为 $T > 2$in（50mm）的未经淬火加回火处理的单独锻件试样

b）对于淬火 + 回火的锻件，试样的中轴应取自距最近热处理表面至少为

T/4，试样长度的中点应距所有其他热处理表面应至少为 *T*，不包括 *T* 尺寸的表面，如图 3-3 所示。

c）对于 *W*/*T*<2 的淬火 + 回火锻件，试样的中轴应取自距最近热处理表面至少为 *T*/4，在锻件宽度的中点，此处 *W* 为锻件宽度，试样长度的中点应距锻件或试块的终端至少为 *T*，图 3-4 所示为单独锻件试块上的试样位置。

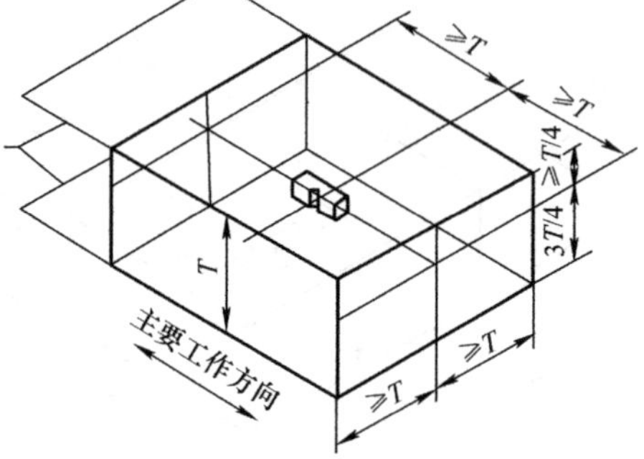

图 3-3 锻件为 *T*>2in（50mm）的经淬火加回火的单独锻件试样

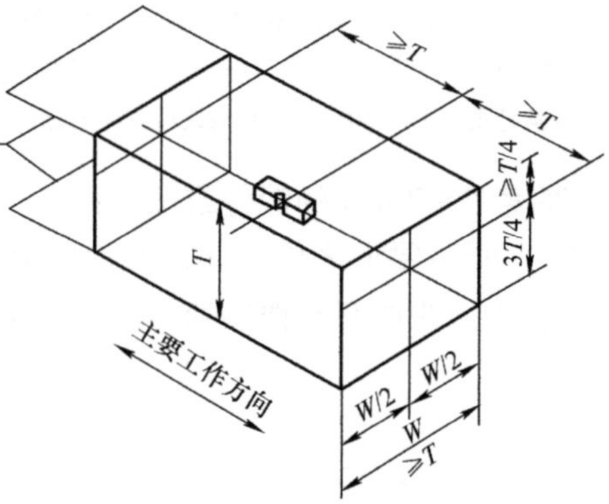

图 3-4 锻件为 *T*>2in（50mm）的 *W*/*T*<2 经淬火加回火的单独锻件试样

④ 标准尺寸（10mm×10mm）试样的夏比 V 型缺口能量要求值，见表 3-16。

表 3-16 标准尺寸（10mm×10mm）试样的夏比 V 型缺口能量要求值

牌号	每组三个试样的最小平均冲击能量要求值/J	每组仅一个试样允许的最小冲击能量值/J
LF1	18	14
LF2 的 1 级	20	16
LF2 的 2 级	27	20

⑤ 标准尺寸（10mm×10mm）试样的冲击试验温度见表 3-17。

⑥ 各种尺寸试样的最小当量吸收能见表 3-18。

表 3-17　标准尺寸（10mm × 10mm）试样的冲击试验温度

牌号	试验温度/℃
LF1	-29
LF2 的类别 1	-46
LF2 的类别 2	-18

表 3-18　各种尺寸试样的最小当量吸收能　（单位：J）

标准尺寸（10mm × 10mm）	3/4 尺寸（10mm × 9.5mm）	2/3 尺寸（10mm × 6.6mm）	1/2 尺寸（10mm × 5mm）	1/3 尺寸（10mm × 3.3mm）	1/4 尺寸（10mm × 2.5mm）
20	16	14	8	5	4
18	14	12	7	5	4
16	14	12	7	4	3
14	11	10	5	3	3

注：中间值允许采用线性内插法。

⑦ 当小尺寸试样的夏比 V 型缺口宽度小于锻件厚度的 80% 且低于表 3-17 试验温度时的夏比冲击试验温度降低值见表 3-19。

表 3-19　夏比冲击试验温度的降低值

试样尺寸	所代表的材料厚度，或夏比 V 型缺口冲击试验宽度①/mm	试验温度降低值/℃
标准尺寸	10	0
标准尺寸	9	0
标准尺寸	8	0
3/4 尺寸	7.5	3
3/4 尺寸	7	5
2/3 尺寸	6.67	6
2/3 尺寸	6	8
1/2 尺寸	5	11
1/2 尺寸	4	17
1/3 尺寸	3.33	20
1/3 尺寸	3	22
1/4 尺寸	2.5	28

① 中间值允许采用线性内插值法。

（4）硬度试验　除只生产一个锻件外，对每一批或每一次连续生产的产品中至少取两个锻件进行硬度试验，以确保经热处理之后锻件的硬度不大于197HBW。

（5）注意事项

1）根据ASME B16.34—2020规定LF2不推荐长期用于高于425℃工况。

2）要求执行NACE MR0175、GB/T 20972/ISO 15156、NACE MR0103用于抗H_2S酸性环境的碳素钢锻件其硬度应≤197HBW，CE≤0.42%，更严格的要求CE≤0.38%，特别是对S、P的控制，若要通过抗SSC（硫化物应力开裂）、HIC（氢致开裂）试验，则应控制w_S≤0.009%、w_P≤0.01%。

3.2.3 工作调压阀（轴流式调节阀）

阀体是天然气调压装置关键阀门中工作调压阀（轴流式调节阀）的主要承压零件，直接承受流体压力。承压件的定义是：一旦它们破坏，其所包容的流体会释放到大气中的零件。因此，所用的材料必须具有能在规定的流体温度和压力作用下达到的力学性能和良好的冷、热加工工艺。

大多数天然气调压装置关键阀门中工作调压阀（轴流式调节阀）阀体的结构都非常复杂，体内为双层流道结构，因此，阀体的流线型结构只能采用铸件。

碳素钢铸件适用于非腐蚀性流体，在某些特定条件下，如在一定范围内的温度、浓度条件下，也可以用于某些腐蚀性流体，适用温度范围为-46～425℃。高温可熔焊碳素钢铸件见3.2.1中1.内容。低温承压件用铁素体钢铸件见3.2.1中2.内容。

3.3 内件材料

内件是指密封面、阀杆、上密封座以及内部小零件，不同阀类内件的名称、要求也不尽相同。

内件材料的选择原则是根据壳体材料的情况、介质特性、结构特点、零件所起的作用以及受力情况综合考虑的。有些通用阀门标准已经规定了内件材料，有的对某种零件规定了几种材料，让设计者根据具体情况选用。国外标准规定得比较详细，不仅规定了材料，还规定了硬度，如ISO 10434：2004、API 600—2021《法兰、对焊端螺柱连接阀盖钢制闸阀》规定了13Cr的内件密封面最低硬度250HBW，配对密封面之间至少有不低于50HBW的硬度值。阀杆的硬度为200～275HBW，上密封座最低硬度为250HBW，有些产品没有标准规定，就要根据具体情况来进行选择。

3.3.1 密封面材料（阀门启闭件密封面）

启闭件的密封面是调压装置关键阀门的重要工作面之一，选材是否合理以及它的质量状况直接影响调压装置关键阀门的功能和寿命。

1. 调压装置关键阀门的工作条件

由于调压装置关键阀门的用途十分广泛，因此，阀门密封面的工作条件差异很大。工作压力可以从 300mmH_2O（1mmH_2O = 9.80665Pa）到 15.0MPa，工作温度可以从 -46 ~ 100℃，工作介质从非腐蚀性介质到 H_2S 等强腐蚀性介质。从密封面的受力情况看，它受拉伸、挤压、弯曲、剪切；从摩擦学角度看，有腐蚀磨损、表面疲劳磨损、冲蚀等等。因此，应该根据不同工作条件选择相适应的密封面材料。

(1) 腐蚀磨损　金属表面腐蚀时产生一层氧化物，这层氧化物通常覆盖在受到腐蚀作用的部位上，这样就能减慢对金属的进一步腐蚀，但是，如果发生滑动的话，就会清除掉表面的氧化物，使裸露出来的金属表面受到进一步的腐蚀。

(2) 表面疲劳磨损　反复循环加载和卸载会使表面或表面下层产生疲劳裂纹，在表面形成碎片和凹坑，最终导致表面的破坏。

(3) 冲蚀　材料损坏是由锐利的粒子冲撞物体而产生的，它与磨粒磨损相似，但表面很粗糙。

(4) 擦伤　擦伤是指密封面相对运动过程中，材料因摩擦引起的破坏。

2. 对密封面材料的要求

理想的密封面要耐腐蚀、抗擦伤、耐冲蚀，有足够的挤压强度，在高温下有足够的抗氧化性和抗热疲劳性，密封面材料与本体材料有相近的线膨胀系数，有良好的焊接性能、加工性能。

上述这些要求是理想状态，不可能有这样十全十美的材料，因此，选材时要视其具体情况，解决主要矛盾。

3. 密封面材料的种类

常用的密封面材料分两大类，即软质密封面材料（非金属材料）和硬质密封面材料（金属材料）。

(1) 软质密封面材料（非金属材料）　非金属密封面材料有各种橡胶、尼龙、氟塑料、改性氟塑料、对位聚苯、聚醚醚酮等，具体名称、代号、适用温度和适用介质见表 3-20。

表 3-20　软质密封面材料（非金属材料）

序号	名称	代号	适用温度/℃	适用介质
1	天然橡胶	NR	-60 ~ 120	盐类、盐酸、金属的涂层溶液，以及水、湿氯气、天然气
2	氯丁橡胶	CR	-40 ~ 121	动物油、植物油、无机润滑油、pH 值变化很大的腐蚀性泥浆、二氧化碳、普通制冷剂、非氧化性稀酸、盐水等

（续）

序号	名称	代号	适用温度/℃	适用介质
3	丁基橡胶	IIR	-40~121	热水，润滑脂，绝大多数无机酸、酸液、碱溶液，无机溶液，臭氧等
4	丁腈橡胶	NBR	-30~121	油品，天然气，稀酸、碱和低温盐溶液，无机及动植物油
5	乙丙橡胶（三元乙丙橡胶）	EPR（EPDM）	-57~150	盐水、40%的硼水、5%~15%硝酸、氯化钠、酒精、乙二醇、硅氧烷油及润滑脂、天然气等
6	氯磺化聚乙烯合成橡胶	CSM	≤100	耐酸性好
7	硅橡胶	SI	-55~210	热空气、氧气、水、稀释盐溶液、臭氧等
8	氟橡胶	FKM（Viton）	-20~205	热油、芳香溶剂、化学品、植物油及润滑脂、天然气、燃料（含醇）、臭氧、蒸汽、热水、空气、稀酸等
9	聚四氟乙烯 增强聚四氟乙烯	PTFE RPTFE	-196~150	耐一般化学药品，耐酸、溶剂和几乎所有液体，天然气、液化天然气等
10	聚全氟乙丙烯	FEP F46	-162~150	高温下有极好的耐化学性，耐阳光、耐候性优越，火箭推进剂
11	可溶性聚四氟乙烯	PFAFs-4100	-162~180	多种浓度硫酸、氢氟酸、王水、高温浓硝酸，各种有机酸、强碱等
12	对位聚苯		≤300	基本同聚四氟乙烯
13	聚醚醚酮	PEEK	≤180	基本同聚四氟乙烯

注：1. 表中的适用温度范围是这类产品的一般范围，每种产品都有几种牌号，适用温度也不尽相同。此外，使用的场合不同，推荐的使用温度范围也不同。

2. 表中的名称是这种材料的统称，每种材料都有几个牌号，性能也不一样，如丁腈橡胶有丁腈18、丁腈26、丁腈40等，选用时要注意不同牌号的性能。

3. 聚四氟乙烯具有冷流倾向，即应力达到一定值时开始流动，如果在结构上没有考虑保护措施，在一定应力下即会流动失效。

4. 表中的适用介质，只是推荐的，也是笼统的，选用时要查这些材料与某种介质的相溶性数据。

（2）硬质密封面材料（金属材料）　硬质密封面材料的密封面主要是各种金属。如铜合金、马氏体不锈钢、奥氏体不锈钢、硬质合金等。

1）铜合金。JB/T 5300—2024《工业用阀门材料　选用指南》中规定灰铸铁阀门、可锻铸铁阀门、球墨铸铁阀门的铜合金密封面材料有铸铝黄铜ZCuZn25Al6Fe3Mn3、铸铝青铜ZCuAl19Mn2、铸铝青铜ZCuAl19Fe4Ni4Mn2、铸锰黄铜ZCuZn38Mn2Pb2。当然还有诸如黄铜H62、黄铜HPb59-1、铝青铜

QAl9-2、铝青铜 QAl9-4、巴氏合金（ZChPbSb16-16-2 铅锑轴承合金）等。

铜合金在水或蒸汽中的耐腐蚀性能和耐磨性都较好，但强度低、不耐氨和氨水腐蚀，适用介质温度≤250℃。巴氏合金耐氨水腐蚀，但熔点低、强度低，适用于工作温度≤70℃、公称压力≤PN16 的氨阀。

2）铬不锈钢。铬不锈钢有较好的耐腐蚀性，常用于水、蒸汽、油品等非腐蚀性介质，工作温度范围为 -29 ~ 425℃的碳素钢阀门。但耐擦伤性较差，特别是在密封比压较大的情况下使用，很易擦伤，试验表明密封比压在 20MPa 以下耐擦伤性能较好。对于高压小口径阀门常采用锻件或棒材，其牌号为 12Cr13、20Cr13、30Cr13 制作的整体阀瓣，密封面经表面淬火（或整体淬火）其硬度值对 20Cr13 为 41 ~ 47HRC，对 30Cr13 为 46 ~ 52HRC 为宜。国外标准中如 API 600、API 623、EN ISO 10434、ISO 10434 中对 Cr13 型密封面的硬度要求为最小 250HBW，硬度差 50HBW，材料牌号为 ASTM A182/A182M—2023 的 F6a。对于大口径阀门其密封面往往采用堆焊，下面介绍几种堆焊焊条。

① 堆 507（D507）符合 GB/T 984—2001（EDCr-A1-15）、AWS A5.9/A5.9M：2017 的 ER410，堆焊金属为 12Cr13 半铁素体高铬钢，焊层有空淬特性，一般不需要热处理，硬度均匀，亦可在 750 ~ 800℃退火软化。当加热至 900 ~ 1000℃空冷或油淬后，可重新硬化。焊前须将工件预热至 300℃以上［也有资料介绍无须预热（《阀门堆焊技术》）］，焊后空冷硬度≥40HRC，焊后如进行不同热处理，可获得相应硬度。

② 堆 507 钼（D507Mo）符合 GB/T 984—2001（EDCr-A2-15），堆焊金属为 12Cr13 半铁素体高铬钢，焊层有空淬特性，焊前不预热，焊后不处理，焊后空冷硬度≥37HRC。

③ 堆 577（D577）铬锰型阀门堆焊条，符合 GB/T 984—2001（EDCrMn-C-15），焊前不预热、焊后不处理，抗裂性好，硬度≥28HRC，与堆 507 钼配合使用。

说明：D507Mo 和 D577 两种焊条是为代替 Cr13 型焊条，堆焊有硬度差的阀门密封面而配套研制的。D507Mo 堆焊金属硬度较高，用于阀瓣；D577 堆焊金属硬度较低，用于堆焊阀体或阀座密封面，两者组成的密封面可获得良好的抗擦伤性能。

堆焊层的高度加工后应在 3mm 以上，以保证硬度和化学成分的稳定。堆焊要按经过评定合格的焊接工艺规定操作，焊接电流不可过大，以防止焊条化学成分发生变化，影响焊接质量。

3）硬质合金。硬质合金中最常用的是钴基硬质合金，也称钴铬钨硬质合金。它的特点是耐腐蚀、耐磨、抗擦伤，特别是红硬性好，即在高温下也能保持足够的硬度。此外加工工艺性适中，其许用比压在 80 ~ 100MPa，国外资料介绍达155MPa。适用温度范围-196～650℃，特殊场合达816℃。但是，它在硫酸、高温盐酸中不耐腐蚀，在一些氯化物中也不耐腐蚀。

常用牌号：Stellite No.6，符合AWS A5.13/A5.13M：2010的ECoCr-A或AWS A5.21/A5.21M：2011的ERCoCr-A；GB/T 984—2001 EDCoCr-A-03也相当于D802（堆802）焊前根据工作条件进行250～400℃预热。焊时控制层间温度250℃，焊后600～750℃，保温1～2h后随炉缓冷或将工件置于干燥和预热的沙缸或草灰中缓冷。

其他牌号还有Stellite No.12，符合AWS A5.13/A5.13M：2010的ECoCr-B、GB/T 984—2001的EDCoCr-B，也相当于堆812（D812），焊后硬度44～50HRC。

以上两种是钴基硬质合金电焊条。钴基硬质合金还有焊丝，可以进行氧-乙炔堆焊或钨极氩弧焊。牌号：Stellite No.6焊丝，符合AWS RCoCr-A也相当于HS111，常温硬度40～46HRC；Stellite No.12符合AWS RCoCr-B也相当于HS112，常温硬度44～50HRC。

硬质合金（钴基）焊接都要对工件预热，焊时控制层间温度，焊后热处理，要根据经评定合格的焊接工艺或焊条说明书施焊。

4）等离子喷焊密封面。等离子喷焊用的是合金粉末，类型有铁基合金粉末、镍基合金粉末和钴基合金粉末。喷焊有许多优点，省材料、质量好，但需要设备投资。

等离子弧堆焊的工艺和技术要求见《阀门焊接手册》中第10章。

5）表面处理后作密封面。有些阀类的启闭件，如监控调压阀（自力式调节阀）的阀瓣套筒，是奥氏体不锈钢，其表面硬度很低，就要用表面处理的方法来提高表面硬度，在提高表面硬度的同时，还要考虑处理后表面的耐磨蚀性。

常用的表面处理方法有镀硬铬、化学镀镍、镀镍磷合金（ENP）、盐浴氮碳共渗复合处理（QPQ）、氮化、多元复合氮化等。

6）奥氏体不锈钢密封面。奥氏体不锈钢密封面大多以本体材料作密封面，即在F304或CF8的阀体上直接加工出密封面，除F304和CF8，还有F316、CF8M、F304L、CF3、F316L、CF3M、CN7M等。

7）其他密封面材料。其他密封面材料见表3-21。

表3-21 其他密封面材料

材料	适用温度/℃	硬度 HRC	适用介质
Monel400（N04400）	-29～475		碱、盐、食品、稀酸、氯化物
M25S（N24025）	-29～475	30～38	碱、盐、食品、稀酸、氯化物
Hastelloy B（N08810）	-29～816①	14	盐酸、湿氯气、硫酸、磷酸

（续）

材料	适用温度/℃	硬度 HRC	适用介质
Hastelloy C（N10276）	-29~675	24	强氧化性介质、盐酸、氯化物
CN7M（20号合金）	-29~325		氧化性介质、各种浓度硫酸
17-4 PH	-29~425	40~45	有轻微腐蚀、冲蚀场合
9Cr18（440C）	-29~425	50~60	非腐蚀性介质

① Class150 法兰端阀门的额定值限定在538℃。

4. 密封面材料的配对

我国的阀门型号编制方法（GB/T 32808—2016）中第五单元为密封面材料代号：其代号 D-渗氮钢、H-铁基不锈钢、M-蒙乃尔合金、P-渗硼钢、T-铜合金、Y-硬质合金、W-阀门本体材料，而且规定当两密封面材料不同时，用低硬度的材料表示。

代号 H 的配对：13Cr/13Cr、13Cr/硬 13Cr、13Cr/CoCrA、13Cr/Ni-Cr、13Cr/Cu-Ni。

代号 Y 的配对：CoCr/CoCr。

代号 M 的配对：Monel/Monel、Monel/CoCrA、Monel/Ni-Cr。

代号 W 的配对：W/W，W/CoCrA。

代号 T 的配对：ZCuAl10Fe3/ZCuZn38、ZCuAl9Fe4Mn2/ZCuZn26Al4Fe3Mn3。

随着工业快速发展的需要，其密封面的配对远不止以上这些，我们以常用的内件组合来介绍。

3.3.2 阀杆和推杆的材料

阀杆和推杆材料的力学性能和工作温度见表3-22。

表3-22 阀杆和推杆材料的力学性能和工作温度

代号	材料牌号	标准号	硬度 HBW	力学性能		工作温度	
				R_m/MPa	R_{eL}/MPa	下限/℃	上限/℃
U20352	35	NB/T 47008—2017	136~192	510	265	-29	420
A31252	25Cr2MoV		269~320	834	735		510
A31262	25Cr2Mo1V		248~293	785	685		550
A33382	38CrMoAl		250~300	834	735		550
—	20Cr1Mo1VA	DL/T 439—2018	249~293	835	735		550
—	20Cr1Mo1VNbTiB		252~302	854	735		570
S41000	410	ASTM A276/A276M—2023	200~275	690	550	-29	425

（续）

代号	材料牌号	标准号	硬度 HBW	力学性能		工作温度	
				R_m/MPa	R_{eL}/MPa	下限/℃	上限/℃
S32590	45Cr14Ni14W2Mo	GB/T 1221—2007	≤295	705	315		700
S30210	12Cr18Ni9	GB/T 1220—2007	≤187（固溶处理）	520	205	-268	610
S30408	06Cr19Ni10	NB/T 47010—2017	≤187（固溶处理）	515	205	-268	700
S30409	F304H	ASTM A182—A182M—2023	≤187（固溶处理）	515	205		816
S31020	20Cr25Ni20	GB/T 1221—2007	≤201（固溶处理）	590	205	-46	700
S31009	F310H	ASTM A182/A182M—2023	≤187（固溶处理）	515	205		816
S31608	06Cr17Ni12Mo2	NB/T 47010—2017	≤187（固溶处理）	520	205	-268	700
S32109	F321H	ASTM A182/A182M—2023	≤187（固溶处理）	515	205		816
S32168	06Cr18Ni11Ti	GB/T 1221—2007	≤187（固溶处理）	520	205		700
S41010	12Cr13		≤200	540	345	-29	400
S42020	20Cr13		197～248	647	441	-29	480
S42030	30Cr13	NB/T 47008—2017	240～280	735	539	-29	450
S43110	14Cr17Ni2	GB/T 1220—2007	≤285	1080	—		500
—	C-422（22Cr12NiWMoV）	DL/T 439—2018	277～331	930	760		570
S47220	22Cr12NiWMoV（616）	GB/T 1221—2007	≤341（固溶处理）	885	735		625
S51740	05Cr17Ni4Cu4Nb（17-4PH）	GB/T 1220—2007	≤277（沉淀硬化）	930	725		400
N07718	GH169（Inconel 718）	ASTM B637—2023	≤363（固溶处理）	1275	1034		704
N06625	Ni-Cr-Mo-Nb 合金（Inconel）	ASTM B564—2022		827	414	-29	645

3.3.3 焊接材料

焊接主要应用于密封面的堆焊、铸件缺陷的补焊和产品结构要求焊接的地方。焊接材料的选用与其工艺方法有关，焊条电弧焊、等离子喷焊、埋弧自动焊、二氧化碳气体保护焊所用的材料各不相同，这里只介绍最常用的焊接方法——焊条电弧焊所用的各种材料。

密封面堆焊材料在3.3.1小节已有介绍，本部分重点介绍铸件补焊、结构焊的焊条电弧焊所用的各种电焊条。

1. 对焊工的要求

天然气调压装置关键阀门属于压力管道元件，焊工的技术水平和焊接工艺直接影响产品质量以及安全生产，所以对焊工严格要求是十分重要的。在天然气调压装置关键阀门生产企业中，焊接是个特殊工序，特殊工序就要进行评定，包括人员、工艺、设备、材料的管理和控制。

2. 对焊条的保管要求

（1）焊条贮存方法

1）各类焊条必须分类、分牌号存放、避免混淆。

2）焊条必须存放于通风良好、干燥的仓库内。

3）焊条必须离地面300mm以上，分组码放，达到上下左右空气流通。

4）焊条码放距墙应大于300mm，以防受潮变质。

5）重要焊接工程使用的焊条，特别是低氢型焊条，最好贮存在专用的仓库内，仓库保持一定的温度和湿度（建议温度为10～25℃，相对湿度<50%）。

（2）过期焊条的处理　所谓“过期”，并不是指存放时间超过了某一时间界限，而是指焊条质量发生了不同程度的变化（变质）。保管条件好的，可以多年不变质。

1）存放多年的焊条在使用前应进行工艺性能试验。试验前，碱性低氢型焊条应在300℃左右烘干1～2h；酸性焊条在150℃左右烘干1～2h。工艺性能试验时，如果药皮没有成块脱落，碱性低氢型焊条没有出现气孔，则对焊接接头的力学性能一般是可以保证的。

2）当焊条焊芯有轻微锈迹时，基本上不会影响力学性能，但低氢型焊条不宜用于重要结构的焊接。

3）当低氢型焊条锈迹严重，或药皮有脱落现象时，可酌情降级使用或用于一般结构件的焊接。如有条件，可按国家标准试验其力学性能，然后决定其是否降级。

4）各类焊条如果严重变质，则不再允许使用，应除去药皮，焊芯可设法清洗回收再用。

（3）焊条使用前烘干方法

1）碱性低氢型焊条在使用前必须烘干，以降低焊条的含氢量。这是因为药皮成分、空气湿度、贮存时间等因素不仅使焊条吸潮、焊条工艺性变坏、焊接时飞溅增大，且氢容易引起气孔、裂纹、白点等恶化金属性能的疵病。

2）碱性低氢型焊条烘熔温度一般采用250～350℃，烘干1～2h。焊条应徐徐加热，保温并缓慢冷却，不可将焊条往高温炉中突然放入或突然冷却，以免药皮开裂。对含氢量有特殊要求的，烘干温度应提高到400℃，经烘干的碱性低氢型焊条最好放入另一个温度控制在80～100℃的焊条保温筒中，并随用随取。

3）酸性焊条要根据受潮的具体情况，在70～150℃烘干1h。贮存时间短且包装良好的，一般在使用前可不再烘干。

4）露天操作时，隔夜必须将焊条妥为保管，不允许露天放在外边。低氢型焊条次日还要重新烘干（在低温箱中恒温保存者除外）。

3. 天然气调压装置关键阀门产品上用于铸件焊补、结构焊常用的焊条牌号

常用的焊条牌号见表3-23。

表3-23　常用的焊条牌号

类别	牌号	型号		
		中国标准	标准号	美国AWS标准
碳钢焊条	J422	E4303	GB/T 5117—2012	
	J502	E5003		
	J507	E5015		E7015
	CHE508-1	E5018-1		E7018
不锈钢焊条	A102	E308-16	GB/T 983—2012	E308-16
	A132	E347-16		E347-16
	A002	E308L-16		E308L-16
	A202	E316-16		E316-16
	A212	E318-16		E318-16
	A022	E316L-16		E316L-16
	A302	E309-16		E309-16
	A402	E310-16		E310-16
	Cr202	E410-16		E410-16
低合金耐热钢焊条	R107	E5015-1M3	GB/T 5118—2012	E7015-1M3
	R307	E5515-1CMV		E8015-1CMV
	R407	E6215-2C1M		E9015-2C1M
低合金钢焊条	温707Ni	E5515-7CM	GB/T 5118—2012	
	温907Ni	E5515-9C1M		E8015-9C1M
	温107Ni	E6215-9C1MV		
堆焊焊条	D507	EDCr-A1-15	GB/T 984—2001	ER410
	D507Mo	EDCr-A2-15		
	D577	EDCrMn-C-15		
	D802	EDCoCr-A-03		ECoCr-A
	D812	EDCoCr-B-03		ECoCr-B

（续）

类别	牌号	型号		
		中国标准	标准号	美国 AWS 标准
不锈钢焊丝		TS308-FN0	GB/T 17853—2018	
		TS308L-FN0		
		TS316-FN0		
		TS316L-FN0		
		TS308LMo-FN0		
		TS309L-FN0		
		TS317L-FN0		
CoCrW 焊丝	丝 111	HS111		RCoCrA
Monel 焊条	R-M3NiCu7		上钢所	ERNiCu-7

4. 承压铸件焊补用焊条

1）基体材料为 WCB、WCC 采用 GB/T 5117—2012 中 E5003(J502)或 E5015（J507）焊条。

2）基体材料为奥氏体不锈钢，焊条选用见表 3-24。

表 3-24　奥氏体不锈钢承压铸件焊补焊条选用

基体材料	铸件热处理后和试压渗漏的焊补焊条		铸件热处理前或铸件外表面一般缺陷的焊补焊条	
	牌号	型号	牌号	型号
CF8、ZG08Cr18Ni9			A102	E308-16
ZG08Cr18Ni9Ti、ZG12Cr18Ni9Ti	A132	E347-16	A132	E347-16
CF3、ZG022Cr18Ni10	A002	E308L-16	A002	E308L-16
CF8M、ZG08Cr18Ni12Mo2Ti	A212	E318-16	A202	E316-16
			A212	E318-16
CF3M	A022	E316L-16	A022	E316L-16

3）基体材料为低温钢，焊条选用见表 3-25。

表 3-25　低温钢类承压铸件焊补焊条选用

基体材料	焊条	
	牌号	型号
LCB、LCC	CHE508-1	E5018-1
LC1	R107	E5015-1M3
LC2	温 707Ni	E5515-7CM
LC3	温 907Ni	E5515-9C1M
	温 107Ni	E6215-9C1MV

5. 铸件焊补

1）铸件如有裂纹、气孔、砂眼、疏松等缺陷，允许焊补，但在焊补前必须将油污、铁锈、水分、缺陷清除干净。清除缺陷后，用砂轮打磨出金属光泽，其形状要平滑，有一定坡度，不得有尖棱存在。

2）承压铸件上有严重的穿透性裂纹、冷隔、蜂窝状气孔、大面积疏松或焊补后无法修整打磨处，不允许焊补。

3）承压铸件试压渗漏的重复焊补次数不得超过两次。

4）铸件焊补后必须打磨平整、光滑，不得留有明显的焊补痕迹。

5）焊补后的无损检测要求按有关标准规定。

6. 焊后清除应力处理

1）重要的焊接件如保温夹套焊缝、阀座镶焊于阀体上的焊缝、要求焊后处理的堆焊密封面等，以及承压铸件焊补超过规定范围内，焊后均要消除焊接应力。无法进炉的也可采用局部消除应力的办法。消除焊接应力的工艺可参焊条说明书。

2）焊补深度超过壁厚的20%或25mm（取小值）或面积大于65cm^{2}或试压渗漏处的焊补，焊后都要消除焊接应力。

7. 焊接工艺评定

正确的选择焊条只是焊接这道工序中的一个重要环节，只正确选择焊条，如果没有前面诸条的保证，也无法获得良好的焊接质量。

由于手工电弧焊的焊接质量和焊条本身的质量、焊条的规格、母材、母材的厚度、焊接位置、预热温度、采用的电流（交流或直流）、极性的变化（焊条接正极-反接、焊条接负极-正接）、层间温度、焊后处理等都有关系，所以正式生产前要进行工艺评定，也即先进行验证。验证在给定的条件下，所采取的措施是否能保证施焊产品的质量。这些给定条件在参数一旦发生变化时就要重新进行评定。堆焊和焊补、镶焊（按对接焊）规定的重要参数不一样，要注意这些重要参数的变化。

天然气调压装置关键阀门产品中需要进行焊接工艺评定的有密封面堆焊、阀座与阀体镶焊（按对接焊评定）、承压铸件的焊补等。

承压设备的焊接工艺评定除遵守有关标准NB/T 47014—2023《承压设备焊接工艺评定》和ASME BPVC第Ⅸ卷《焊接及钎焊评定》的规定外，还应符合锅炉、压力容器和压力管道产品相关标准、技术文件的要求。

焊接工艺评定一般过程是：根据金属材料的焊接性，按照设计文件规定和制造工艺拟定预焊接工艺规程、施焊试件和制取试样，检测焊接接头是否符合规定的要求，并形成焊接工艺评定报告，对预焊接工艺规程进行评价。

焊接工艺评定应在本单位进行。焊接工艺评定所用设备、仪表应处于正常工作状态，金属材料、焊接材料应符合相应标准，由本单位操作技能熟练的焊接人员使用本单位的设备焊接试件。

评定合格的焊接工艺是指合格的焊接工艺评定报告中，所列通用焊接工艺评定因素和专用焊接工艺评定因素中重要因素、补加因素。

焊接工艺规程程序见 NB/T 47014—2023。

3.4　紧固件材料

天然气调压装置关键阀门用的紧固件，主要是关键阀门中法兰用的螺柱、螺钉和螺母，这个部位的紧固件是重要的连接件。

3.4.1　紧固件的选用原则

1）按工业用阀门材料选用导则和天然气调压装置关键阀门产品标准规定。产品标准如何规定，就如何选用。

2）根据用户提出的要求确定。

3）根据工况条件确定，如工作温度、工作压力、环境状况、垫片类型等综合考虑。

4）参照有关的管道法兰用的紧固件材料及对紧固件的要求确定螺柱、螺钉、螺母材料。

3.4.2　常用紧固件材料

1. JB/T 5300—2024《工业用阀门材料　选用指南》规定的紧固件材料

（1）碳素钢制阀门

1）螺柱、螺栓：优质碳素钢（GB/T 699—2015），如 25、35；合金结构钢（GB/T 3077—2015），如 30CrMo、35CrMo。

2）螺母：优质碳素钢（GB/T 699—2015），如 35、45。

（2）低温钢制阀门

1）双头螺柱：奥氏体不锈钢（GB/T 1220—2007），如 12Cr18Ni9、12Cr18Ni9Ti。

2）螺母：奥氏体不锈钢（GB/T 1220—2007），如 12Cr18Ni9Ti；黄铜（GB/T 4423—2020），如 HPb59-1。

（3）不锈耐酸钢阀门

1）双头螺柱：铬镍钢（GB/T 1220—2007），如 14Cr17Ni2、12Cr18Ni9。

2）螺母：铬和铬镍钢（GB/T 1220—2007），如 06Cr13、12Cr13、20Cr13、12Cr18Ni9。

2. EN 334：2019《进口压力不大于10MPa（100bar）的气体调压阀》和EN 14382：2019《气体安全关闭装置—进口压力达10MPa（100bar)》规定的紧固件材料

所用的螺栓、螺钉、螺柱和螺母的材料和标准号见表3-26。

表3-26 螺栓、螺钉、螺柱和螺母的材料和标准号

紧固件材料	
材料的级别	标准号
10.9级	EN ISO 898-1：2013
10级	EN ISO 898-2：2022
全部合金类系列和最小断后伸长率 A_{min}≥9%类型的螺栓、螺钉和螺柱	ASTM F593—2017
4.6、5.6、8.8级	EN ISO 898-1：2013
A2SS、A4SS级	EN ISO 3506-1：2020
5、8、9级螺母	EN ISO 898-2：2022
全部级别	ASTM A193/A193M—2023
全部级别的螺母	ASTM A194/A194M—2023
全部级别和等级	ASTM A320/A320M—2022a
全部合金类系列和最小断后伸长率 A_{min}≥12%类型的螺栓、螺钉和螺柱	ASTM F593—2017
全部合金类系列	ASTM F594—2020
8级螺栓类	SAE J429—2014
8级螺母	SAE J995—2017

3. JB/T 450—2008《锻造角式高压阀门 技术条件》规定的紧固件材料

1）PN160～PN320双头螺柱热处理后的力学性能按表3-27的规定。

表3-27 双头螺柱力学性能

钢号	R_m/MPa	R_{eL}/MPa	A（%）	Z（%）	A_K/J	HBW
40	≥580	≥340	≥29	≥45	≥60	207～240
40MnVB	≥900	≥750	≥15	≥45	≥80	250～302
35CrMoA	≥800	≥600	≥15	≥50	≥80	214～286

注：1. 双头螺柱应进行化学处理，以防大气腐蚀。
2. 双头螺柱应按有关标准进行无损检测。
3. 当双头螺柱采用冷拉光料滚制螺纹时，滚制螺纹前在同一钢号、同一直径、同一热处理条件的坯料制成的同直径光料内抽检两根，按GB/T 224进行脱碳检测，全脱碳层厚度不大于直径的1.5%，且不大于0.3mm。

2）PN160～PN320螺母热处理后的力学性能按表3-28的规定。

表 3-28　螺母的力学性能

钢号	R_m/MPa	R_{eL}/MPa	A（%）	Z（%）	A_K/J	HBW
35	≥540	≥320	≥20	≥45	≥70	179～217
40Mn	≥600	≥360	≥17		≥60	187～229
40Cr	≥800	≥600	≥15		≥80	235～277

注：螺母应进行化学热处理，以防大气腐蚀。

3）PN160～PN320 螺柱、螺母材料配对见表 3-29。

表 3-29　螺柱、螺母材料配对

螺柱材料	35	40	40MnVB	35CrMoA
	GB/T 699—2015		GB/T 3077—2015	
螺母材料	35	35	40Mn	40Cr
	GB/T 699—2015			GB/T 3077—2015

4. NB/T 47044—2014《电站阀门》规定的紧固件材料

螺栓常用材料见表 3-30。

表 3-30　螺栓常用材料

代号	材料牌号	标准	热处理和硬度 HBW	室温强度指标		最高温度/℃
				R_m/MPa	R_{eL}/MPa	
U20202	20（用于螺母）	GB/T 699—2015	≤156	410	245	350
U20252	25（用于螺母）		≤170	422	235	350
U20352	35（用于螺母）		136～192	510	265	425
U20452	45		187～229	600	355	400
A30422	42CrMo（d≤65）	DL/T 439—2018	255～321	860	720	415
A30302	30CrMo	GB/T 3077—2015	≤229	930	735	500
A30352	35CrMoA（d≤50）	DL/T 439—2018	255～311	834	685	500
—	25Cr2MoVA		≤241	785	685	510
—	25Cr2Mo1VA		248～293	785	685	550
—	20Cr1Mo1V1A		249～293	835	735	550
—	20Cr1Mo1VTiB		255～293	785	685	570
—	20Cr1Mo1VNbTiB		252～302	834	735	570
—	C－422（22Cr12NiWMoV）		277～331	930	760	570
S30210	12Cr18Ni9	GB/T 1220—2007	≤187（固溶处理）	520	205	610
S47220	22Cr13NiMoWV（616）	GB/T 1221—2007	≤341（固溶处理）	885	735	625

（续）

代号	材料牌号	标准	热处理和硬度 HBW	室温强度指标		最高温度/℃
				R_m/MPa	R_{eL}/MPa	
—	R－26（Ni－Cr－Co 合金）	DL/T 439—2018	262～311	1000	555	677
—	GH4145		262～311	1000	555	677
S41010	12Cr13	GB/T 1220—2007	≤200	540	345	400
S42020	20Cr13		≤223	640	440	400
S42030	30Cr13		≤235	735	540	450
S45110	12Cr5Mo	GB/T 1221—2007	≤200	590	390	600
S30408	06Cr19Ni10	GB/T 1220—2007	≤187（固溶处理）	520	205	700
S31608	06Cr17Ni12Mo2	GB/T 1221—2007	≤187（固溶处理）	520	205	700
S32168	06Cr18Ni11Ti	GB/T 1220—2007	≤187（固溶处理）	520	205	700
S31008	06Cr25Ni20	GB/T 1221—2007	≤187（固溶处理）	520	205	700
S30409	F304H	ASTM A182/A182M—2023	≤187（固溶处理）	515	205	816
S31009	F310H		≤187（固溶处理）	515	205	816
S31609	F316H		≤187（固溶处理）	515	205	816
—	B7（d≤M64）	ASTM A193/A193M—2023	≤321HBW 或 35HRC	860	720	
S30400	B8 CL. 2（d＞M24～M30）		≤321HBW 或 35HRC	725	450	700
S30400	B8 CL. 2B（d＞M48）		≤321HBW 或 35HRC	620	450	700
S31600	B8M CL. 2（d＞M24～M30）		≤321HBW 或 35HRC	655	450	700
S32100	B8T CL. 2（d＞M24～M30）		≤321HBW 或 35HRC	725	450	700
—	B16（d≤M64）		≤321HBW 或 35HRC	860	725	593
S30400	B8	ASTM A194/A194M—2023	≤321HBW 或 35HRC	725	450	750
S31600	B8M		≤321HBW 或 35HRC	655	450	750
—	2H（d≤M36）		248～327	—	—	425
—	7M		195～235	690	515	425
—	7		248～327	—	—	425
—	16（d≤M64）		248～327	—	—	593
S31020	20Cr25Ni20	GB/T 1221—2007	≤201（固溶处理）	590	205	700

注：1. 螺母材料强度宜比螺栓强度低一级，硬度低 20～50HBW。表中螺栓材料作螺母时，可比所列温度高 30～50℃。

2. 若屈服现象不明显，屈服强度取 $R_{p0.2}$ 值。

5. GB 150.2—2011《压力容器　第 2 部分：材料》规定的紧固件材料

GB 150.2—2011 中螺柱和螺母的材料组合见表 3-31。

表 3-31　GB 150.2—2011 中螺柱和螺母的材料组合

螺柱用钢		螺母用钢			使用温度范围/℃
牌号	钢材标准	牌号	钢材标准	使用状态	
20	GB/T 699—2015	10、15	GB/T 699—2015	正火	-20～350
35		20、25		正火	0～350
40MnB	GB/T 3077—2015	40Mn、45		正火	0～400
40MnVB		40Mn、45		正火	0～400
40Cr		40Mn、45		正火	0～400
30CrMo		40Mn、45		正火	-10～400
		30CrMo	GB/T 3077—2015	调质	-100～500
35CrMoV		35CrMo、35CrMoV		调质	-20～425
35CrMo		40Mn、45	GB/T 699—2015	正火	-10～400
		30CrMo、35CrMo	GB/T 3077—2015	调质	-70～500
25Cr2MoV		30CrMo、35CrMo		调质	-20～500
		25Cr2MoV		调质	-20～550
40CrNiMo		35CrMo、40CrNiMo		调质	-50～350
12Cr5Mo（1Cr5Mo）	GB/T 1221—2007	12Cr5Mo（1Cr5Mo）	GB/T 1221—2007	调质	-20～600

注：括号中为旧钢号。

6. GB/T 24925—2019《低温阀门　技术条件》规定的紧固件材料

低温阀门常用的紧固件材料见表 3-32。

表 3-32　低温阀门常用的紧固件材料

项目	材料类别	材料牌号	最低使用温度/℃	材料标准
螺柱或螺栓材料	铬钼钢	BT、B7M	-46	ASTM A193/A193M—2023
		L7、L7A、L7B、L7C	-101	ASTM A320/A320M—2022a
	不锈钢	B8 CL. 2、B8M CL. 2	-198	ASTM A193/A193M—2023
		B8T CL. 2、B8C CL. 2		
		B8 CL. 1、B8C CL. 1	-254	
螺母材料	碳钢	2H、2HM	-46	ASTM A194/A194M—2023
	铬钼钢	7、7M	-101	
	不锈钢	B8A、BTA	-198	
		8、8CA	-254	

注：紧固件除不锈钢外的所有材料用于 < -46℃时，应按 ASTM A320/A320M—2022a 要求进行低温冲击试验。

3.4.3　关于天然气调压装置关键阀门中法兰紧固件选材的说明

1）3.4.2 小节的内容是根据有关标准和产品标准中规定的紧固件选配情况列出的，有些产品标准没有规定紧固件材料的选配，有的产品标准只给出阀体和阀盖、阀体和阀体连接螺柱或螺钉的总横截面积要求，要根据所设计的调压装置关键阀门类别不同按 3.4.2 小节中 1. ~2. 和 5. ~6. 选取。

2）调压装置关键阀门中法兰紧固件一般均须热处理后使用，经过热处理达到一定的力学性能，才能充分发挥材料的作用。对于一般产品而言，紧固件所用的材料达到一定的硬度要求，即可满足使用要求。而硬度要求是通过产品设计来确定，由热处理来实现的。由于材料的硬度和 R_m、R_{eL}之间有一定的关系，知道了硬度也即大约知道 R_m、R_{eL}的范围。

对于按国外标准制造的天然气调压装置关键阀门，如果紧固件采用国外牌号，则要注意不只是化学成分符合此牌号要求，其力学性能也要达到要求。

3）天然气调压装置关键阀门规定，用于低于 -29℃ 的紧固件应按 ASTM A320/A320M—2022a《低温用合金钢、不锈钢螺栓材料》要求做低温冲击试验，其夏比 V 型缺口冲击吸收能量三次试验的平均值要达 27J，单个试样最小值要达 21J。

3.4.4　ASTM A193/A193M—2023《高温和高压设备用合金钢和不锈钢螺栓材料》简介

1. 概述

1）该标准适用于高温、高压或其他特殊用途的压力容器、阀门、法兰及管件的合金钢和不锈钢螺栓材料。

2）该标准包括若干牌号的铁素体钢和奥氏体不锈钢的螺栓材料，选用时应根据设计要求，使用情况、力学性能和温度特性进行选择。

3）奥氏体不锈钢的螺栓（螺柱）的等级区分，是反映其热处理状态的不同。其中 1 级为固溶处理的；1A 级为完工状态后固溶处理的；2 级、2B 级、2C 级为固溶处理 + 应变硬化的；1C 级适用于含 N 奥氏体不锈钢经固溶处理的；1D 级适用于由轧制温度快速冷却的固溶处理材料。

4）当用于低温工况时，应按 ASTM A320/A320M—2022a《低温用合金钢、不锈钢螺栓材料》选用，而不应按 ASTM A193/A193M—2023 标准选用。

2. 常用的牌号、化学成分和力学性能

1）常用的铁素体钢类型的螺栓牌号见表 3-33。

2）常用奥氏体钢类型的螺栓牌号见表 3-34。

表 3-33　常用的铁素体钢类型的螺栓牌号

材料类型	铁素体钢			
牌号	B5	B6、B6X	B7①、B7M②	B16
钢种	5% Cr	12% Cr	Cr-Mo	Cr-Mo-V
UNS 编号	—	S41000 (410)	—	—

① B7 使用的典型钢的成分包括 4140、4145、4140H、4142H、4130H。

② B7M 允许的最低碳的质量分数为 0.28%，硬度 235HBW 或 99HRB，但硬度应不低于 200HBW 或 93HRB。

表 3-34　常用的奥氏体钢类型的螺栓牌号

牌号	B8	B8A	B8C	B8CA	B8M	B8MA
UNS 编号	S30400 (304)		S34700 (347)		S31600 (316)	
等级	1、1D、2、2B	1A	1、2	1A	1、1D、2	1A
牌号	B8M2	B8M3	B8T	B8TA	B8R	B8RA
UNS 编号	S31600 (316)		S32100 (321)		S20910 (XM-19)	
等级	2B	2C	1、2	1A	1C、1D	1C

注：1. 表中等级 1 级为固溶处理的，1A 级为完工状态下固溶处理的，用于耐腐蚀的场合。1 级、1A 级硬度要求不同，如 B8、B8M 1 级硬度为 232HBW 或 96HRB；B8、B8M 1A 级硬度为 192HBW 或 90HRB。

2. 表中 1C 级、1D 级的 B8R 为固溶处理的，1C 级的 B8RA 为完工状态下固溶处理的。

3. 表中 2 级、2B 级、2C 级为经固溶处理再应变硬化，其力学性能依次递减。

3）常用的铁素体钢类型的螺栓材料的化学成分见表 3-35。

表 3-35　常用的铁素体钢类型的螺栓材料的化学成分

（质量分数，%）①

类型	铁素体钢			
牌号	B5		B6、B6X	
钢种	5% Cr		12% Cr	
UNS 编号	—		S41000 (410)	
化学元素	范围	偏差，正或负②	范围	偏差、正或负②
C	≤0.10	+0.01	0.08～0.15	+0.01
Mn	≤1.00	+0.03	≤1.00	+0.03
P	≤0.04	+0.005	≤0.04	+0.005
S	≤0.03	+0.005	≤0.03	+0.005
Si	≤1.00	+0.05	≤1.00	+0.05
Cr	4.00～6.00	0.10	11.5～13.5	0.15
Mo	0.40～0.65	0.05	—	—

① 不允许有意地加入铋（Bi）、硒（Se）、碲（Te）和铅（Pb）。

② 产品分析时，个别分析结果有时超出表中所示范围的界限。一炉钢的任何元素的几次测定结果可能不在规定范围内。

4）常用铁素体钢类型的螺栓材料的力学性能见表3-36。

表3-36 常用的铁素体钢类型的螺栓材料的力学性能

牌号（钢种）	直径/mm	最低回火温度/℃	最小抗拉强度 R_m/MPa	最小屈服强度（0.2%残余变形）R_{eL}/MPa	4d内最小断后伸长率 A(%)	最小断面收缩率 Z(%)	最高硬度
B5（4%～6%Cr）	≤M100	593	690	550	16	50	—
B6（13%Cr）	≤M100	593	760	585	15	50	—
B6X（13%Cr）	≤M100	593	620	485	16	50	26HRC
B7（Cr-Mo）	≤M64	593	860	720	16	50	321HBW或35HRC
	>M64～M100	593	795	655	16	50	321HBW或35HRC
	>M100～M180	593	690	515	18	50	321HBW或35HRC
B7M①（Cr-Mo）	≤M100	620	690	550	18	50	235HBW或99HRB
	>M100～M180	620	690	515	18	50	235HBW或99HRB
B16（Cr-Mo-V）	≤M64	650	860	725	18	50	321HBW或35HRC
	>M64～M100	650	760	655	17	45	321HBW或35HRC
	>M100～M180	650	690	585	16	45	321HBW或35HRC

① 为满足拉伸要求，硬度应高于200HBW（93HRB）。

5）应用中的注意事项

① 用于NACE MR0175/ISO 15156：2015（GB/T 20972.2—2008）、NACE MR0103/ISO 17945：2015要求的碳素钢阀门的螺栓应选用牌号B7M，螺母配用ASTM A194/A194M—2023中的牌号2HM。

② 涂层紧固件的使用温度限制。不推荐使用在大于涂层的熔点温度下的紧固件。镀锌的紧固件使用温度为小于210℃，镀镉的紧固件使用温度小于160℃。

③ 应用中注意螺栓材料的使用温度限制，可参考有关标准，如GB/T 150.2—2011、NB/T 47044—2014、GB/T 24925—2019。

3.4.5 ASTM A194/A194M—2023《高温和高压设备用碳素钢与合金钢螺母》简介

1. 概述

1）该标准中包括公称尺寸M6～M100的碳素钢、合金钢和马氏体不锈钢的螺母以及公称尺寸大于或等于M6的奥氏体不锈钢螺母。这些螺母适用于高温、高压或高温高压的工况。

2）奥氏体不锈钢的螺母包括固溶处理的、完工状态下固溶处理的以及应变硬化的。选用时应根据设计要求、使用工况、螺母的承载能力进行选择。

3）如果螺母应用于低温工况，应按 ASTM A320/A320M—2022a《低温用合金钢、不锈钢螺栓材料》对低温螺栓规定的夏比试验程序及要求对螺母进行试验。

2. 常用的牌号

常用的铁素体钢类型的螺母牌号见表 3-37。

表 3-37　常用的铁素体钢类型的螺母牌号

材料类型	铁素体钢							
牌号	2H	2HM	3	4	6	7①	7M①	16
钢种	C（碳钢）		501②	Cr-Mo	410	Cr-Mo		Cr-Mo-V

① 牌号 7、7M 典型的成分包括 4140、4142、4145、4140H、4142H、4145H。

② 501 为马氏体不锈钢，即 UNS S50100，主要化学成分：w_{C}≤0.10%，w_{Cr}4.0%～6.0%，w_{Mo} 0.40%～0.65%，w_{Mn}≤1.00%，w_{Si}≤1.00%，w_{P}≤0.04%，w_{S}≤0.03%。

3. 化学成分

每种合金都应符合表 3-38 中规定的化学成分的要求。

表 3-38　化学成分的要求①～④　　（质量分数，%）

牌号	材料	UNS 编号	C	Mn	P	S⑤	Si	Cr	Ni	Mo	Ti	Nb + Ta	N	其他元素（%）
1	碳钢		0.15（min）	1.00	0.040	0.050	0.40	—	—	—	—	—	—	—
2、2H、2HM	碳钢		0.40（min）	1.00	0.040	0.050	0.40	—	—	—	—	—	—	—
3	501 型		0.10（min）	1.00	0.040	0.030	1.00	4.0～6.0	—	0.40～0.65	—	—	—	—
6	410 型	S41000	0.15	1.00	0.040	0.030	1.00	11.5～13.5	—	—	—	—	—	—
6F	416 型	S41600	0.15	1.25	0.060	0.15（min）	1.00	12.0～14.0	—	—	—	—	—	—
6F	416Se 型	S41623	0.15	1.25	0.060	0.060	1.00	12.0～14.0	—	—	—	—	—	Se = 0.15（min）
7、7M	4140/4142 4145/4140H 4142H/4145H		0.37～0.49	0.65～1.10	0.035	0.040	0.15～0.35	0.75～1.20	—	0.15～0.25	—	—	—	—

① 不允许有意加入铋（Bi）、硒（Se）、锑（Te）和铅（Pb），但牌号 6F、8F 和 8FA 除外，在这些牌号里硒是规定和要求的元素。

② 铝的总量，包括可溶的和不可溶的。

③ 表中给出的值是最大值，表中注明的是最小值或范围的除外。

④ 表中出现的“—”位置表示无要求。

⑤ 由于硫的偏析程度，从工艺上讲，不适于对最大含硫量超过 0.06% 进行产品分析。

4. 力学性能

所有的螺母都要能够满足表 3-39 规定的硬度要求。

表 3-39 铁素钢螺母的硬度要求

牌号	成品螺母			按 ASTM A194/A194M—2023 标准规定处理后的试验螺母	
	布氏硬度 HBW	洛氏硬度 HRC	洛氏硬度 HRB	最小布氏硬度 HBW	最小洛氏硬度 HRB
1	121min	—	70（min）	121	70
2	159～352	—	84（min）	159	84
2H（≤1½in 或 M36）	248～327	24～35	—	179	89
2H（>1½in 或 M36）	212～327	35（max）	95（min）	147	79
2HM、7M	159～235	—	84～99	159	84
3、7、16、43	248～327	24～35	—	201	94
6、6F	228～271	20～28	—	—	—

5. 螺母牌号 7、7M 用于低温工况的要求

牌号 7 用于低温工况时，应采用 ASTM A320/A320M—2022a 中牌号 L7 规定的夏比 V 型缺口冲击试验及要求。当牌号 7M 用于低温工况时，应采用 ASTM A320/A320M—2022a 中牌号 L7M 规定的夏比 V 型缺口冲击试验及要求，其低温冲击吸收能量指标见表 3-40。

表 3-40 螺母牌号 7、7M 低温冲击吸收能量指标

A194/A194M 牌号	A320/A320M 牌号	试验温度/℃	试验规格/mm	冲击吸收能量/J 三个试样平均值	冲击吸收能量/J 单个试样最小值
7	L7、L43	-101	10×10	27	20
			10×7.5	22	16
7M	L7M	-73	10×10	27	20
			10×7.5	22	16

6. 应用中注意事项

1）用于 NACE MR0175/ISO 15156：2015（GB/T 20972.2—2008）、NACE MR0103/ISO 17945：2015 要求的碳素钢阀门的螺母，应选用牌号 2HM，螺栓配用 ASTM A193/A193M—2023 牌号 B7M。

2）除非买方规定，严禁在螺母上涂层。

3.4.6 ASTM A320/A320M—2022a《低温用合金钢、不锈钢螺栓材料》简介

1. 概述

1）该标准适用于低温压力容器、阀门、法兰和管件的合金钢、不锈钢螺栓材料。标准中“栓接材料”包括轧制、锻造或应变硬化的棒材、螺栓、螺柱、螺钉。当订购应变硬化奥氏体不锈钢时，买方应特别注意确保完全理解奥氏体钢的应变硬化。

2）该标准包含 L7、B8 等若干种铁素体和奥氏体钢牌号，选择时应根据设计要求、使用工况、力学性能和低温特性来选择。

2. 常用铁素体钢的牌号及力学性能

常用铁素体钢的牌号及力学性能见表 3-41。

表 3-41　常用铁素体钢的牌号及力学性能

级别、牌号（直径/mm）	热处理	最低回火温度/℃	最小抗拉强度 R_m/MPa	最小屈服强度（0.2%残余变形）R_{eL}/MPa	标距 50mm 最小伸长率 A（%）	最小断面收缩率 Z（%）	最高硬度 ≤
L7、L7A、L7B、L7C、L70、L71、L72、L73、（直径≤65①）	淬火+回火	593	860	725	≥16	≥50	321HBW 或 35HRC
L43（直径≤100①）	淬火+回火	593	860	725	≥16	≥50	321HBW 或 35HRC
L7M（直径≤65①）	淬火+回火	620	690	550	≥18	≥50	235HBW②或 99HRB
L1（直径≤25①）	淬火+回火		860	725	≥16	≥50	—

① 确定这些直径上限的依据是，这些尺寸是可持续满足规范属性限制的最大常用尺寸。它们并不是绝对限制，超过这些限制的螺栓材料将不再符合规范要求。

② 为满足拉伸要求，硬度值不得低于 200HBW 或 93HRB。

3. 化学成分要求

常用铁素体钢的化学成分（质量分数）要求见表 3-42。

4. 低温工况常用的铁素体钢螺栓及配用的螺母材料

低温工况常用的铁素体钢螺栓及配用的螺母材料见表 3-43。

5. 用于低温工况螺栓的冲击吸收能量性能要求

用于低温工况螺栓的冲击吸收能量性能要求见表 3-44。

表 3-42　常用铁素体钢的化学成分要求①　（质量分数,%）

类型	铁素体钢											
牌号	L7、L7M、L70		L7A、L71		L78、L72		L7C、L73		L43		L1	
钢种	Cr-Mo②		C-Mo（AISI 4037）		Cr-Mo（AISI 4137）		Ni-Cr-Mo（AISI 8740）		Ni-Cr-Mo（AISI 4340）		低 C-B	
元素	范围	偏差	范围	偏差	范围	偏差	范围	偏差	范围	偏差	范围	偏差
C	0.38～0.48③	±0.02	0.35～0.40	±0.02	0.35～0.40	±0.02	0.38～0.43	±0.02	0.38～0.43	±0.02	0.17～0.24	±0.01
Mn	0.75～1.00	±0.04	0.70～0.90	±0.03	0.70～0.90	±0.03	0.75～1.00	±0.04	0.60～0.85	±0.03	0.70～1.40	±0.04
P≤	0.035	+0.005	0.035	+0.005	0.035	+0.005	0.035	+0.005	0.035	+0.005	0.035	+0.005
S≤	0.040	+0.005	0.040	+0.005	0.040	+0.005	0.040	+0.005	0.040	+0.005	0.050	+0.005
Si	0.15～0.35	±0.02	0.15～0.35	±0.02	0.15～0.35	±0.02	0.15～0.35	±0.02	0.15～0.35	±0.02	0.15～0.30	±0.02
Ni	—	—	—	—	—	—	0.40～0.70	±0.03	1.65～2.00	±0.05	—	—
Cr	0.80～1.10	±0.05	—	—	0.80～1.10	±0.05	0.40～0.60	±0.03	0.70～0.90	±0.03	—	—
Mo	0.15～0.25	±0.02	0.20～0.30	±0.02	0.15～0.25	±0.02	0.20～0.30	±0.02	0.20～0.30	±0.02	—	—
B	—	—	—	—	—	—	—	—	—	—	0.001～0.003	—

① 不允许有意加入铋（Bi）、硒（Se）、锑（Te）和铅（Pb），但牌号 B8F 除外，在该牌号中硒是有规定和要求的元素。

② 该牌号使用的典型钢成分包括 4140、4142、4145、4140H、4142H 和 4145H。

③ 对于牌号 L7M，如果相关截面尺寸的拉伸性能达到要求，允许最低的碳的质量分数为 0.28%；允许使用 AISI 4130 或 4130H。

表 3-43　低温工况常用的铁素体钢螺栓及配用的螺母材料

类型	铁素体钢					
牌号	L7		L7M①		L43	
钢种	Cr-Mo				Ni-Cr-Mo	
硬度≤	HBW	HRC	HBW	HRB	HBW	HRC
	321	35	235	99	321	35
配用螺母	ASTM A194/A194M—2023 的 4 或 7		ASTM A194/A194M—2023 的 7M		ASTM A194/A194M—2023 的 4 或 7	
适用温度②/℃	-101		-73		-101	

① 为了满足抗拉强度要求，硬度不应小于 200HBW 或 93HRB。

② 用于低温工况时的低温冲击吸收能量应符合表 3-40 的规定。

表 3-44　用于低温工况螺栓的冲击吸收能量性能要求

牌号	试验温度/℃	适用温度/℃	试样规格/mm	冲击吸收能量/J	
				三个试样平均值	单个试样最小值
L7、L43	-101	-101	10×10	27	20
			10×7.5	22	16
L7M	-73	-73	10×10	27	20
			10×7.5	22	16

注：1. 对于直径≤12.5mm 的铁素体钢的全部牌号，不要求做低温冲击试验。

2. 允许试验温度不按表中规定的温度，但必须低于工况条件下的使用温度，并应标记识别其试验温度。

3.5 弹簧材料

3.5.1 牌号及化学成分

弹簧钢的牌号及化学成分应符合表 3-45 的规定。

表 3-45　弹簧钢的牌号及化学成分　（质量分数,%）

序号	统一数字代号	牌号	C	Si	Mn	Cr	V	W	Mo	B	Ni	Cu①	P	S
1	A77552	55SiMnVB	0.52~0.60	0.70~1.00	1.00~1.30	≤0.35	0.08~0.16	—	—	0.0008~0.0035	≤0.35	≤0.25	≤0.025	≤0.020
2	U21653	65Mn	0.62~0.70	0.17~0.37	0.90~1.20	≤0.25	—	—	—	—	≤0.35	≤0.25	≤0.030	≤0.030
3	A11603	60Si2Mn	0.56~0.64	1.50~2.00	0.70~1.00	≤0.35	—	—	—	—	≤0.35	≤0.25	≤0.025	≤0.020
4	A22553	55CrMn	0.52~0.60	0.17~0.37	0.65~0.95	0.65~0.95	—	—	—	—	≤0.35	≤0.25	≤0.025	≤0.020
5	A21553	55SiCr	0.51~0.59	1.20~1.60	0.50~0.80	0.50~0.80	—	—	—	—	≤0.35	≤0.25	≤0.025	≤0.020
6	A21603	60Si2Cr	0.56~0.64	1.40~1.80	0.40~0.70	0.70~1.00	—	—	—	—	≤0.35	≤0.25	≤0.025	≤0.020
7	A28553	55SiCrV	0.51~0.59	1.20~1.60	0.50~0.80	0.50~0.80	0.10~0.20	—	—	—	≤0.35	≤0.25	≤0.025	≤0.020
8	A28603	60Si2CrV	0.56~0.64	1.40~1.80	0.40~0.70	0.90~1.20	0.10~0.20	—	—	—	≤0.35	≤0.25	≤0.025	≤0.020
9	A23503	50CrV	0.46~0.54	0.17~0.37	0.50~0.80	0.80~1.10	0.10~0.20	—	—	—	≤0.35	≤0.25	≤0.025	≤0.020
10	A27303	30W4Cr2V	0.26~0.34	0.17~0.37	≤0.40	2.00~2.50	0.50~0.80	4.00~4.50	—	—	≤0.35	≤0.25	≤0.025	≤0.020

① 根据需方要求，并在合同中注明，钢中残余铜的质量分数可不大于 0.20%。

3.5.2 力学性能

1）弹簧钢交货状态的硬度应符合表3-46的规定。

表3-46 弹簧钢交货状态的硬度

<table>
<tr><th>序号</th><th>牌号</th><th>交货状态</th><th>代码</th><th>硬度</th></tr>
<tr><td>1</td><td>65Mn</td><td rowspan="2">热轧</td><td rowspan="2">WHR</td><td>≤302HBW</td></tr>
<tr><td>2</td><td>60Si2Mn、50CrV、
55SiMnVB、55CrM</td><td>≤321HBW</td></tr>
<tr><td rowspan="2">3</td><td rowspan="2">60Si2Cr、60Si2CrV
30W4Cr2V、55SiCr</td><td>热轧</td><td>WHR</td><td>供需双方协商</td></tr>
<tr><td>热轧+去应力退火</td><td>WHR+A</td><td>≤321HBW</td></tr>
<tr><td>4</td><td>55SiCrV</td><td>热轧</td><td>WHR</td><td>供需双方协商</td></tr>
</table>

2）用热处理毛坯制成试样测定钢材的纵向力学性能应符合表3-47的规定。

表3-47 钢材的纵向力学性能

<table>
<tr><th rowspan="3">序号</th><th rowspan="3">牌号</th><th colspan="3">热处理制度①</th><th colspan="5">力学性能，≥</th></tr>
<tr><th rowspan="2">淬火温度/℃</th><th rowspan="2">淬火介质</th><th rowspan="2">回火温度/℃</th><th rowspan="2">抗拉强度 R_m/MPa</th><th rowspan="2">下屈服强度 R_{eL}②/MPa</th><th colspan="2">断后伸长率</th><th rowspan="2">断面收缩率 Z(%)</th></tr>
<tr><th>A(%)</th><th>$A_{11.3}$(%)</th></tr>
<tr><td>1</td><td>65Mn</td><td>830</td><td>油</td><td>540</td><td>980</td><td>785</td><td>—</td><td>8.0</td><td>30</td></tr>
<tr><td>2</td><td>55SiMnVB</td><td>860</td><td>油</td><td>460</td><td>1375</td><td>1225</td><td>—</td><td>5.0</td><td>40</td></tr>
<tr><td>3</td><td>60Si2Mn</td><td>870</td><td>油</td><td>440</td><td>1570</td><td>1375</td><td>—</td><td>5.0</td><td>20</td></tr>
<tr><td>4</td><td>55CrMn</td><td>840</td><td>油</td><td>485</td><td>1225</td><td>1080</td><td>9.0</td><td>—</td><td>20</td></tr>
<tr><td>5</td><td>55SiCr</td><td>860</td><td>油</td><td>450</td><td>1450</td><td>1300</td><td>6.0</td><td>—</td><td>25</td></tr>
<tr><td>6</td><td>60Si2Cr</td><td>870</td><td>油</td><td>420</td><td>1765</td><td>1570</td><td>6.0</td><td>—</td><td>20</td></tr>
<tr><td>7</td><td>55SiCrV</td><td>860</td><td>油</td><td>400</td><td>1650</td><td>1600</td><td>5.0</td><td>—</td><td>35</td></tr>
<tr><td>8</td><td>60Si2CrV</td><td>850</td><td>油</td><td>410</td><td>1860</td><td>1665</td><td>6.0</td><td>—</td><td>20</td></tr>
<tr><td>9</td><td>50CrV</td><td>850</td><td>油</td><td>500</td><td>1275</td><td>1130</td><td>10.0</td><td>—</td><td>40</td></tr>
<tr><td>10</td><td>30W4Cr2V③</td><td>1075</td><td>油</td><td>600</td><td>1470</td><td>1325</td><td>7.0</td><td>—</td><td>40</td></tr>
</table>

① 表中热处理温度允许调整范围为：淬火，±20℃；回火，±50℃。根据需方要求，其他钢回火可按±30℃进行。

② 当检测钢材屈服现象不明显时，可用 $R_{p0.2}$ 代替 R_{eL}。

③ 30W4Cr2V除抗拉强度外，其他力学性能检验结果供参考，不作为交货依据。

3.6 膜片材料

3.6.1 橡胶材料物理机械性能

橡胶材料的物理机械性能见表3-48。

表 3-48　橡胶材料物理机械性能

项　目		单位	指标
抗拉强度（最小）		MPa	7.0
断后伸长率（最小）		%	300
压缩永久变形（常温）		%	20
国际硬度或邵尔 A 硬度		1RHD 或度	由制造单位确定
回弹性（最小）		%	30
屈挠龟裂（最小）		万次	2
热空气老化 70℃ ×72h 强度变化（最大）		%	-15
脆性温度（最大）		℃	-30
标准室温下液体① 浸泡 72h，取出后 5min 内	体积变化（最大）	%	±15
	重量变化（最大）		±15
在干燥空气中放置 24h	体积变化（最大）	%	±10
	重量变化（最大）		±10

① 对于工作介质为人工煤气的调压阀，用液体 B 浸泡，液体 B 为 70%（体积比）三甲基戊烷（异辛烷）与 30%（体积比）甲苯混合液；对于工作介质为天然气、管道液化天然气、管道页岩气的调压阀，用正戊烷浸泡。

3.6.2　调压阀橡胶件的使用寿命

（1）橡胶件保质期　橡胶件保质期从其生产日期开始计算。

（2）库房保质期

1）橡胶件库存条件：①橡胶件应存放于密闭的、不透明的、充满氮气的容器内保管；②库房内应避免太阳直照、温度不应高于 30℃，湿度不应大于 70%。

2）库存期不宜大于 12 个月。

（3）橡胶件的周转期

1）橡胶件随调压阀制造、装配、试验等，周转过程不应超过 3 个月。

2）调压阀在库房存放期间，应避免太阳光直照，其进出口应封闭。保管期不应超过 3 年。

（4）橡胶件使用周期　橡胶件使用周期不宜超过 3 年。

3.7　垫片

常用的垫片有非金属垫片、半金属垫片和金属垫片。非金属垫片也称软垫片，如无石棉橡胶板、橡胶、聚四氟乙烯等，软垫片用于温度、压力都不高的场合。半金属垫片由金属材料和非金属材料组合而成，如齿形复合垫、金属包覆垫、金属缠绕垫等，半金属垫片比非金属垫片承受的温度、压力范围更广。金属垫片全部由金属制作，有椭圆形环垫、八角形环垫、透镜垫、金属 O 形圈等。金属垫片用于高温、高压场合。

3.7.1　非金属垫片

非金属垫片的使用条件见表 3-49。

表 3-49　非金属垫片使用条件

名称	代号	工作压力/MPa	适用温度/℃
天然橡胶	NR	2.0	-60 ~ 120
氯丁橡胶	CR	2.0	-40 ~ 121
丁腈橡胶	NBR	2.0	-30 ~ 100
丁基橡胶	IIR	2.0	-40 ~ 121
氟橡胶	FKM（Viton）	2.0	-20 ~ 220
三元乙丙橡胶	EPDM	2.0	-55 ~ 150
丁苯橡胶	SBR	2.0	-40 ~ 100
硅橡胶	VMQ	2.0	-55 ~ 200
氟硅橡胶	FVMQ	2.0	-60 ~ 180
全氟橡胶	FFKM	2.0	-10 ~ 280
特殊用途橡胶（失压爆裂减压）	AED90BK	10.0	-20 ~ 210
特殊用途橡胶（耐低温）	S50	2.0	-70 ~ 150
聚四氟乙烯	PTFE	2.0	-196 ~ 150
增强聚四氟乙烯	RPTFE	5.0	-196 ~ 150
聚醚醚酮	PEEK	76.0	-196 ~ 150
高温无石棉密封垫片	SPEZIAL	12.0	-46 ~ 425
高压无石棉密封垫片	AF 400F	15.0	-46 ~ 500

3.7.2　半金属垫片

1. 齿形复合垫片

齿形复合垫片具有同心圆沟槽，故密封效果比一般金属平垫片优异，适用于高温高压管法兰、压力容器盖、各种阀门的连接，其锁紧力低，特别适合较窄的法兰密封面。齿形复合垫表面可按使用条件压贴石墨、膨体聚四氟乙烯、非石棉、云母等各种材料，最大直径可达 700mm。

1）金属材质和密封层材质见表 3-50。

表 3-50　金属材质和密封层材质

金属材料	密封层材料	工作温度/℃	工作压力/MPa
软钢	柔性石墨	-196～600	30.0
S30400（304）			
S30403（304L）			
S31600（316）	聚四氟乙烯	-196～150	21.0
S31603（316L）			
S41000（410）			
黄铜	膨体聚四氟乙烯	-196～150	28.0
铝			
S32100（321）			
S34700（347）	非石棉	-46～425	10.0
镍 200			
Monel 400			
Inconel 600	银	-29～350	25.0
Hastelloy B			
钛			

2）垫片结构形式如图 3-5 所示。

3）建议选用如图 3-6 所示。

2. 金属包覆垫片

金属包覆垫片是一项利用人工技术，由一层很薄的金属完全包覆、耐热性很高的无机填料生产的产品，故可以生产出各种大小尺寸、形式及形状，是最传统的一种密封垫片，适用于热交换器、水泵、阀门的法兰密封。但回弹性有限，需要求法兰密封表面的表面粗糙度数值较低及紧固力很高才能达到密封效果。目前多以齿形复合垫取代。

1）结构形式如图 3-7 所示。

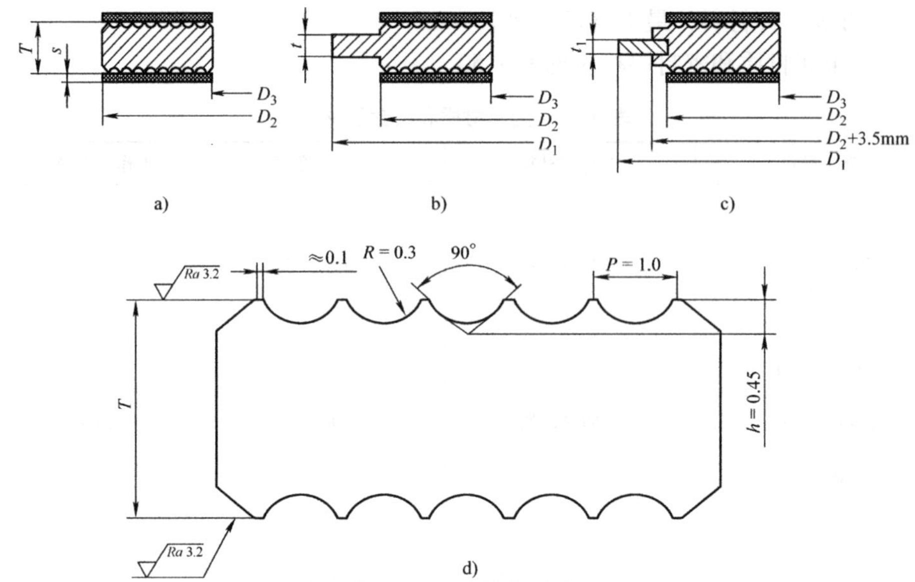

图 3-5 垫片结构形式

a）基本式 b）外形式 c）可拆外环式 d）基本式金属垫沟槽尺寸

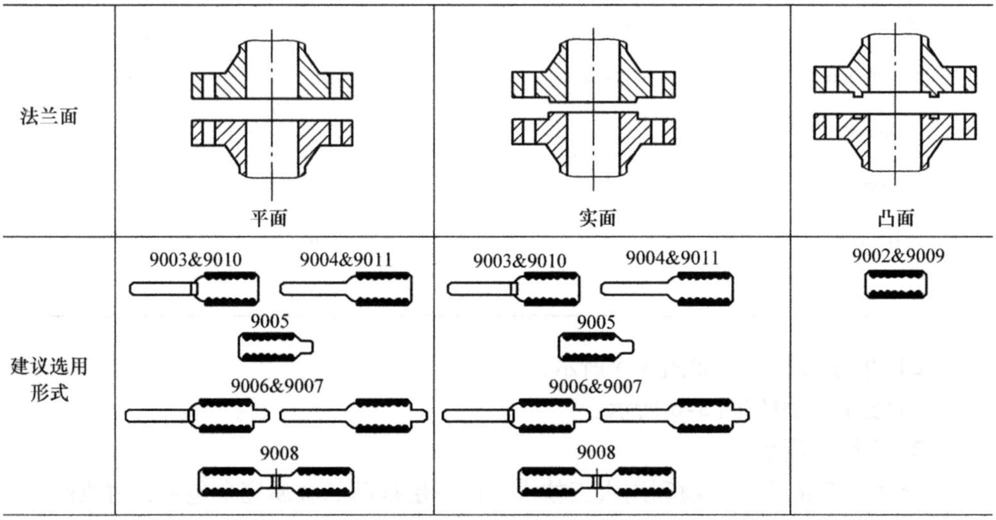

图 3-6 建议选用垫片形式

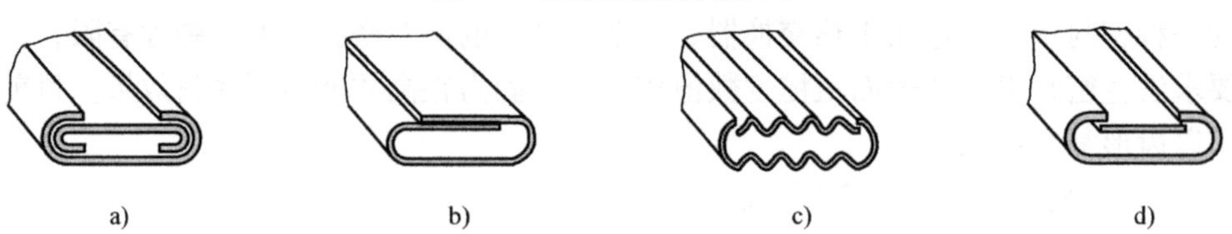

图 3-7 金属包覆垫片结构形式

a）双层夹套封闭式 b）单层夹套封闭式 c）双层夹套波纹式 d）双层夹套边缘向外敞开式

2）金属材料和非金属材料见表 3-51。

表 3-51　金属包覆材料和非金属填充材料

非金属填充材料		金属包覆材料	
代号	名称		
ASB	石棉	304	Inconel 600、625
		304L	Incoloy 800（H）、825
FG	石墨	316	Ti
		316L	Hastelloy B2/B3
		S31635（316Ti）	Hastelloy C276
PTFE	聚四氟乙烯	S31700（317L）	Hastelloy C22
		321	Al
		347	纯铜
NA	非石棉	410	青铜
		5Cr-0.5Mo（F5）	双相钢 S31803/S32205
CF	陶瓷纤维	MONEL 400	Alloy20
		NICKEL200	其他

3. 金属波纹垫片

由特殊结构的金属芯与非金属材料复合，压制成上、下表面有相互错开的波纹形状的同心圆沟槽，既有金属的强度，又有波形弹性的特点，耐高温、耐腐蚀、耐温度变化，密封性能优异。

波纹金属芯具有多道同心圆密封，覆层密封垫材不易吹出或蠕变松弛，所需螺栓紧固应力较低，可长期保持密封性能。同时，非金属覆层受压后可贴合填入法兰表面水线，而形成近似的金属面结合，适用于阀门、管道、热交换器法兰接头的密封。

1）结构形式如图 3-8 所示。

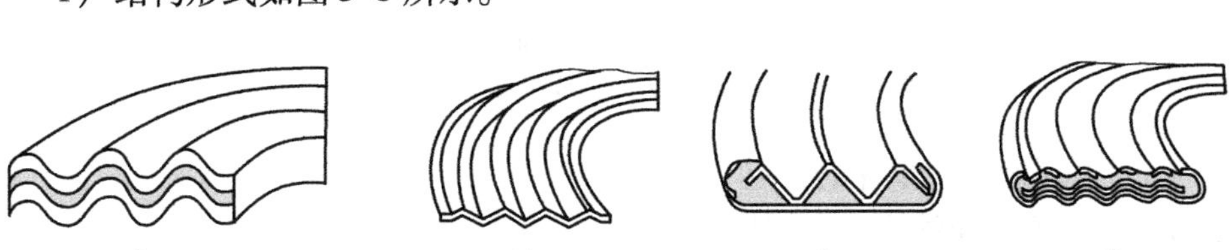

a)　b)　c)　d)

图 3-8　金属波纹垫片结构形式

a）深波纹式　b）三角式　c）平三角式　d）浅波纹式

2）金属材料见表3-52。

表3-52　金属波纹垫片金属材料

金属材料	工作温度/℃	金属材料	工作温度/℃
碳素钢	-29～425	Monel 400	-29～475
304	-196～538	铜	-29～250
316L	-196～450		

3）非金属材料见表3-53。

表3-53　金属波纹垫片非金属材料

非金属密封层	工作温度/℃
柔性石墨	-212～510
聚四氟乙烯	-180～150
陶瓷	-212～500

4. 金属缠绕式垫片

金属缠绕式垫片由预压成形的金属波纹带与非金属带交替重叠、螺旋缠绕制作而成，并可根据工况要求添加加强环。因为具有多道密封，耐高温、高压，抗腐蚀，对法兰密封面的表面粗糙度要求不高等优点，金属缠绕式垫片广泛应用于人孔、管道、锅炉、热交换器、压力容器、压缩机、调压装置关键阀门等法兰接头的密封。

（1）结构形式　金属缠绕式垫片的结构形式如图3-9所示。

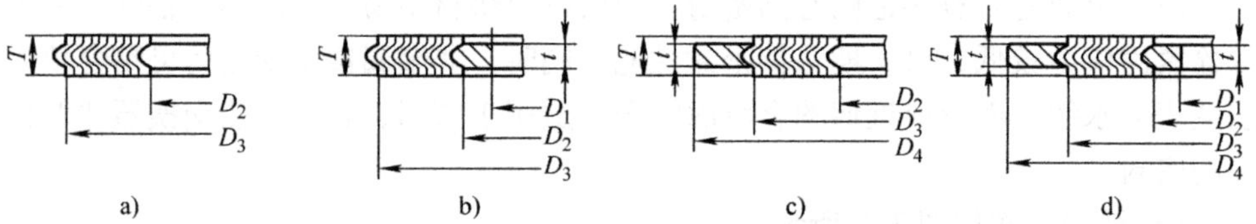

图3-9　金属缠绕式垫片的结构形式
a）基本式　b）带内环　c）带外环　d）带内外环

（2）金属缠绕式垫片的特点

1）有良好的压缩率和回弹性。

2）具有适当的塑性，压紧后能适应密封表面的凹凸不平而填满密封面间隙，以保证在系统温度和压力交变的情况下，具有良好的密封性能。

3）具有优良的耐腐蚀性能，在一些极端介质中不被破坏，不产生大的膨胀和收缩。

4）高温条件下不软化，不蠕变；低温条件下不硬化，不收缩。

5）有足够的强度，在外载荷条件下，不被压溃，在高压下不被吹出。

（3）适用介质　蒸汽、氢气、天然气、页岩气、裂解气、油品、酸、碱、盐溶液、液化天然气等。

（4）金属材料和适用温度范围　金属材料和适用温度范围见表3-54。

表3-54　金属材料和适用温度范围

材料	适用温度范围/℃	材料	适用温度范围/℃
304	-196～538	Hastelloy B2	-29～425
304L	-196～425	Hastelloy C-276	-29～675
316	-196～538	Incoloy 800	-29～816
316L	-196～450	Inconel 600	-29～650
321	-196～538	Inconel X-750	-29～650
310	-196～816	Monel 400	-29～475
347	-196～538	Nickel 200	-196～760
碳素钢	-29～425	工业纯钛	-196～1090
Alloy 20	-29～325		

（5）非金属材料和适用温度范围　见表3-55。

表3-55　非金属材料和适用温度范围

材料	适用温度范围/℃
陶瓷	-196～1090
柔性石墨	-29～650①
聚四氟乙烯	-180～200
云母	-196～345

①　用于氧化性介质时≤450℃。

3.7.3　金属垫片

1. 金属环垫

金属环垫片是一种应用于石油及天然气的管法兰、调压装置关键阀门、压力容器、海底、高温高压阀盖等的压力结合用密封。有多种材质及形式以适合于不同的设计与操作要求，完全符合ASME B16.20—2023的规定。常用的低碳钢和不锈钢的椭圆形和八角形环垫可在平底形环槽法兰中互换使用。

选用的金属环材质的硬度应低于法兰环槽硬度15～20HBW，而且建议旧品不重复使用，因材质可能发生加工硬化而损及法兰环槽，影响密封性能。

1）金属环垫的结构。金属环垫有八角形环垫和椭圆形环垫，具体结构如图 3-10所示。

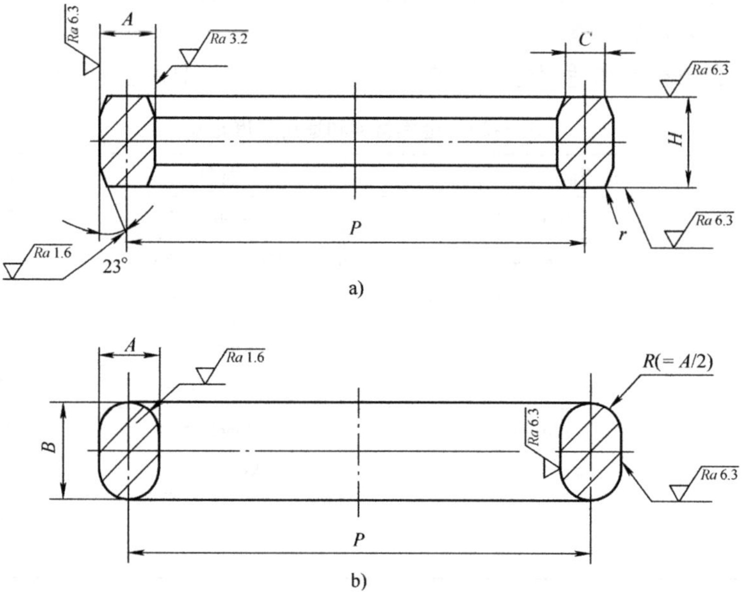

图 3-10　金属环垫结构形式

a）八角形环垫　b）椭圆形环垫

2）金属环垫的材料、最高硬度和最高使用温度见表 3-56。

表 3-56　金属环垫的材料、最高硬度和最高使用温度

代号	金属环垫材料		最高硬度		最高使用温度/℃
	牌号	标准	HBW	HRB	
D	YT1	GB/T 9971—2017	90	56	425
S	10	GB/T 699—2015	120	68	425
F5	1Cr5Mo	NB/T 47008—2017	130	72	540
S41008	06Cr13		170	86	540
S30408	06Cr9Ni10		160	83	538
S30403	022Cr18Ni9		150	80	450
S31608	06Cr17Ni2Mo2	GB/T 1220—2007	160	83	538
S31603	022Cr17Ni4Mo2		150	80	450
S32168	06Cr18Ni10Ti		160	83	538
S34778	06Cr18Ni11Nb		160	83	538

2. 金属 O 形圈

金属 O 形圈是用耐高温的奥氏体不锈钢管制作而成，可在金属 O 形圈的内环或外环圆周打小孔。当压力增加时自我密封的功能即开始起作用。有小孔的 O 形圈，尤其是应用在工作压力超过 7.0MPa 时，比无小孔的基本式 O 形圈更耐压。此种中空金属 O 形圈可按用户要求，表面镀 PTFE 或镀银处理。

3.8　填料、O 形圈、平衡密封圈

3.8.1　填料

填料是动密封的填充材料，用来填充填料箱空间，以防止介质经由阀杆和填料箱空间泄漏。

填料密封是调压装置关键阀门产品的关键部位之一，要想达到好的密封效果，达到低的逸散性泄漏要求，一方面是填料自身的材质（用 PTFE 基填料或合成橡胶密封的测量的泄漏量为 100×10^{-6}，用柔性石墨填料测量的泄漏量为 200×10^{-6}）和结构要适应介质工况的需要；另一方面则是合理的填料安装方法和从填料函的结构上考虑来保证可靠的密封。

1. 对填料自身的要求

1）降低填料对阀杆的摩擦系数。

2）防止填料对阀杆和填料函的腐蚀。

3）适应介质工况的需要。

2. 常用填料的品种

国外资料介绍用于各种工况条件下的填料品种达四十余种，而我国通用阀门和调压装置关键阀门中最常用的填料不过十几种。

（1）成型填料　成型填料即压制成型的填料，其品种如下。

1）柔性石墨填料环。柔性石墨填料环有柔性石墨填料环、石墨坡型环、金属包边坡型环等。柔性石墨填料是用柔性石墨带或柔性石墨编织填料经模压成不同尺寸的环。这种填料环具有良好的回弹性、化学稳定性，能提供有效的密封作用。柔性石墨环填料适用于阀门、压缩机、水泵等。柔性石墨环填料适用工作温度范围 −196 ~ 650℃。

2）柔性石墨 V 形填料环。柔性石墨 V 形填料环组装后的结构形式如图 3-11 所示。有一定的塑性，在压紧力作用下能产生一定的径向力，并紧密地与阀杆接触。有足够的化学稳定性。不污染介质，填料不被介质泡胀，填料中的浸渍剂不被介质溶解，填料本身不腐蚀密封面。自润滑性能良好，耐磨、摩擦系数少。当阀杆出现少量偏心时，填料有足够的浮动弹性，适用工作温度范围为 −196 ~ 655℃。

3）聚四氟乙烯 V 形填料环。聚四氟乙烯 V 形填料环是由聚四氟乙烯颗粒状

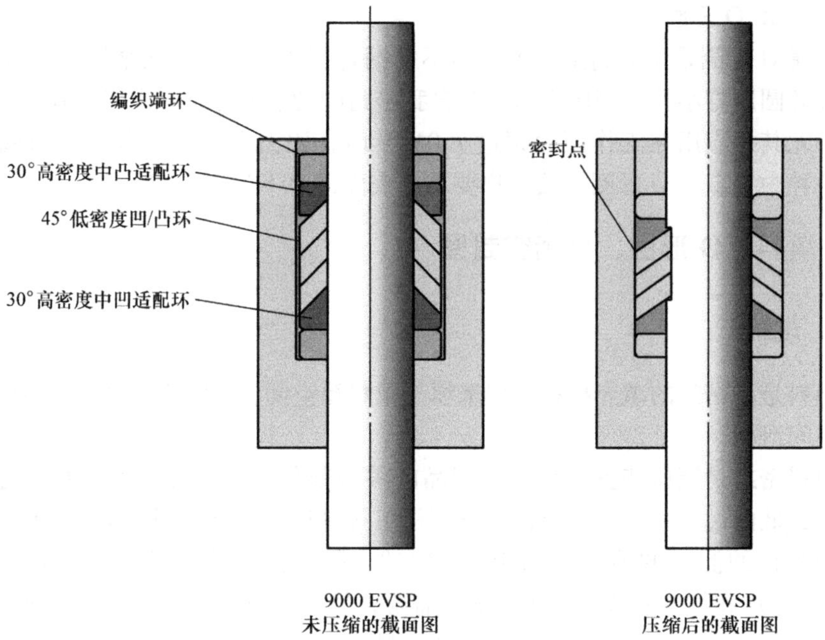

图 3-11　V 形填料环组装后的结构形式

树脂成型制造的。具有优良的化学稳定性、耐腐蚀性、密封性、电绝缘性和优良的抗老化性。纯聚四氟乙烯能在 -180 ~ 200℃的温度下长期工作，填充改性聚四氟乙烯在耐磨耗、导热、抗蠕变、自润滑等方面比纯聚四氟乙烯有明显的提高。

（2）填料

1）柔性石墨填料。柔性石墨填料是一种导热性能好、耐酸碱，适用于高温、高压、耐腐蚀介质、各类溶剂、汽油、水、液氮介质的泵、阀门、反应釜的密封填料。

2）芳纶角线白四氟填料。这种四氟填料是由芳纶角线在四角编织而成的。这种结构增加了填料的润滑性和强度。具有良好的润滑性和导热率。它可以用在纸浆、污水处理、石油化工和其他一般工业的阀门中。工作温度范围为 -101 ~ 200℃，工作压力可以达 25.0MPa。

3）含油聚四氟乙烯填料。此填料是含油纯聚四氟乙烯编织而成。这种设计耐高温和减少阀杆磨损。广泛应用于食品加工、石油化工和不允许污染的场合。工作温度范围为 -150 ~ 260℃，工作压力达 15.0MPa。

4）无油白聚四氟乙烯填料。无油白聚四氟乙烯填料是一种用聚四氟乙烯编织的填料，不浸渍任何聚四氟乙烯乳液和油脂类。建议用于精细化工、食品、药品等不允许有污染的操作场合。可用于除了溶碱金属以外的所有化学介质的密封。工作温度范围为 -150 ~ 260℃，工作压力为 30.0MPa。

5）外编镍铬合金丝填料。外编镍铬合金丝填料是由石墨线与镍铬合金丝编织而成，外面是镍铬合金丝网。采用对角线编织而成，通用性强、柔软性好、强度高，便于安装且耐挤压，解决了高温高压密封难题。广泛应用于石油、化工、发电、轻工等设备和装置。工作温度范围为 -101 ~650℃，工作压力达 50.0MPa。

6）膨胀纯石墨填料。它是用柔性石墨线经穿心编织、套编等不同的编织工艺，所编织而成的密封填料，适用于高温、高压工况下的阀门和泵类。它能在所有领域替代石棉产品，其密封性能更好、更安全，并可根据腐蚀环境和用户要求进行缓蚀剂处理，使填料具有更好的防腐功能。适用于热水、蒸汽、油品、热交换液、酸、碱、氨气、氢气、有机溶剂、碳氢化合物、低温液体等几乎所有介质。广泛应用于石油、化工、火力发电、轻工、城建等工业设备及装置。

膨胀纯石墨填料的特点：体积密度为 0.9 ~1.3g/cm^3；压缩率为 25% ~50%；工作温度为 -101 ~650℃；烧失量 <8%（600℃烧 1.5h）；摩擦系数 <0.2；断裂系数 >10MPa；含硫总量 $<1200\times10^{-6}$；含氧总量 $<50\times10^{-6}$；含金属总量 $<500\times10^{-6}$；含氟总量 $<20\times10^{-6}$。

7）芳纶纤维编织填料。芳纶纤维编织填料是由芳香族聚酰胺纤维经浸渍聚四氟乙烯乳液等润滑剂处理，穿心编织而成的方形截面填料，由于芳纶纤维性能优良，其强度和模量有钢丝之称。故这种填料与其他的填料相比，能承受更苛刻的介质和压力条件，它可与其他种类填料组合安装或作为端面环，即可组成不同特性的填料组合。该填料常被用于纸浆、砂浆、锡矿、发电厂等恶劣场所的密封。工作温度为 -101 ~260℃，工作压力达 20.0MPa。

8）芳纶角线聚四氟乙烯填料。渗入石墨的聚四氟乙烯，与用于增强角线的芳纶混编而得到的优良性能的填料，角线由浸渍聚四氟乙烯的芳纶增强，这种结构既弥补了芳纶的润滑性，同时也提高了聚四氟乙烯的强度，它在低温高压工况下可防止被冲断，又具有良好的润滑性和导热性。工作温度为 -196 ~260℃，工作压力达 25.0MPa。

9）碳化纤维浸聚四氟乙烯填料。它是由碳纤维浸聚四氟乙烯组成的，对所有腐蚀性化学品是惰性的。当它用于泵时，由于其良好的导热性，摩擦产生的热传到填充金属箱内，从而不会损坏填料。在很大范围内能替代聚四氟乙烯填料。它可用于离心泵、柱塞泵、搅拌机中（除了强氧化剂、强酸、有机溶剂的腐蚀性液体）。工作温度为 -196 ~260℃，工作压力为 25.0MPa。

10）石墨聚四氟乙烯填料（含油）。石墨聚四氟乙烯填料是由含油聚四氟乙烯编织而成，几乎适用于所有机器的轴上。由于其低的摩擦系数，从而稳定和使用寿命长，具有耐撕裂、导热性好的特点。这种填料润滑性好，不含损坏轴承，它可以用于离心泵、高压釜、搅拌机。适用介质为碱溶液、水、蒸汽、除氧化酸（王水、发烟硝酸、发烟硫酸）外的其他酸。工作温度为 -196 ~260℃，工作压力为15.0MPa。

11）酚醛纤维填料。酚醛纤维填料是由高性能酚醛纤维浸渍特殊的润滑剂，在编织过程中再次浸渍高质量的聚四氟乙烯乳液，穿心编织而成。高强度、经久耐磨的酚醛纤维填料具有热稳定及低热膨胀性能，在温度和压力交变的情况下尺寸稳定，具有无研磨剂、无污染等优点。酚醛纤维填料是高性能、多用途泵、阀的通用填料，可用于灰渣泵、反应釜、渣浆泵等多颗粒、易磨损的工况，不要用于浓或热的硫酸（质量分数>60%）、硝酸（质量分数>10%）或强酸环境。

3. 注意事项

1）填料切断时用45°切口，安装时每圈切口相错180°。

2）在高压下使用聚四氟乙烯成型填料时，要注意冷流特性。

3）柔性石墨环单独使用，密封效果不好，应与柔性石墨编织填料组合使用，填料函中间装柔性石墨环，两端装编织填料，也可隔层安装，即一层柔性石墨环一层编织填料，也可以填料函中间放隔环，隔环上下分别安装两组组合填料。

4）石墨对阀杆、填料函壁有腐蚀，使用中应选择加缓蚀剂的填料。

5）柔性石墨在王水、浓硫酸、浓硝酸等介质中不适用。

6）填料函的尺寸精度、表面粗糙度、阀杆的尺寸精度和表面粗糙度是影响成型填料密封性能的关键。

3.8.2　O形圈

O形圈的材料类型、硬度、工作温度范围、材料代码和说明见表3-57。

表3-57　O形圈的材料类型、硬度、工作温度范围、材料代码和说明

材料类型	邵尔A硬度（±5）	颜色	工作温度范围/℃	材料代码	说　明
丁腈橡胶 NBR（X-NBR）	70	黑	-30~100	NB70	SAE J120A Class 1
	75			NB75	符合FDA要求
	90			NB90	一般通用
氢化丁腈橡胶 HNBR	70	黑	-30~150	HBN70	耐高压臭氧
	80			HBN80	
	90	绿		HBN90	
三元乙丙橡胶 EPDM	60	黑	-55~150	EP60	一般通用
	70			EP70	
	70			EP70FD	食品规范
	75			EP75	高物理性
	70	透明		EP70CR	透明食品规范

（续）

材料类型	邵尔 A 硬度（±5）	颜色	工作温度范围/℃	材料代码	说　明
通用氟橡胶 FKM	73	绿	-15~210	KV70GR	一般的二元聚合物
	78	黑	-15~230	KV75BK	
	80			KV80BK	
	70	咖	-15~210	KV70BR	
	75			KV75BR	
	78	黑	-25~210	KV75BT	耐磨耗低摩擦
	90		-15~230	KV90B	高硬度二元聚合物
	75	白	-20~240	GV75WH	三元高氟聚合物
	78	黑	-20~240	GV75BK	
全氟橡胶 FFKM	75	白	-20~220	PF325	广泛的耐化学性
		黑	-10~220	PF326	
		白	-10~280	PF586	半导体/高温用/化学性
	76	黑	-10~315	PF587	
SPecFKM FEPM GF GLT ETP GFLT 特殊用途氟橡胶	75	黑	-10~240	AFV75BK	抗碱性氟化弹性体 FEPM
				VTR75BK	
			-15~230	GF75BK	GF 等级三元高氟聚合物
			-20~230	GLT75BK	良好的耐低温特性、耐化学
	78		-30~230	GFLT78BK	良好的耐酒精及耐低温
	80		-10~280	ETP600B	复合功能仅次于全氟化
	75	白	-20~280	ETP600W	
	73	黑	-10~200	KVFD15BK	符合 FDA 要求
	73	白	-10~200	KVFD75WH	
	90	黑	-20~210	AED90BK	失压爆裂减压
硅橡胶 VMQ	50	红	-70~175	S50	耐低温
	70		-55~200	S70	一般通用
	80			S80	
	75	黑	-55~300	S300	耐高温低压缩类型
	60	透明	-55~200	S60FD	食品级透明色 FDA

（续）

材料类型	邵尔A硬度(±5)	颜色	工作温度范围/℃	材料代码	说明
氟硅橡胶 FVMQ	60	浅蓝	-60~180	FV60	抗臭氧、低温
	70			FV70	
	75			FV75	
	80			FV80	
特氟龙包覆橡胶(Encap sulated)	N/A	黑/红	-60~205	PFA01	可接受内包氟化橡胶或硅胶
				FEP-02	

注：1. AED的英文全称为Anti Explosive Decompression，即失压爆裂性减压的意思。

2. 将全氟化O形圈置于100%的丙酮中48h，只要体积膨胀率超过10%，则聚合物就是有问题的。

3.8.3 平衡密封圈

1）平衡密封圈又称唇封（Lip Seal），其结构组装图如图3-12所示。

2）平衡密封圈尺寸见表3-58。

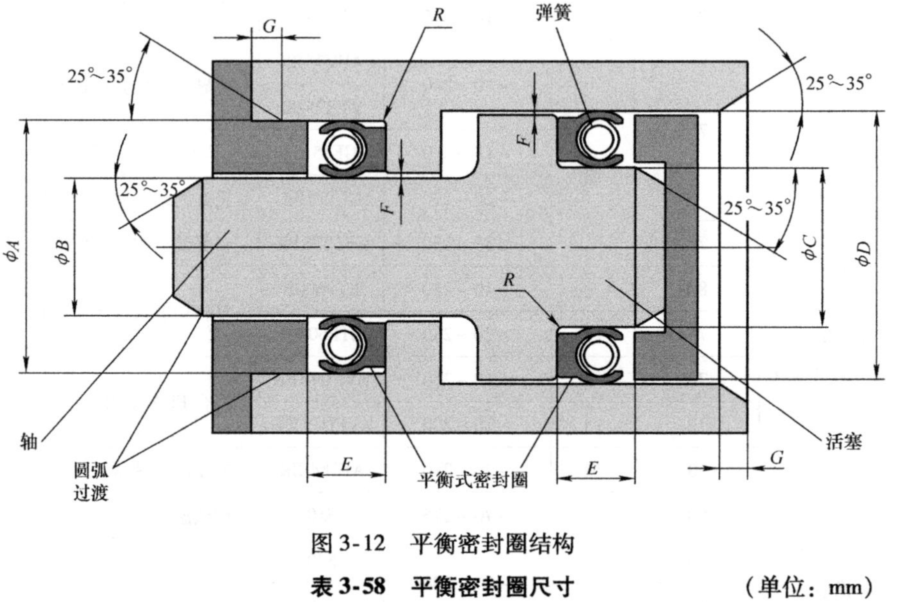

图3-12 平衡密封圈结构

表3-58 平衡密封圈尺寸 （单位：mm）

轴密封（基轴制）		E	F_{max}	G_{min}	R	活塞密封（基孔制）	
外径（ϕA）	轴径（ϕB）					内径（ϕC）	孔径（ϕD）
$B+2.9$	4~9.9	2.4	0.06	2.5	0.4	$D-2.9$	6~13.9
$B+4.5$	10~19.9	3.6	0.06	2.5	0.4	$D-4.5$	14~24.9

（续）

轴密封（基轴制）		E	F_{max}	G_{min}	R	活塞密封（基孔制）	
外径（ϕA）	轴径（ϕB）					内径（ϕC）	孔径（ϕD）
$B+6.2$	20～39.9	4.8	0.07	3.0	0.6	$D-6.2$	25～45.9
$B+9.4$	40～119.9	7.1	0.08	4.5	0.8	$D-9.4$	46～124.9
$B+12.2$	120～700	9.5	0.12	6.0	0.8	$D-12.2$	125～700

第4章 天然气调压装置关键阀门设计计算

4.1 安全切断阀设计计算

4.1.1 翻板式安全切断阀的设计计算

1. 阀体最小壁厚的计算

调压装置关键阀门属于压力管道元件，阀体和阀盖承受管道内介质压力，因此，调压装置关键阀门最小壁厚的设计必须满足相关的标准要求，然后用强度理论的计算方法去校验。

翻板式安全切断阀壳体的最小壁厚应符合 GB/T 26640—2011《阀门壳体最小壁厚尺寸要求规范》和 ASME B16.34—2020《法兰、螺纹和焊接端连接的阀门》给出的公式计算，然后查表4-1或表4-3确定最小壁厚。

（1）GB/T 26640—2011 最小壁厚的计算　翻板式安全切断阀的阀体结构如图4-1所示，最小壁厚数值用式（4-1）计算。由于式（4-1）的计算数值未考虑装配应力、阀门启闭应力、非圆形状和应力集中需要增加附加厚度的情况，因此，在厚度计算数值的基础上，制造商应增加一定的厚度余量，确保阀门满足强度要求。

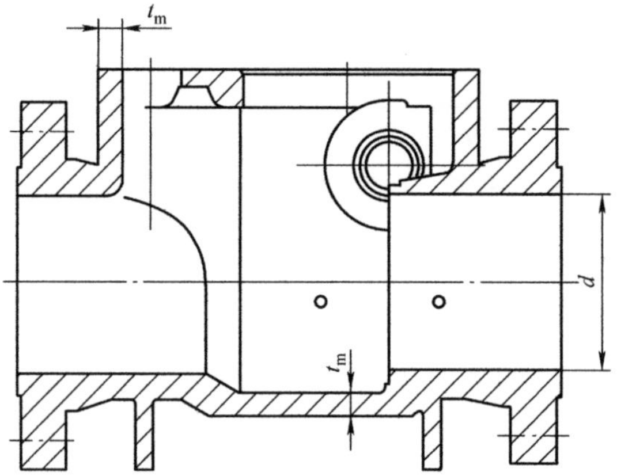

图4-1　翻板式安全切断阀的阀体结构

$$t_m = \frac{1.5p_C d}{nS - 1.2p_C} \tag{4-1}$$

式中　t_m——计算壳体壁厚（mm）；

p_C——数值为 0.1 倍的公称压力（MPa）；

d——阀体端部内径尺寸（mm），见表 4-2；

n——系数，当 $p_C \leqslant 2.5$MPa 时，$n=3.8$；当 $p_C > 2.5$MPa 时，$n=4.8$；

S——应力系数，$S=48.3$MPa。

式（4-1）不适用于公称压力大于 PN760 的阀门。

表 4-1 中的实际数值比用式（4-1）得出的数值厚 3～5mm。

表 4-1　阀门壳体最小壁厚 t_m（GB/T 26640—2011）　（单位：mm）

内径 d	公称压力 PN												
	16		25	40		63	100			160			
		20			50			110	150		260	420	760
3	2.5	2.5	2.5	2.5	2.5	2.6	2.8	2.8	2.8	2.8	3.1	3.6	4.9
6	2.7	2.7	2.7	2.7	2.7	2.8	3.0	3.0	3.1	3.1	3.5	4.2	6.5
9	2.8	2.8	2.8	2.9	2.9	3.0	3.2	3.2	3.4	3.4	3.8	4.9	8.0
12	2.9	2.9	2.9	3.0	3.0	3.1	3.3	3.4	3.7	3.7	4.2	5.6	9.6
15	3.1	3.1	3.1	3.2	3.3	3.4	3.6	3.6	4.2	4.3	4.8	6.6	12.0
18	3.3	3.3	3.3	3.4	3.5	3.6	3.8	3.9	4.7	4.8	5.3	7.7	14.3
21	3.5	3.5	3.5	3.6	3.7	3.8	4.1	4.2	5.2	5.3	5.9	8.7	16.7
24	3.7	3.7	3.8	3.9	4.0	4.1	4.3	4.4	5.7	5.8	6.4	9.7	19.0
27	3.8	3.9	4.0	4.2	4.3	4.4	4.7	4.8	6.3	6.4	7.2	11.1	22.2
31	4.2	4.3	4.4	4.6	4.7	4.8	5.0	5.1	6.6	6.7	8.1	12.8	26.1
35	4.5	4.6	4.7	4.9	5.1	5.2	5.4	5.4	6.9	7.1	9.0	14.5	30.0
40	4.8	4.9	5.0	5.3	5.5	5.5	5.7	5.7	7.2	7.4	9.9	16.2	33.9
45	5.1	5.2	5.3	5.7	5.9	5.9	6.0	6.0	7.5	7.8	10.8	17.9	37.9
50	5.4	5.5	5.6	6.0	6.3	6.3	6.3	6.3	7.8	8.2	11.8	19.6	41.8
55	5.5	5.6	5.8	6.2	6.5	6.5	6.5	6.5	8.3	8.7	12.7	21.3	45.7
60	5.6	5.7	5.9	6.3	6.6	6.6	6.6	6.6	8.8	9.2	13.6	23.0	49.6
65	5.7	5.8	6.0	6.5	6.8	6.8	6.9	6.9	9.3	9.8	14.5	24.7	53.6
70	5.8	5.9	6.1	6.6	6.9	7.0	7.2	7.3	9.9	10.4	15.5	26.4	57.5
75	5.9	6.0	6.2	6.7	7.1	7.2	7.5	7.6	10.4	10.9	16.4	28.1	61.4
80	6.0	6.1	6.3	6.8	7.2	7.4	7.9	8.0	10.9	11.5	17.3	29.8	65.3
85	6.0	6.2	6.4	7.0	7.4	7.6	8.2	8.3	11.4	12.0	18.2	31.5	69.3

（续）

内径 *d*	公称压力 PN												
	16		25	40		63	100			160			
		20			50			110	150		260	420	760
90	6.1	6.3	6.5	7.1	7.5	7.7	8.4	8.6	11.9	12.6	19.1	33.2	73.2
95	6.2	6.4	6.6	7.3	7.7	8.0	8.8	9.0	12.5	13.2	20.1	34.9	77.1
100	6.3	6.5	6.7	7.4	7.8	8.1	9.1	9.3	13.0	13.7	21.0	36.6	81.0
110	6.3	6.5	6.8	7.5	8.0	8.4	9.7	10.0	14.0	14.8	22.8	40.0	88.9
120	6.5	6.7	7.0	7.8	8.3	8.8	10.3	10.7	15.1	16.0	24.7	43.4	96.7
130	6.5	6.8	7.1	8.1	8.7	9.3	11.0	11.4	16.1	17.0	26.5	46.9	104.6
140	6.7	7.0	7.3	8.3	9.0	9.7	11.5	12.0	17.2	18.2	28.4	50.3	112.4
150	6.8	7.1	7.5	8.6	9.3	10.0	12.1	12.7	18.2	19.3	30.2	53.7	120.3
160	7.0	7.3	7.7	8.9	9.7	10.5	12.8	13.4	19.3	20.5	32.0	57.1	128.1
170	7.2	7.5	7.9	9.2	10.0	10.9	13.4	14.1	20.3	21.5	33.9	60.5	136.0
180	7.2	7.6	8.1	9.4	10.3	11.3	14.0	14.7	21.3	22.6	35.7	63.9	143.8
190	7.4	7.8	8.3	9.7	10.7	11.7	14.6	15.4	22.4	23.8	37.6	67.3	151.7
200	7.6	8.0	8.5	10.0	11.0	12.1	15.3	16.1	23.4	24.9	39.4	70.7	159.5
210	7.7	8.1	8.6	10.2	11.3	12.5	15.9	16.8	24.5	26.0	41.3	74.1	167.4
220	7.8	8.3	8.9	10.6	11.7	12.9	16.5	17.4	25.5	27.1	43.1	77.5	175.2
230	7.9	8.4	9.0	10.8	12.0	13.3	17.1	18.1	26.6	28.3	45.0	80.9	183.1
240	8.1	8.6	9.2	11.1	12.3	13.7	17.7	18.8	27.6	29.3	46.8	84.4	190.9
250	8.3	8.8	9.5	11.4	12.7	14.2	18.4	19.5	28.7	30.5	48.6	87.8	198.8
260	8.4	8.9	9.6	11.6	13.0	14.6	19.0	20.2	29.7	31.6	50.5	91.2	206.6
270	8.5	9.1	9.8	11.9	13.3	14.9	19.6	20.8	30.8	32.8	52.3	94.6	214.5
280	8.7	9.3	10.0	12.2	13.7	15.4	20.2	21.5	31.8	33.8	54.2	98.0	222.3
290	8.8	9.4	10.2	12.5	14.0	15.8	20.8	22.2	32.8	34.9	56.0	101.4	230.2
300	9.0	9.6	10.4	12.7	14.3	16.2	21.5	22.9	33.9	36.1	57.9	104.8	238.0
310	9.1	9.8	10.6	13.1	14.7	16.6	22.0	23.5	34.9	37.2	59.7	108.2	245.9
320	9.2	9.9	10.8	13.3	15.0	17.0	22.7	24.2	36.0	38.3	61.6	111.6	253.7
330	9.4	10.1	11.0	13.6	15.3	17.4	23.3	24.9	37.0	39.4	63.4	115.0	261.6
340	9.5	10.2	11.1	13.9	15.7	17.8	24.0	25.6	38.1	40.6	65.2	118.4	269.4
350	9.7	10.4	11.3	14.1	16.0	18.2	24.6	26.3	39.1	41.6	67.1	121.9	277.2
360	9.8	10.6	11.6	14.4	16.3	18.6	25.1	26.9	40.2	42.8	68.9	125.3	285.1
370	9.9	10.7	11.7	14.7	16.7	19.1	25.8	27.6	41.2	43.9	70.8	128.7	292.9

（续）

内径 *d*	公称压力 PN												
	16		25	40		63	100			160			
		20			50			110	150		260	420	760
380	10.1	10.9	11.9	15.0	17.0	19.4	26.4	28.3	42.2	45.0	72.6	132.1	300.8
390	10.3	11.1	12.1	15.2	17.3	19.8	27.1	29.0	43.3	46.1	74.5	135.5	308.6
400	10.3	11.2	12.3	15.5	17.7	20.3	27.6	29.6	44.3	47.2	76.3	138.9	316.5
410	10.5	11.4	12.5	15.8	18.0	20.7	28.3	30.3	45.4	48.4	78.2	142.3	324.3
420	10.6	11.5	12.6	16.0	18.3	21.1	28.9	31.0	46.4	49.5	80.0	145.7	332.2
430	10.8	11.7	12.9	16.4	18.7	21.5	29.5	31.7	47.5	50.6	81.8	149.1	340.0
440	11.0	11.9	13.1	16.6	19.0	21.9	30.2	32.4	48.5	51.7	83.7	152.5	347.9
450	11.0	12.0	13.2	16.9	19.4	22.3	30.7	33.0	49.6	52.9	85.5	155.9	355.7
460	11.2	12.2	13.5	17.2	19.7	22.7	31.4	33.7	50.6	53.9	87.4	159.4	363.6
470	11.4	12.4	13.7	17.5	20.0	23.1	32.0	34.4	51.7	55.1	89.2	162.8	371.4
480	11.4	12.5	13.8	17.8	20.4	23.6	32.7	35.1	52.1	55.6	91.1	166.2	379.3
490	11.6	12.7	14.0	18.0	20.7	24.0	33.2	35.7	53.7	57.3	92.9	169.6	387.1
500	11.8	12.9	14.3	18.3	21.0	24.3	33.8	36.4	54.8	58.4	94.8	173.0	395.0
510	11.9	13.0	14.4	18.6	21.4	24.8	34.5	37.1	55.8	59.5	96.6	176.4	402.8
520	12.1	13.2	14.6	18.9	21.7	25.2	35.1	37.8	56.9	60.7	98.4	179.8	410.7
530	12.1	13.3	14.8	19.1	22.0	25.6	35.8	38.5	57.9	61.8	100.3	183.2	418.5
540	12.3	13.5	15.0	19.4	22.4	26.0	36.3	39.1	59.0	62.9	102.1	186.6	426.4
550	12.5	13.7	15.2	19.7	22.7	26.4	37.0	39.8	60.0	64.0	104.0	190.0	434.2
560	12.6	13.8	15.3	19.9	23.0	26.8	37.6	40.5	61.1	65.2	105.8	193.4	442.1
570	12.7	14.0	15.6	20.3	23.4	27.3	38.2	41.2	62.1	66.2	107.7	196.9	449.9
580	12.9	14.2	15.8	20.5	23.7	27.6	38.8	41.8	63.1	67.3	109.5	200.3	457.8
590	13.0	14.3	15.9	20.8	24.0	28.0	39.4	42.5	64.2	68.5	111.4	203.7	465.6
600	13.2	14.5	16.2	21.1	24.4	28.5	40.1	43.2	65.2	69.6	113.2	207.1	473.5
610	13.3	14.6	16.3	21.3	24.7	28.9	40.7	43.9	66.3	70.7	115.0	210.5	481.3
620	13.4	14.8	16.5	21.6	25.0	29.2	41.3	44.6	67.3	71.8	116.9	213.9	489.2
630	13.6	15.0	16.7	21.9	25.4	29.7	41.9	45.2	68.4	73.0	118.7	217.3	497.0
640	13.7	15.1	16.9	22.2	25.7	30.1	42.5	45.9	69.4	74.1	120.6	220.7	504.9
650	13.9	15.3	17.1	22.4	26.0	30.5	43.2	46.6	70.5	75.2	122.4	224.1	512.7
660	14.0	15.5	17.3	22.8	26.4	30.9	43.8	47.3	71.5	76.3	124.3	227.5	520.6
670	14.1	15.6	17.5	23.0	26.7	31.3	44.4	47.9	72.5	77.4	126.1	230.9	528.4

（续）

内径 d	公称压力 PN												
	16		25	40		63	100			160			
		20			50			110	150		260	420	760
680	14.3	15.8	17.7	23.3	27.0	31.7	45.0	48.6	73.6	78.5	128.0	234.4	536.3
690	14.4	15.9	17.8	23.6	27.4	32.1	45.7	49.3	74.6	79.6	129.8	237.8	544.1
700	14.6	16.1	18.0	23.8	27.7	32.5	46.3	50.0	75.7	80.8	131.6	241.2	552.0
710	14.7	16.3	18.3	24.1	28.0	32.9	46.9	50.7	76.1	81.3	133.5	244.6	559.8
720	14.8	16.4	18.4	24.4	28.4	33.4	47.5	51.3	77.8	83.0	135.3	248.0	567.7
730	15.0	16.6	18.6	24.7	28.7	33.7	48.1	52.0	78.8	84.1	137.2	251.4	575.5
740	15.2	16.8	18.8	24.9	29.0	34.1	48.8	52.7	79.9	85.3	139.0	254.8	583.4
750	15.2	16.9	19.0	25.2	29.4	34.6	49.4	53.4	80.9	86.4	140.9	258.2	591.2
760	15.4	17.1	19.2	25.5	29.7	35.0	50.0	54.0	82.0	87.5	142.7	261.6	599.0
770	15.6	17.3	19.4	25.8	30.0	35.4	50.6	54.7	83.0	88.6	144.6	265.0	606.9
780	15.7	17.4	19.6	26.1	30.4	35.8	51.2	55.4	84.0	89.7	146.4	268.4	614.7
790	15.9	17.6	19.8	26.3	30.7	36.2	51.9	56.1	85.1	90.8	148.2	271.9	622.6
800	15.9	17.7	19.9	26.6	31.0	36.6	52.5	56.8	86.1	91.9	150.1	275.3	630.4
820	16.3	18.1	20.4	27.2	31.7	37.4	53.7	58.1	88.2	94.2	153.8	282.1	646.1
840	16.5	18.4	20.7	27.7	32.4	38.3	55.0	59.5	90.3	96.4	157.5	288.9	661.8
860	16.8	18.7	21.1	28.2	33.0	39.0	56.2	60.8	92.4	98.6	161.1	295.7	677.5
880	17.0	19.0	21.5	28.8	33.7	39.9	57.5	62.2	94.5	100.9	164.8	302.5	693.2
900	17.4	19.4	21.9	29.4	34.4	40.7	58.7	63.5	96.6	103.1	168.5	309.4	708.9
920	17.7	19.7	22.3	29.9	35.0	41.5	59.9	64.9	98.7	105.4	172.2	316.2	724.6
940	17.9	20.0	22.6	30.5	35.7	42.3	71.1	66.2	100.8	107.6	175.9	323.0	740.3
960	18.2	20.3	23.0	31.0	36.4	43.2	62.4	67.6	102.9	109.9	179.6	329.6	756.0
980	18.5	20.7	23.4	31.6	37.1	44.0	63.7	69.0	104.9	112.0	183.3	336.6	771.7
1000	18.8	21.0	23.8	32.1	37.7	44.8	64.9	70.3	107.0	114.3	187.0	343.5	787.4
1020	19.8	21.3	24.2	32.7	38.4	45.6	66.2	71.7	109.1	116.5	190.7	350.3	803.1
1040	19.4	21.7	24.6	33.3	39.1	46.4	67.4	73.0	111.2	118.8	194.3	357.1	818.8
1060	19.6	22.0	25.0	33.8	39.7	47.2	68.6	74.4	113.3	121.0	198.0	363.9	834.5
1080	19.9	22.3	25.3	34.4	40.4	48.0	69.8	75.7	115.4	123.2	201.7	370.7	850.2
1100	20.1	22.6	25.7	34.9	41.1	48.9	71.1	77.1	117.5	125.5	205.4	377.5	865.9
1120	20.5	23.0	26.1	35.5	41.7	49.7	72.3	78.4	119.6	127.7	209.1	384.4	881.6
1140	20.8	23.3	26.5	36.0	42.4	50.5	73.6	79.8	121.7	130.0	212.8	391.2	897.3

（续）

内径 d	公称压力 PN												
	16		25	40		63	100			160			
		20			50			110	150		260	420	760
1160	21.0	23.6	26.9	36.6	43.1	51.4	74.9	81.2	123.7	132.1	216.5	398.0	913.0
1180	21.3	23.9	27.2	37.1	43.7	52.1	76.0	82.5	125.8	134.4	220.2	404.8	928.7
1200	21.6	24.3	27.7	37.7	44.4	53.0	77.3	83.9	127.9	136.6	223.9	411.6	944.4
1220	21.9	24.6	28.0	38.3	45.1	53.8	78.5	85.2	130.0	138.9	227.5	418.5	960.1
1240	22.1	24.9	28.4	38.8	45.7	54.6	79.8	86.6	132.1	141.1	231.2	425.3	975.8
1260	22.4	25.2	28.7	39.3	46.4	55.4	81.0	87.9	134.2	143.4	234.9	432.1	991.5
1280	22.7	25.6	29.2	39.9	47.1	56.2	82.3	89.3	136.3	145.6	238.6	438.9	1007.2
1300	23.0	25.9	29.5	40.4	47.7	57.0	83.5	90.6	138.4	147.8	242.3	445.7	1022.9

钢制阀门端部基本内径 d 按流道内径选取，但最小直径不低于阀门端部基本内径的 90%。对于承插焊接端和螺纹连接端阀门，在确定 d 值时不考虑承插孔或螺纹直径和相关的沉孔或锥孔。焊接坡口加工的过渡带局部偏差无须考虑。流道内有衬垫、镶衬或衬套的场合，内径 d 是衬里与阀体分界面处的直径。钢制阀门公称尺寸和阀体端部基本内径 d 的关系见表 4-2。

表 4-2　钢制阀门公称尺寸和阀体端部基本内径 d 的关系

公称尺寸 DN	公称压力 PN													
	16	20	25	40	50	63	67	100	110	150	160	260	320	420
	基本内径 d/mm													
15	15			15		15		15		12.7		12.7	12.1	11.2
20	20			20		20		20		15.2		15.2	14.8	14.2
25	25			25		25		25		22.1		22.1	21.0	19.1
32	32			32		32		32		28.4		28.4	27.3	25.4
40	38.1			38.1		38.1		38.1		35.0		35.0	32.5	28.4
50	50			50		50		50		47.5		47.5	44.0	38.1
65	63.5			63.5		63.5		63.5		57.2		57.2	53.6	47.5
80	76.2			76.2		76.2		76.2		72.9		70.0	65.2	57.2
100	100			100		100		100		98.3		91.9	84.8	72.9
125	125			125		125		125		121		111	104	92
150	150			150		150		150		146		136	127	111
200	200			200		200		200		191		178	166	146

（续）

公称尺寸 DN	公称压力 PN													
	16	20	25	40	50	63	67	100	110	150	160	260	320	420
	基本内径 d/mm													
250	250			250		250		248		238		222	208	184
300	300			300		300		298		282		263	247	219
350	336			336		333		327		311		289	271	241
400	387			387		381		375		356		330	310	276
450	438			432		432		419		400		371	349	311
500	489			483		479		464		445		416	389	343
550	540			533		527		511		489		457	427	378
600	590			584		575		556		533		498	466	413
650	641			635		622		603		578		540	505	448
700	692			686		670		648		622		584	546	483
750	743			737		718		695		667		625	585	517

（2）ASME B16.34—2020 最小壁厚的计算　钢制阀门按美国机械工程师学会标准 ASME B16.34—2020《法兰、螺纹和焊接端连接的阀门》中给出的公式计算，然后查表 4-3 确定阀门壳体最小壁厚。阀门壳体最小壁厚的数值用式（4-2）计算，由于式（4-2）的计算数值未考虑装配应力、阀门启闭应力、非圆形状和应力集中需要增加金属厚度的情况，因此，在厚度计算数值的基础上，制造商应增加一定的金属厚度，确保阀门满足强度要求。

$$t_m = 1.5\left(\frac{p_C d}{2S_F - 1.2p_C}\right) \tag{4-2}$$

式中　t_m——计算得出的壁厚（mm）；

p_C——公称压力 Class 数值，如 Class 150 时，$p_C = 150\text{lbf/in}^2$；Class 300 时，$p_C = 300\text{lbf/in}^2$；

d——阀体端部定义的内径（mm），见表 4-4；

S_F——基本应力系数，$S_F = 7000$。

式（4-2）不适用于 p_C 大于 4500lbf/in^2 的阀门。

表 4-3 中的实际数值比用式（4-2）计算得出的数值大 2～5mm。

表 4-3　阀门壳体最小壁厚 t_m（ASME B16.34—2020）（单位：mm）

内径 d	公称压力						
	Class 150	Class 300	Class 600	Class 900	Class 1500	Class 2500	Class 4500
3	2.5	2.5	2.8	2.8	3.1	3.6	4.9
6	2.7	2.8	3.1	3.2	3.6	4.6	7.2
9	2.9	3.0	3.3	3.6	4.2	5.6	9.6

（续）

内径 d	公称压力						
	Class 150	Class 300	Class 600	Class 900	Class 1500	Class 2500	Class 4500
12	3.1	3.3	3.6	4.1	4.8	6.6	12.0
15	3.3	3.5	3.8	4.5	5.3	7.7	14.3
18	3.5	3.7	4.1	5.0	5.9	8.7	16.7
21	3.7	4.0	4.3	5.4	6.4	9.7	19.0
24	3.9	4.2	4.6	5.9	7.0	10.7	21.4
27	4.1	4.4	4.9	6.4	7.5	11.7	23.7
31	4.3	4.7	5.1	6.7	8.3	13.1	26.9
35	4.6	5.0	5.3	6.9	9.0	14.5	30.0
40	4.9	5.3	5.6	7.2	9.9	16.2	33.9
45	5.2	5.7	5.9	7.5	10.8	17.9	37.9
50	5.5	6.0	6.2	7.8	11.8	19.6	41.8
55	5.6	6.2	6.5	8.3	12.7	21.3	45.7
60	5.7	6.4	6.8	8.8	13.6	23.0	49.6
65	5.8	6.5	7.2	9.3	14.5	24.7	53.6
70	5.9	6.7	7.5	9.9	15.5	26.4	57.5
75	6.0	6.9	7.9	10.4	16.4	28.1	61.4
80	6.1	7.0	8.2	10.9	17.3	29.8	65.3
85	6.2	7.2	8.5	11.4	18.2	31.5	69.3
90	6.3	7.4	8.9	11.9	19.1	33.2	73.2
95	6.4	7.5	9.2	12.5	20.1	34.9	77.1
100	6.5	7.7	9.5	13.0	21.0	36.6	81.0
110	6.5	8.0	10.2	14.0	22.8	40.0	88.9
120	6.7	8.4	10.9	15.1	24.7	43.4	96.7
130	6.8	8.7	11.6	16.1	26.5	46.9	104.6
140	7.0	9.0	12.2	17.2	28.4	50.3	112.4
150	7.1	9.4	12.9	18.2	30.2	53.7	120.3
160	7.3	9.7	13.6	19.3	32.0	57.1	128.1
170	7.5	10.0	14.3	20.3	33.9	60.5	136.0
180	7.6	10.3	14.9	21.3	35.7	63.9	143.8
190	7.8	10.7	15.6	22.4	37.6	67.3	151.7

（续）

内径 *d*	公称压力						
	Class 150	Class 300	Class 600	Class 900	Class 1500	Class 2500	Class 4500
200	8.0	11.0	16.3	23.4	39.4	70.7	159.5
210	8.1	11.3	17.0	24.5	41.3	74.1	167.4
220	8.3	11.7	17.6	25.5	43.1	77.5	175.2
230	8.4	12.0	18.3	26.6	45.0	80.9	183.1
240	8.6	12.3	19.0	27.6	46.8	84.4	190.9
250	8.8	12.7	19.7	28.7	48.6	87.8	198.8
260	8.9	13.0	20.3	29.7	50.5	91.2	206.6
270	9.1	13.3	21.0	30.8	52.3	94.6	214.5
280	9.3	13.6	21.7	31.8	54.2	98.0	222.3
290	9.4	14.0	22.4	32.8	56.0	101.4	230.2
300	9.6	14.3	23.0	33.9	57.9	104.8	238.0
310	9.8	14.6	23.7	34.9	59.7	108.2	245.9
320	9.9	15.0	24.4	36.0	61.6	111.6	253.7
330	10.1	15.3	25.1	37.0	63.4	115.0	261.6
340	10.2	15.6	25.7	38.1	65.2	1184	269.4
350	10.4	16.0	26.4	39.1	67.1	121.9	277.2
360	10.6	16.3	27.1	40.2	68.9	125.3	285.1
370	10.7	16.6	27.8	41.2	70.8	128.7	292.9
380	10.9	16.9	28.4	42.2	72.6	132.1	300.8
390	11.1	17.3	29.1	43.3	74.5	135.5	308.6
400	11.2	17.6	29.8	44.3	76.3	138.9	316.5
410	11.4	17.9	30.5	45.4	78.2	142.3	324.3
420	11.5	18.3	31.1	46.4	80.0	145.7	332.2
430	11.7	18.6	31.8	47.5	81.8	149.1	340.0
440	11.9	18.9	32.5	48.5	83.7	152.5	347.9
450	12.0	19.3	33.2	49.6	85.5	155.9	355.7
460	12.2	19.6	33.8	50.6	87.4	159.4	363.6
470	12.4	19.9	34.5	51.7	89.2	162.8	371.4
480	12.5	20.2	35.2	52.1	91.1	166.2	379.3
490	12.7	20.6	35.9	53.7	92.9	169.6	387.1

（续）

内径 d	公称压力						
	Class 150	Class 300	Class 600	Class 900	Class 1500	Class 2500	Class 4500
500	12.9	20.9	36.5	54.8	94.8	173.0	395.0
510	13.0	21.2	37.2	55.8	96.6	176.4	402.8
520	13.2	21.6	37.9	56.9	98.4	179.8	410.7
530	13.3	21.9	38.6	57.9	100.3	183.2	418.5
540	13.5	22.2	39.2	59.0	102.1	186.6	426.4
550	13.7	22.6	39.9	60.0	104.0	190.0	434.2
560	13.8	22.9	40.6	61.1	105.8	193.4	442.1
570	14.0	23.2	41.3	62.1	107.7	196.9	449.9
580	14.2	23.5	41.9	63.1	109.5	200.3	457.8
590	14.3	23.9	42.6	64.2	111.4	203.7	465.6
600	14.5	24.2	43.3	65.2	113.2	207.1	473.5
610	14.6	24.5	44.0	66.3	115.0	210.5	481.3
620	14.8	24.9	44.6	67.3	116.9	213.9	489.2
630	15.0	25.2	45.3	68.4	118.7	217.3	497.0
640	15.1	25.5	46.0	69.4	120.6	220.7	504.9
650	15.3	25.9	46.7	70.5	122.4	224.1	512.7
660	15.5	26.2	47.3	71.5	124.3	227.5	520.6
670	15.6	26.5	48.0	72.5	126.1	230.9	528.4
680	15.8	26.8	48.7	73.6	128.0	234.4	536.3
690	15.9	27.2	49.4	74.6	129.8	237.8	544.1
700	16.1	27.5	50.0	75.7	131.6	241.2	552.0
710	16.3	27.8	50.7	76.1	133.5	244.6	559.8
720	16.4	28.2	51.4	77.8	135.3	248.0	567.7
730	16.6	28.5	52.1	78.8	137.2	251.4	575.5
740	16.8	28.8	52.7	79.9	139.0	254.8	583.4
750	16.9	29.2	53.4	80.9	140.9	258.2	591.2
760	17.1	29.5	54.1	82.0	142.7	261.6	599.0
770	17.3	29.8	54.8	83.0	144.6	265.0	606.9
780	17.4	30.1	55.4	84.0	146.4	268.4	614.7
790	17.6	30.5	56.1	85.1	148.2	271.9	622.6

（续）

内径 d	公称压力						
	Class 150	Class 300	Class 600	Class 900	Class 1500	Class 2500	Class 4500
800	17.7	30.8	56.8	86.1	150.1	275.3	630.4
820	18.1	31.5	58.1	88.2	153.8	282.1	646.1
840	18.4	32.1	59.5	90.3	157.5	288.9	661.8
860	18.7	32.8	60.8	92.4	161.1	295.7	677.5
880	19.0	33.4	62.2	94.5	164.8	302.5	693.2
900	19.4	34.1	63.5	96.6	168.5	309.4	708.9
920	19.7	34.8	64.9	98.7	172.2	316.2	724.6
940	20.0	35.4	66.2	100.8	175.9	323.0	740.3
960	20.3	36.1	67.6	102.9	179.6	329.6	756.0
980	20.7	36.7	68.9	104.9	183.3	336.6	771.7
1000	21.0	37.4	70.3	107.0	187.0	343.5	787.4
1020	21.3	38.1	71.6	109.1	190.7	350.3	803.1
1040	21.7	38.7	73.0	111.2	194.3	357.1	818.8
1060	22.0	39.4	74.3	113.3	198.0	363.9	834.5
1080	22.3	40.0	75.7	115.4	201.7	370.7	850.2
1100	22.6	40.7	77.0	117.5	205.4	377.5	865.9
1120	23.0	41.4	78.4	119.6	209.1	384.4	881.6
1140	23.3	42.0	79.7	121.7	212.8	391.2	897.3
1160	23.6	42.7	81.1	123.7	216.5	398.0	913.0
1180	23.9	43.3	82.4	125.8	220.2	404.8	928.7
1200	24.3	44.0	83.8	127.9	223.9	411.6	944.4
1220	24.6	44.7	85.1	130.0	227.5	418.5	960.1
1240	24.9	45.3	86.5	132.1	231.2	425.3	975.8
1260	25.2	46.0	87.8	134.2	234.9	432.1	991.5
1280	25.6	46.6	89.2	136.3	238.6	438.9	1007.2
1300	25.9	47.3	90.5	138.4	242.3	445.7	1022.9

表4-3列出的壁厚和内径的关系是阀门压力额定值的基础，通过插值法，对任何压力-直径-材料的组合，都可确定明确的设计依据。

随着额定Class系列法兰标准尺寸的产生，确立了公称尺寸和与法兰额定Class相匹配的管件内径间的对应标准关系。这些关系为相应的法兰连接阀门提供了有效的设计依据，随后又推广应用到焊接连接阀门，因为这些阀门除管端不同外，许多方面是相同的。表 4-4 是根据 ASME B16. 5—2020 各尺寸表中的管件内径所给的尺寸制定的。公称尺寸大于 NPS24 且较低 Class 的阀门和公称尺寸大于 NPS12 的 Class 2500 的阀门，内径 d 由线性插值法得到。

表 4-4　公称尺寸和内径 d 的关系

公称尺寸		公称压力					
		Class 150	Class 300	Class 600	Class 900	Class 1500	Class 2500
		内径 d/mm					
DN15	NPS 1/2	12. 7	12. 7	12. 7	12. 7	12. 7	11. 2
DN20	NPS 3/4	19. 1	19. 1	19. 1	17. 5	17. 5	14. 2
DN25	NPS 1	25. 4	25. 4	25. 4	22. 1	22. 1	19. 1
DN32	NPS 1¼	31. 8	31. 8	31. 8	28. 4	28. 4	25. 4
DN40	NPS 1½	38. 1	38. 1	38. 1	34. 8	34. 8	28. 4
DN50	NPS 2	50. 8	50. 8	50. 8	47. 5	47. 5	38. 1
DN65	NPS 2½	63. 5	63. 5	63. 5	57. 2	57. 2	47. 5
DN80	NPS 3	76. 2	76. 2	76. 2	72. 9	69. 9	57. 2
DN100	NPS 4	101. 6	101. 6	101. 6	98. 3	91. 9	72. 9
DN125	NPS 5	127. 0	127. 0	127. 0	120. 7	111. 0	91. 9
DN150	NPS 6	152. 4	152. 4	152. 4	146. 1	136. 4	111. 0
DN200	NPS 8	203. 2	203. 2	199. 9	190. 5	177. 8	146. 1
DN250	NPS 10	254. 0	254. 0	247. 7	238. 0	222. 3	184. 2
DN300	NPS 12	304. 8	304. 8	298. 5	282. 4	263. 4	218. 9
DN350	NPS 14	336. 6	336. 6	326. 9	311. 2	288. 8	241. 3
DN400	NPS 16	387. 4	387. 4	374. 7	355. 6	330. 2	276. 1
DN450	NPS 18	438. 2	431. 8	419. 1	400. 1	371. 3	311. 2
DN500	NPS 20	489. 0	482. 6	463. 6	444. 5	415. 8	342. 9
DN550	NPS 22	539. 8	533. 4	511. 0	489. 0	457. 2	377. 7
DN600	NPS 24	590. 6	584. 2	558. 8	533. 4	498. 3	412. 8
DN650	NPS 26	641. 4	635. 0	603. 3	577. 9	539. 8	447. 5
DN700	NPS 28	692. 2	685. 8	647. 7	622. 3	584. 2	482. 6
DN750	NPS 30	743. 0	736. 6	695. 2	666. 8	625. 3	517. 4
—	NPS 32	793. 7	787. 4	736. 6	711. 2	—	—
—	NPS 34	844. 5	838. 2	781. 0	755. 6	—	—
—	NPS 36	895. 3	889. 0	828. 5	800. 1	—	—

（续）

公称尺寸		公称压力					
		Class 150	Class 300	Class 600	Class 900	Class 1500	Class 2500
		内径 d/mm					
—	NPS 38	946.1	939.8	872.9	844.5	—	—
—	NPS 40	996.9	990.6	920.7	889.0	—	—
—	NPS 42	1047.7	1041.4	965.2	933.4	—	—
—	NPS 44	1098.5	1092.2	1012.6	977.9	—	—
—	NPS 46	1149.3	1143.0	1057.1	1022.3	—	—
—	NPS 48	1200.1	1193.8	1104.9	1066.8	—	—
—	NPS 50	1250.9	1244.6	1149.3	1111.2	—	—

2. 阀盖最小厚度的计算

如图4-2所示，翻板式安全切断阀阀盖应按Ⅲ型平板形阀盖（凸凹法兰垫片）进行计算。

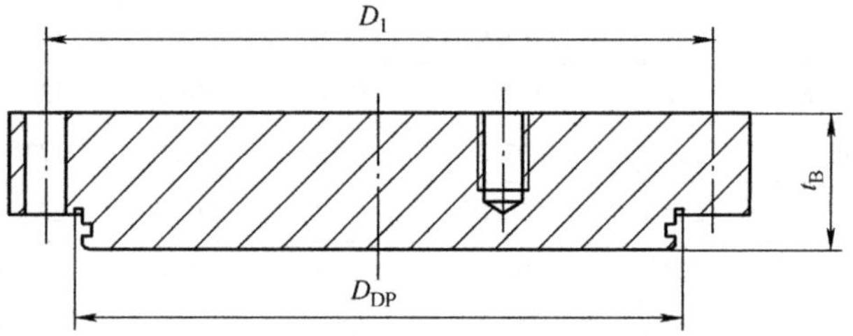

图4-2 翻板式安全切断阀阀盖结构

$$t_B = D_1\sqrt{\frac{Kp}{[\sigma_w]}} + c \tag{4-3}$$

式中 t_B——阀盖厚度计算值（mm）；

D_1——螺栓孔中心圆直径（mm）；

K——系数，当用软质垫片时；

p——设计压力（MPa）；

$[\sigma_w]$——材料许用弯曲应力（MPa），见《实用阀门设计手册》第3版表3-3～表3-5。

c——附加裕量（mm），见表4-5。

$$K = 0.3 + \frac{1.4F_{LZ}l}{F_{DJ}D_{DP}} \tag{4-4}$$

式中　F_{LZ}——螺栓的总作用力（N）；

F_{DJ}——垫片处介质静压力（N）；

D_{DP}——垫片的平均直径（mm）；

l——力臂（mm），$l=(D_1-D_{DP})/2$。

表 4-5　附加裕量 c　（单位：mm）

t_B-c	c	t_B-c	c
≤5	5	21～30	2
6～10	4	>30	1
11～20	3	—	—

3. 阀体、翻板密封比压的计算

阀体、翻板密封形式为 O 形密封圈和金属密封面双重密封。金属密封面为主密封，O 形密封圈为辅助密封。当系统压力小于 2.0MPa 时，O 形密封圈为主密封；当系统压力大于 2.0MPa 时，金属密封面为主密封，O 形密封圈为辅助密封。

（1）阀体、翻板密封的结构形式　阀体、翻板密封的结构形式如图 4-3 所示。

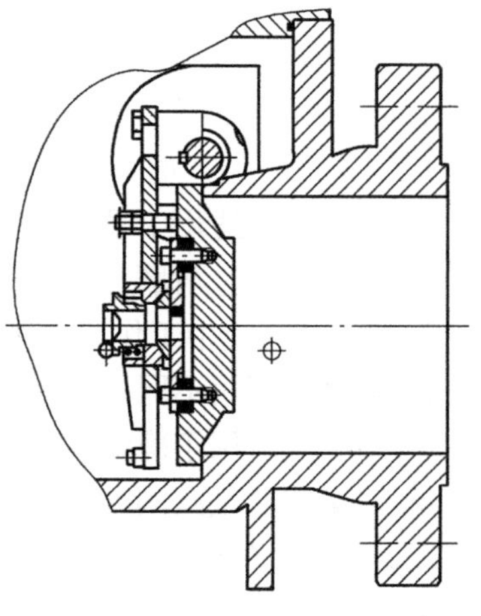

图 4-3　阀体、翻板密封的结构形式

（2）密封面上的总作用力和比压

1）密封面上的总作用力 F_{MZ} 的计算公式为

$$F_{MZ}=F_{MJ}+F_{TH} \tag{4-5}$$

式中　F_{MJ}——密封面上介质总作用力（N）；

F_{TH}——弹簧压紧力（N）。

$$F_{MJ}=\pi(D_{MN}+b_M)b_Mp \tag{4-6}$$

式中　D_{MN}——密封面内径（mm）；

b_M——密封面宽度（mm），超压切断时，取金属密封面的宽度，欠压切断时，取 O 形密封圈断面直径的 1/3；

p——设计压力（MPa），超压切断时，取设计压力 +0.4MPa，欠压切断时，取 0.1MPa。

$$F_{TH}=F_{MY} \tag{4-7}$$

式中　F_{MY}——翻板密封面对阀体的预紧力（N）。

$$F_{MY}=\pi(D_{MN}+b_M)b_Mq_{MY\min} \tag{4-8}$$

式中　q_{MYmin}——阀体预紧密封的最小比压（MPa），对于丁腈橡胶，$q_{MYmin}=1.35\text{MPa}$。

2）密封面计算比压 q 的计算公式为

$$q=\frac{F_{MZ}}{\pi(D_{MN}+b_M)b_M} \tag{4-9}$$

3）密封面必需比压。根据《阀门设计入门与精通》一书，确定液体用常温闭路阀密封面上的密封比压值 q_{MF}，可应用一般公式：

$$q_{MF}=\frac{C+Kp}{\sqrt{b_M/10}} \tag{4-10}$$

式中　C——与密封面材料有关的系数，铸铁、青铜和黄铜的 $C=3.0$，钢和硬质合金的 $C=3.5$，铝、铝合金、聚乙烯、聚氯乙烯、PTFE、RPTFE、MOLON、DEVLON、尼龙、PEEK 的 $C=1.8$，中等硬度橡胶的$C=0.4$；

K——在给定密封材料条件下，考虑介质压力对比压值的影响系数，铸铁、青铜、黄铜的 $K=1$，钢、硬质合金的 $K=1$，铝、铝合金、聚乙烯、聚氯乙烯、PTFE、RPTFE、MOLON、DEVLON、PEEK、尼龙的 $K=0.9$，中等硬度橡胶的 $K=0.6$；

p——介质工作压力（MPa），通常取公称压力的十分之一，即 $p=\text{PN}/10$；

b_M——密封面宽度（mm）。

应用式（4-10）时，应注意：

① 所示数据适用于平面密封。

② 密封面经过精磨，表面粗糙度达到 $Ra0.2$，在工业净水或其他不含污物硬杂质的液体介质中工作时，所示数据可保证密封（汽油和煤油除外）。

③ 当密封面用不同材料制造时，q_{MF}值按较软的材料选取。

④ 该公式适用于确定 $q_{MF}=80\text{MPa}$ 以下的比压值。

⑤ 对某些截止阀刚性较好的结构，并经过精研的密封面（表面粗糙度约 $Ra0.1\mu m$），允许比压值降低 25%。

⑥ 温度升高要求增大比压，按某些数据，水的温度从 15℃增加到 100℃时，比压值就需增加 1 倍。

⑦ 为了保证所需的密封性，密封面的表面粗糙度需保证：1 级密封的表面粗糙度值不超过 $Ra0.1\mu m$；2 级密封的表面粗糙度值不超过 $Ra0.2\mu m$；3 级密封的表面粗糙度值不超过 $Ra0.4\mu m$。

⑧ 在用于腐蚀性极大的介质，常变换的氢气、氦气及其他极其重要介质的 1 级密封阀门中，上述比压值建议增大 1.8 倍。

⑨ 介质中其他杂质对比压值的影响难以准确估计，因为这些影响取决于物

理特性、尺寸及介质污秽程度。

4）密封面许用比压 [q]。由于手动操作或者阀门关闭后介质压力的变化，密封面上经常会产生比压值显著超过 q_{MF} 的现象。所以，在设计过程中必须使实际比压值 q 不会引起过大的塑性变形，并且不改变经过研磨的表面几何形状。

为此，必须保证：

$$q_{MF} < q < [q] \tag{4-11}$$

式中 q_{MF}——保证密封所需比压（MPa）；

q——实际工作比压（MPa）；

[q]——密封面材料的许用比压（MPa），见《阀门设计入门与精通》中表7-2。

4. 翻板厚度的计算

翻板的材料根据技术条件要求，工作温度范围在 -46 ~ 60℃，且在低温下需要有一定的强度，翻板结构为圆板形，且阀门关闭时有一定的冲击，不宜选用铸造工艺，而应选用锻造工艺。因此，选用美国材料试验学会标准 ASTM A350/A350M—2023 LF2，其工作温度范围为 -46 ~ 425℃；抗拉强度 R_m 为 485 ~ 655MPa。

1）翻板的结构如图 4-4 所示。

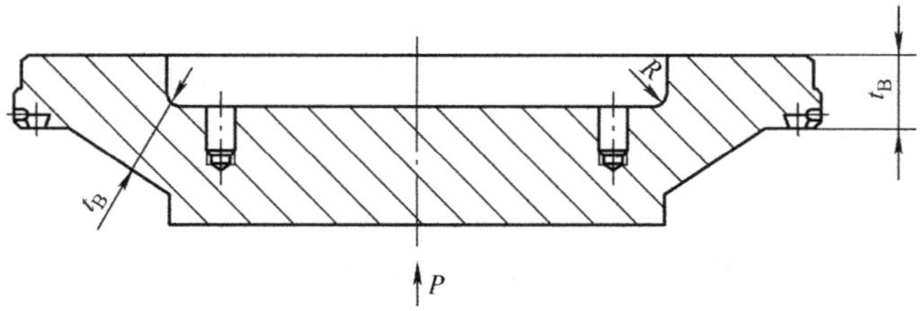

图 4-4 翻板的结构

2）翻板的厚度计算。翻板的厚度按式（4-12）计算。

$$t_B = 1.7 \times \frac{pR}{2[\sigma_w]} + c \tag{4-12}$$

式中 t_B——翻板计算壁厚（mm）；

p——设计压力（MPa），取公称压力 PN 数值的 1/10；

R——内球半径（mm）；

c——附加裕量（mm），见表 4-5；

$[\sigma_w]$——材料许用弯曲应力（MPa），见《实用阀门设计手册》第 3 版表3-3～表3-5。

5. 阀体和阀盖连接螺钉有效面积的计算

阀体和阀盖连接螺钉根据技术条件要求，工作温度范围在 -46～60℃，且在低温下需要有一定的强度。因此螺钉宜选用低温材料 ASTM A320/A320M—2022a 的 L7，螺母选用 ASTM A194/A194M—2023 的 2H 或 2HM。

1）阀体和阀盖中法兰连接螺钉结构如图 4-5 所示。

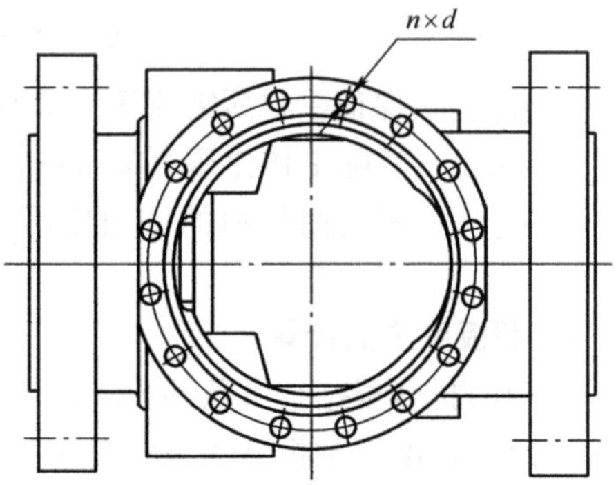

图 4-5　阀体和阀盖中法兰连接螺钉结构

2）阀体和阀盖中法兰连接螺钉有效面积的确定。根据 GB/T 12224—2015《钢制阀门　一般要求》或美国机械工程师学会标准 ASME B16.34—2020《法兰、螺纹和焊接端阀门》的要求，该螺钉只承受启、闭力矩，不承受管道应力。因此，螺钉连接的总截面积应符合：

$$p_C = \frac{A_g}{A_b} \leqslant K_1 S_a \leqslant 9000 \tag{4-13}$$

式中　p_C——公称压力 Class 数值，如 Class 150 时，$p_C = 150\text{lbf/in}^2$；Class 300 时，$p_C = 300\text{lbf/in}^2$；

A_g——由垫片或 O 形图的有效外周边或其他密封件的有效外周边所限定的面积，环连接的限定面积由环中径确定（mm^2）；

A_b——螺钉总有效截面积（mm^2）；

K_1——当 S_a 以 MPa 为单位时，K_1 取 65.26；当 S_a 以 lbf/in^2 为单位时，K_1 取 0.45；

S_a——38℃（100℉）时的螺钉许用应力，当大于 137.9MPa（20000lbf/in^2）时，$S_a = 137.9\text{MPa}$（20000lbf/in^2）。

6. 安全切断阀压缩弹簧、扭转弹簧和涡卷弹簧的设计计算

（1）圆柱螺旋压缩弹簧的设计计算

1）圆柱螺旋弹簧的参数名称及代号。圆柱螺旋弹簧使用 GB/T 1805—2021 和表 4-6规定的术语和符号。

2）冷卷压缩弹簧的试验切应力及许用切应力。

① 冷卷压缩弹簧的试验切应力见表 4-7。

表 4-6　术语和符号

参数名称	代号	单位	参数名称	代号	单位
材料直径	d	mm	许用切应力	$[\tau]$	MPa
弹簧内径	D_1	mm	初切应力	τ_0	MPa
弹簧外径	D_2	mm	初拉力	F_0	N
弹簧中径	D	mm	钩长尺寸	h_1	mm
总圈数	n_1	圈	开口尺寸	h_2	mm
支承圈数	n_z	圈	材料弹性模量	E	MPa
有效圈数	n	圈	弯曲应力	σ	MPa
自由高度（自由长度）	H_0	mm	扭转弹簧扭臂长度	l_1、l_2	mm
工作高度（工作长度）	$H_{1,2,\cdots,n}$	mm	试验弯曲应力	σ_s	MPa
压并高度	H_b	mm	许用弯曲应力	$[\sigma]$	MPa
节距	t	mm	扭矩	$T_{1,2,\cdots,n}$	N · mm
载荷	$F_{1,2,\cdots,n}$	N	弹簧的扭转角度	$\varphi_{1,2,\cdots,n}$	rad 或（°）
稳定性临界载荷	F_c	N	扭转刚度	T'	N · mm/rad 或 N · mm/（°）
变形量	f	mm			
刚度	F'	N/mm	弯曲应力曲度系数	K_b	—
旋绕比	C	—	材料单位体积的质量（密度）	ρ	kg/mm^3
曲度系数	K	—			
高径比	b	—	弹簧质量	m	kg
稳定系数	C_B	—	循环特征	γ	—
螺旋角	α	（°）	循环次数	N	次
中径变化量	ΔD	mm	强迫振动频率	f_r	Hz
余隙	δ_1	mm	自振频率	f_e	Hz
材料切变模量	G	MPa	抗拉强度	R_m	MPa
工作切应力	$\tau_{1,2,\cdots,n}$	MPa	变形能	U	N · mm
试验切应力	τ_s	MPa	安全系数	S	—
脉动疲劳极限应力	τ_{u0}	MPa	最小安全系数	S_{min}	—

表 4-7　冷卷压缩弹簧的试验切应力　（单位：MPa）

应力类型		材料			
		油淬火－回火弹簧钢丝	碳素弹簧钢丝、重要用途碳素弹簧钢丝	不锈弹簧钢丝	铜及铜合金线材、铍青铜线
试验切应力		$0.55R_m$	$0.50R_m$	$0.45R_m$	$0.40R_m$
静载荷许用切应力		$0.50R_m$	$0.45R_m$	$0.38R_m$	$0.36R_m$
动载荷许用切应力	有限疲劳寿命	$(0.40\sim0.50)\ R_m$	$(0.38\sim0.45)\ R_m$	$(0.34\sim0.38)\ R_m$	$(0.33\sim0.36)\ R_m$
	无限疲劳寿命	$(0.35\sim0.40)\ R_m$	$(0.33\sim0.38)\ R_m$	$(0.30\sim0.34)\ R_m$	$(0.30\sim0.33)\ R_m$

注：1. 抗拉强度 R_m 选取材料标准的下限值。

2. 对于材料直径 $d<1$mm 的弹簧，试验切应力为表列值的 90%。

3. 当试验切应力大于压并切应力时，取压并切应力为试验切应力。

② 冷卷压缩弹簧的许用切应力。冷卷压缩弹簧的疲劳极限如图 4-6 所示，其许用切应力如图 4-7 所示。

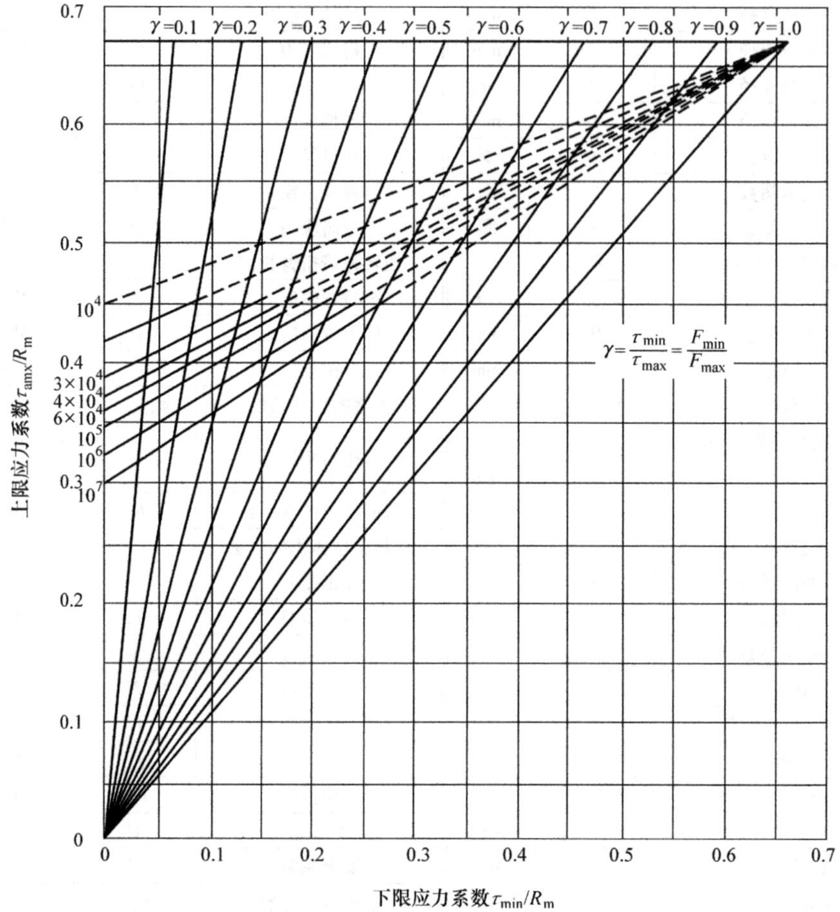

图 4-6 冷卷压缩弹簧疲劳极限

注：适用于未经喷丸处理的具有较好的耐疲劳性能的钢丝，如重要用途碳素弹簧钢丝、高疲劳级油淬火－回火弹簧钢丝。

3）设计计算的相关内容如下。

① 基本计算式如下。

a）弹簧载荷：

$$F = \frac{Gd^4}{8D^3 n}f \tag{4-14}$$

材料切变模量 G、弹性模量 E 和推荐使用温度范围按照表 4-8 选取。材料切变模量 G、弹性模量 E 和温度关系曲线如图 4-8 所示。

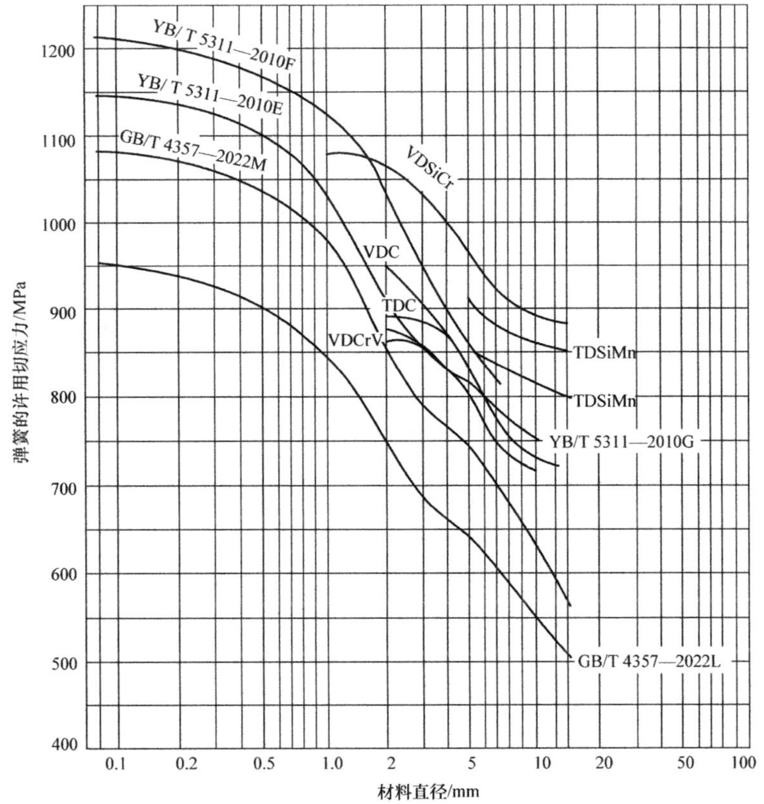

图 4-7　冷卷压缩弹簧的许用切应力

表 4-8　弹簧材料的切变模量 *G*、弹性模量 *E* 和推荐使用温度范围

标准号	标准名称	牌号/组别	切变模量 *G*/MPa	弹性模量 *E*/MPa	推荐使用温度范围/℃
GB/T 4357—2022	冷拉碳素弹簧钢丝	L、M、H	78.5×10^3	206×10^3	-40～150
YB/T 5311—2010	重要用途碳素弹簧钢丝	E、F、G			
		VDC			-40～150
GB/T 18983—2017	淬火－回火弹簧钢丝	FDC、TDC			
		FDSiMn、TDSiMn			-40～250
		VDSiCr			-40～250
		FDSiCr、TDSiCr			-40～250
		VDCrV-A			-40～210
		FDCrV-A、TDCrV-A			-40～210
YB/T 5318—2010	合金弹簧钢丝	50CrVA			-40～210
		60Si2MnA			-40～250
		55CrSiA			-40～250

（续）

<table>
<tr><th>标准号</th><th>标准名称</th><th>牌号/组别</th><th>切变模量 G/MPa</th><th>弹性模量 E/MPa</th><th>推荐使用温度范围/℃</th></tr>
<tr><td rowspan="2">GB/T 21652—2017</td><td rowspan="2">铜及铜合金线材</td><td>QSi3-1</td><td>40.2×10^3</td><td rowspan="2">93.1×10^3</td><td>-40 ~ 120</td></tr>
<tr><td>QSn4-3
QSn6.5-0.1
QSn6.5-0.4
QSn7-0.2</td><td>39.2×10^3</td><td>-250 ~ 120</td></tr>
<tr><td>YS/T 571—2009</td><td>铍青铜线材</td><td>QBe2</td><td>42.1×10^3</td><td>129.4×10^3</td><td>-200 ~ 120</td></tr>
<tr><td rowspan="2">GB/T 1222—2016</td><td rowspan="2">弹簧钢</td><td>50CrVA</td><td rowspan="2">78.5×10^3</td><td rowspan="2">206×10^3</td><td>-40 ~ 210</td></tr>
<tr><td>60Si2Mn
60Si2MnA
60CrMnA
60CrMnBA
55CrSiA
60Si2CrA
60Si2CrVA</td><td>-40 ~ 250</td></tr>
</table>

注：当弹簧工作环境温度超过常温时，应适当调整许用应力。

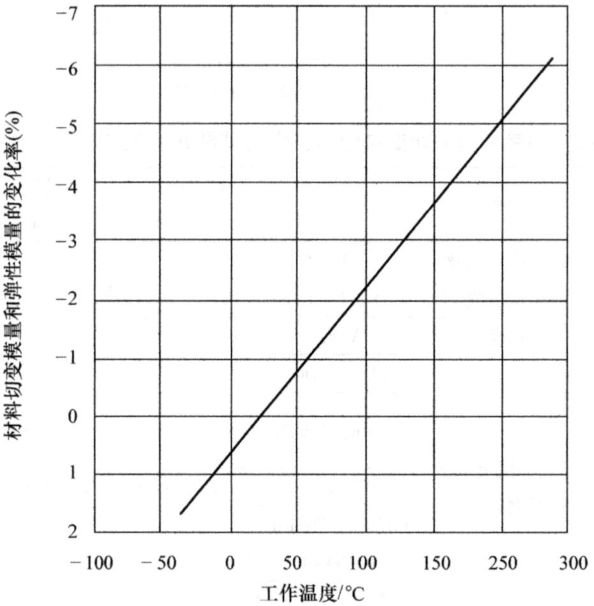

图 4-8　材料切变模量 G、弹性模量 E 和温度关系曲线

b）弹簧变形量：

$$f = \frac{8D^3nF}{Gd^4} \tag{4-15}$$

c）弹簧刚度：

$$F' = \frac{F}{f} = \frac{Gd^4}{8D^3n} \tag{4-16}$$

d）弹簧切应力：

$$\tau = K\frac{8DF}{\pi d^3} \tag{4-17}$$

或

$$\tau = K\frac{Gdf}{\pi D^2n} \tag{4-18}$$

式中　K——曲度系数，K 值按式（4-19）计算。

$$K = \frac{4C-1}{4C-4} + \frac{0.615}{C} \tag{4-19}$$

静载荷时，一般可取 K 值为 1，当弹簧应力高时，亦考虑 K 值。

e）弹簧材料直径：

$$d \geqslant \sqrt[3]{\frac{8KDF}{\pi[\tau]}} \quad 或 \quad d \geqslant \sqrt{\frac{8KCF}{\pi[\tau]}} \tag{4-20}$$

式中　$[\tau]$——根据上述设计情况确定的许用切应力。

f）弹簧中径：

$$D = Cd \tag{4-21}$$

g）弹簧有效圈数：

$$n = \frac{Gd^4f}{8D^3F} \tag{4-22}$$

h）变形能：

$$U = \frac{Ff}{2} \tag{4-23}$$

② 自振频率。对两端固定，一端在工作行程范围内周期性往复运动的圆柱螺旋压缩弹簧，其自振频率按式（4-24）计算。

$$f_e = \frac{3.56d}{nD^2}\sqrt{\frac{G}{\rho}} \tag{4-24}$$

③ 弹簧的特性和变形。

a）弹簧特性。

在需要保证指定高度时的载荷，弹簧的变形量应在试验载荷下变形量的 20% ~80%，即 $0.2f_s \leqslant f_{1,2,\cdots,n} \leqslant 0.8f_s$。

在需要保证载荷下的高度，弹簧的变形量应在试验载荷下变形量的20% ~ 80%，即 $0.2f_s \leqslant f_{1,2,\cdots,n} \leqslant 0.8f_s$，但最大变形量下的载荷应不大于试验载荷。

在需要保证刚度时，弹簧变形量应在试验载荷下变形量的 30% ~70%，即 f_1 和 f_2 满足 $0.3f_s \leqslant f_{1,2} \leqslant 0.7f_s$。弹簧刚度按式（4-25）计算。

$$F' = \frac{F_2 - F_1}{f_2 - f_1} = \frac{F_2 - F_1}{H_1 - H_2} \tag{4-25}$$

b）试验载荷。试验载荷 F_s 为测定弹簧特性时，弹簧允许承受的最大载荷，其值按式（4-26）计算：

$$F_s = \frac{\pi d^3}{8D}\tau_s \tag{4-26}$$

式中　τ_s——试验切应力（MPa），按表 4-7 选取。

c）压并载荷。压并载荷 F_s 为弹簧压并时的理论载荷，对应的压并变形量为 f_b。

④ 弹簧的端部结构形式、参数及计算公式。

a）弹簧的端部结构形式见表 4-9。

表 4-9　弹簧的端部结构形式

类型	代号	简　图	端部结构形式
冷卷压缩弹簧	YⅠ	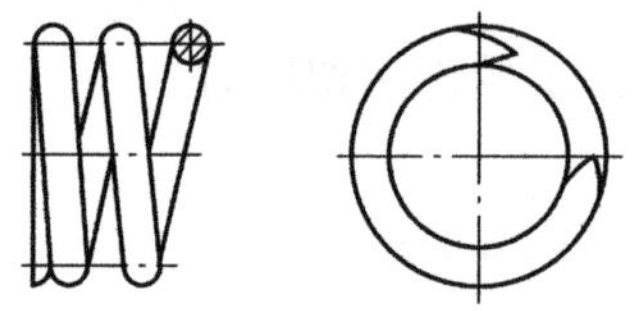	两端圈并紧磨平 $n_z \geqslant 2$
	YⅡ	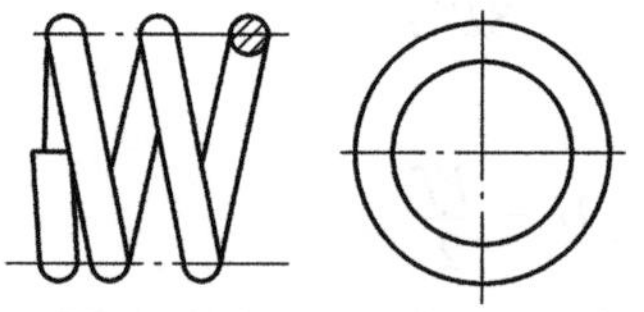	两端圈并紧不磨 $n_z \geqslant 2$
	YⅢ	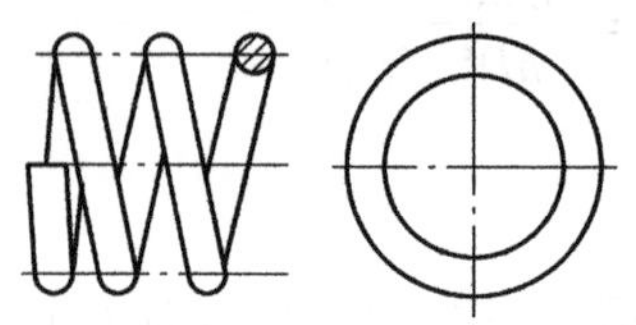	两端圈不并紧 $n_z < 2$

（续）

类型	代号	简　　图	端部结构形式
热卷压缩弹簧	RY Ⅰ	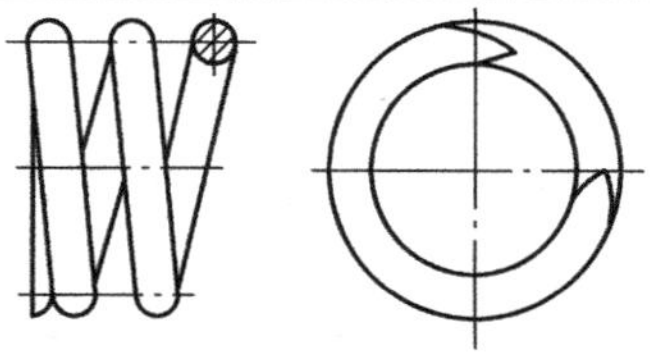	两端圈并紧磨平 $n_z \geqslant 1.5$
	RY Ⅱ	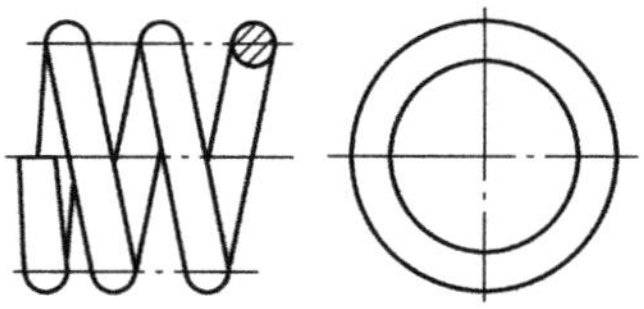	两端圈并紧不磨 $n_z \geqslant 1.5$
	RY Ⅲ	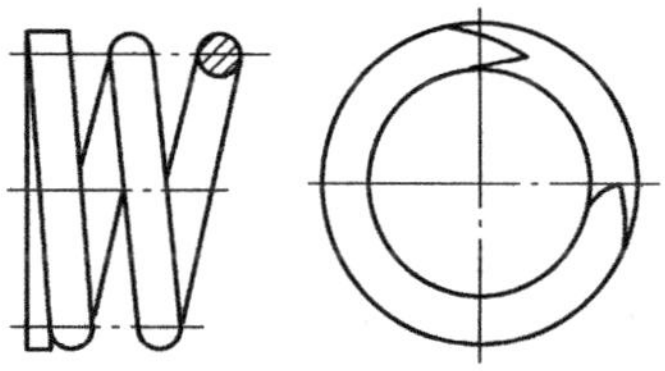	两端圈制扁、并紧磨平 $n_z \geqslant 1.5$
	RY Ⅳ	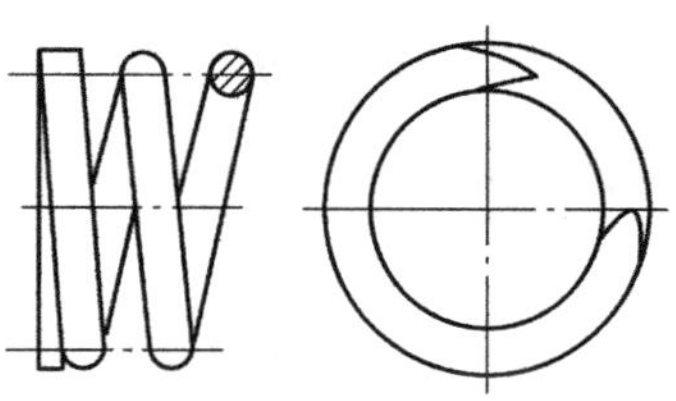	两端圈制扁、并紧不磨 $n_z \geqslant 1.5$

b）弹簧材料直径 d 由式（4-20）计算，一般应符合 GB/T 1358—2009 的系列规定。

c）弹簧中径 D、弹簧内径 D_1 和弹簧外径 D_2 依次为

$$D = \frac{D_1 + D_2}{2} \tag{4-27}$$

$$D_1 = D - d \tag{4-28}$$

$$D_2 = D + d \tag{4-29}$$

弹簧中径 D 一般应符合 GB/T 1358—2009 的系列，偏差值可按 GB/T 1239.2—2009 和 GB/T 23934—2015 选取。为了保证有足够的安装空间，应考虑弹簧受载荷后直径的增大。

当弹簧两端固定时，从自由高度到并紧，中径增大值由式（4-30）计算：

$$\Delta D = 0.05 \times \frac{t^2 - d^2}{D} \tag{4-30}$$

当两端面与支承座可以自由回转而摩擦力较小时，中径增大值由式（4-31）计算：

$$\Delta D = 0.1 \times \frac{t^2 - 0.8td - 0.2d^2}{D} \tag{4-31}$$

d）弹簧旋绕比 C 推荐值根据材料直径 d 在表4-10中选取。

表4-10　弹簧旋绕比 C（一）

d/mm	0.2～0.5	>0.5～1.1	>1.1～2.5	>2.5～7.0	>7.0～16.0	>16.0
C	7～14	5～12	5～10	4～9	4～8	4～16

e）弹簧圈数。弹簧有效圈数由式（4-22）计算，一般应符合 GB/T 1358—2009 的规定。为了避免由于载荷偏心引起过大的附加力，同时为了保证稳定的刚度，一般不少于3圈，最少不少于2圈。

支承圈 n_z 与端圈结构形式有关，n_z 取值见表4-9。

总圈数为

$$n_1 = n + n_z \tag{4-32}$$

其尾数应为1/4圈、1/2圈、3/4圈或整圈，推荐用1/2圈。

f）弹簧自由高度 H_0 受端部结构的影响，难以计算出精确值，其近似值按表4-11所列式计算，并推荐按 GB/T 1358—2009 的规定。

表4-11　自由高度 H_0 与节距 t 的关系

总圈数 n_1	自由高度 H_0/mm	节距 t/mm	端部结构形式
$n+1.5$	$nt+d$	$(H_0-d)/n$	两端圈磨平
$n+2$	$nt+1.5d$	$(H_0-1.5d)/n$	
$n+2.5$	$nt+2d$	$(H_0-2d)/n$	
$n+2$	$nt+3d$	$(H_0-3d)/n$	两端圈不磨
$n+2.5$	$nt+3.5d$	$(H_0-3.5d)/n$	

工作高度 $H_{1,2,\cdots,n}$ 可按式（4-33）计算：

$$H_{1,2,\cdots,n} = H_0 - f_{1,2,n} \tag{4-33}$$

试验高度 H_s 为对应于试验载荷 F_s 下的高度，其值按式（4-34）计算：

$$H_s = H_0 - f_s \tag{4-34}$$

弹簧的压并高度原则上不规定。对端面磨削3/4圈的弹簧，当需要规定压并高度时，按式（4-35）计算：

$$H_b \leqslant n_1 d_{max} \tag{4-35}$$

对两端不磨的弹簧，当需要规定压并高度时，按式（4-36）计算：

$$H_b \leqslant (n_1 + 1.5) d_{max} \tag{4-36}$$

式中　d_{max}——材料最大直径（mm），即材料直径 + 极限偏差的最大值。

g）弹簧节距 t 按式（4-37）计算：

$$t = d + \frac{f_n}{n} + \delta_1 \tag{4-37}$$

余隙 δ_1 是在最大工作载荷 F_n 的作用下，有效圈相互之间应保留的间隙。一般取 $\delta_1 \geqslant 0.1d$，推荐 $0.28D \leqslant t < 0.5D$。

弹簧节距 t 与自由高度 H_0 之间的近似关系式见表 4-11。

间距 δ 按式（4-38）计算：

$$\delta = t - d \tag{4-38}$$

h）弹簧螺旋角 α 和旋向。

弹簧螺旋角 α，按式（4-39）计算，推荐 $5° \leqslant \alpha < 9°$。弹簧旋向一般为右旋，在组合弹簧中各层弹簧的旋向为左右旋向相间，外层一般为右旋。

$$\alpha = \arctan \frac{t}{\pi D} \tag{4-39}$$

i）弹簧展开长度按式（4-40）计算：

$$L = \frac{\pi D n_1}{\cos\alpha} \approx \pi D n_1 \tag{4-40}$$

j）弹簧质量按式（4-41）计算：

$$m = \frac{\pi}{4} d^2 L \rho \tag{4-41}$$

⑤ 弹簧强度和稳定性校核。

a）疲劳强度校核：受动载荷的重要弹簧，应进行疲劳强度校核。进行校核时要考虑循环特征 $\gamma (= F_{min}/F_{max} = \tau_{min}/\tau_{max})$ 和循环次数 N，以及材料表面状态等影响疲劳强度的各种因素，按式（4-42）校核。

$$S = \frac{\tau_{u0} + 0.75\tau_{min}}{\tau_{max}} \geqslant S_{min} \tag{4-42}$$

式中　S——疲劳安全系数；

τ_{u0}——脉动疲劳极限应力（MPa），其值见表 4-12；

S_{min}——最小安全系数，$S_{min} = 1.1 \sim 1.3$。

表 4-12　脉动疲劳极限应力

载荷循环次数 N	10^4	10^5	10^6	10^7
脉动疲劳极限应力 τ_{u0}	$0.45R_m$①	$0.35R_m$	$0.32R_m$	$0.30R_m$

注：本表适用于重要用途碳素弹簧钢丝、油淬火 - 回火弹簧钢丝、不锈弹簧钢丝和铍青铜线。

① 对不锈弹簧钢丝和硅青铜线，此值取 $0.35R_m$。

对于重要用途碳素钢丝、高疲劳级油淬火 - 回火弹簧钢丝等优质钢丝制作的弹簧，在不进行喷丸强化的情况下，其疲劳寿命按图4-6校核。

b）稳定性校核：为了保证弹簧使用过程中的稳定性，弹簧高径比 $b(=H_0/D)$ 应满足下列要求。

两端固定时，$b\leqslant5.3$；一端固定，一端回转时，$b\leqslant3.7$；两端回转时，$b\leqslant2.6$。

当 b 大于上列数值时，要进行稳定性校核。稳定性临界载荷 F_c 由式（4-43）确定：

$$F_c = C_B F' H_0 \tag{4-43}$$

式中　C_B——稳定系数，由图4-9查取。

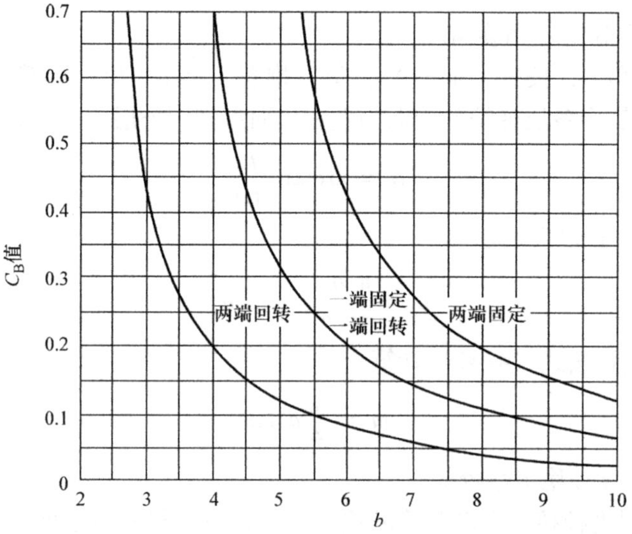

图4-9　C_B 值

为了保证弹簧的稳定性，最大工作载荷 F_n 应小于临界载荷 F_c 值。当不满足要求时，应重新改变参数，使其符合上述要求以保证弹簧的稳定性。当设计结构受限制，不能改变参数时，应设置导杆或导套。导杆（导套）与弹簧圈的间隙值（直径差）见表4-13。为了保证弹簧的稳定性，b 应大于0.8。

c）弹簧的共振验算：必要时，受动载荷的弹簧应进行共振验算。弹簧自振频率 f_c 与强迫振动频率 f_r 之比应大于10，即 $f_c/f_r>10$。

表4-13　导杆（导套）与弹簧圈的间隙　　（单位：mm）

弹簧中径 D	≤5	>5~10	>10~18	>18~30	>30~50	>50~80	>80~120	>120~150
间隙	0.6	1	2	3	4	5	6	7

⑥ 弹簧典型工作图样。弹簧的类型工作图样包括弹簧工作图、技术要求内容及设计计算数据三部分。

压缩弹簧工作图如图 4-10 所示。

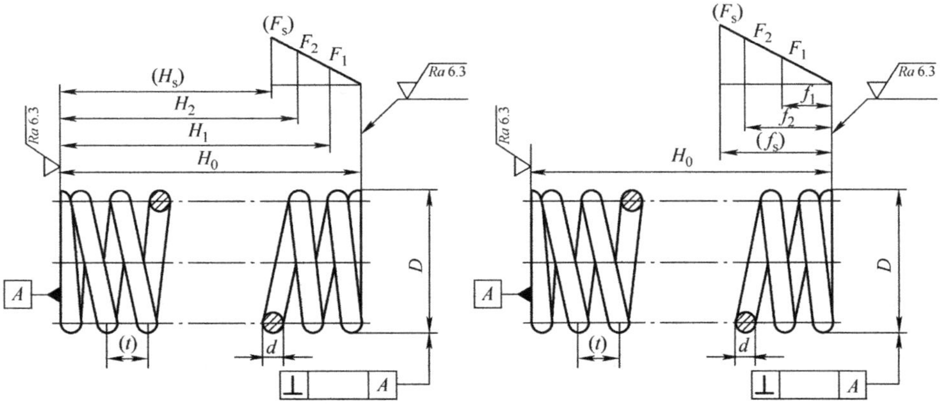

图 4-10　压缩弹簧工作图

技术要求内容包括：弹簧端部结构形式、总圈数 n_1、有效圈数 n、旋向、表面处理、制造技术条件（在需要时可注明立定处理，强化处理等要求，以及使用条件如温度、载荷性质等）。

螺旋压缩弹簧设计计算数据见表 4-14。

表 4-14　螺旋压缩弹簧设计计算数据

序号	参数名称	代号	数值	单位	序号	参数名称	代号	数值	单位
1	旋转比	C		—	10	试验切应力	τ_s		MPa
2	曲度系数	K			11	刚度	F'		N/mm
3	中径	D		mm	12	弹簧变形能	U		N · mm
4	压并载荷	F_b		N	13	弹簧自振频率	f_c		Hz
5	压并高度	H_b		mm	14	强迫振动频率	f_r		Hz
6	试验高度	H_s			15	循环次数	N		次
7	材料抗拉强度	R_m		MPa	16	展开长度	L		mm
8	压并切应力	τ_b							
9	工作切应力	τ_1							
		τ_2							

（2）圆柱螺旋扭转弹簧的设计计算

1）圆柱螺旋弹簧的参数名称及代号。圆柱螺旋弹簧使用 GB/T 1805—2021 和表 4-6规定的术语和符号。

2）冷卷扭转弹簧的试验弯曲应力及许用弯曲应力。

① 冷卷扭转弹簧的试验弯曲应力见表 4-15。

② 冷卷扭转弹簧的许用弯曲应力。冷卷扭转弹簧的疲劳极限如图 4-11 所示，其许用弯曲应力如图 4-12 所示。

表 4-15 冷卷扭转弹簧的试验弯曲应力 （单位：MPa）

应力类型		材料			
		油淬火 - 回火弹簧钢丝	碳素弹簧钢丝、重要用途碳素弹簧钢丝	不锈弹簧钢丝	铜及铜合金线材、铍青铜线
试验弯曲应力		$0.80R_m$	$0.78R_m$	$0.75R_m$	$0.75R_m$
静载荷许用弯曲应力		$0.72R_m$	$0.70R_m$	$0.68R_m$	$0.68R_m$
动载荷许用弯曲应力	有限疲劳寿命	$(0.60 \sim 0.68)R_m$	$(0.58 \sim 0.66)R_m$	$(0.55 \sim 0.65)R_m$	$(0.55 \sim 0.65)R_m$
	无限疲劳寿命	$(0.50 \sim 0.60)R_m$	$(0.49 \sim 0.58)R_m$	$(0.45 \sim 0.55)R_m$	$(0.45 \sim 0.55)R_m$

注：抗拉强度 R_m 取材料标准的下限值。

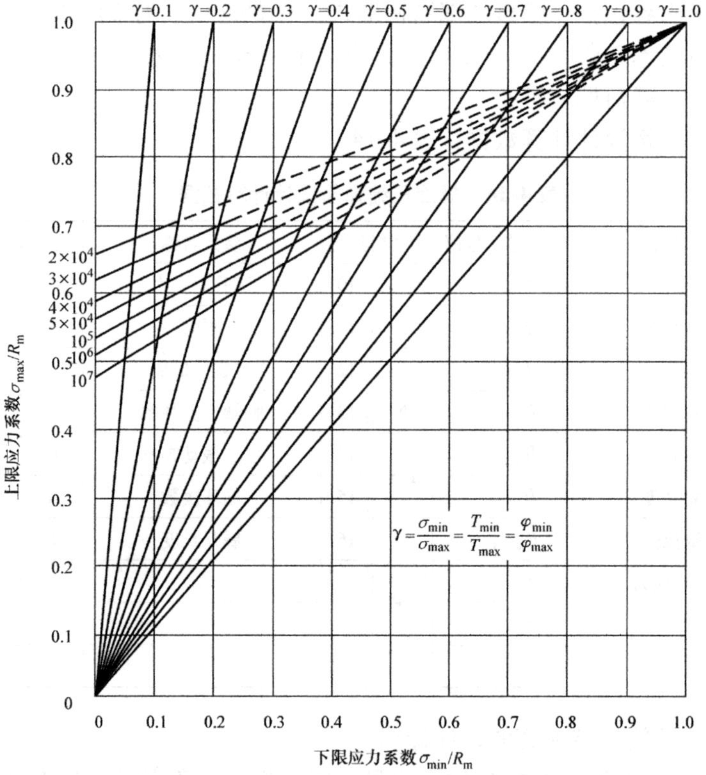

图 4-11 冷卷扭转弹簧疲劳极限

注：适用于未经喷丸处理的具有较好的耐疲劳性能的钢丝，如重要用途碳素弹簧钢丝、高疲劳级油淬火 - 回火弹簧钢丝。

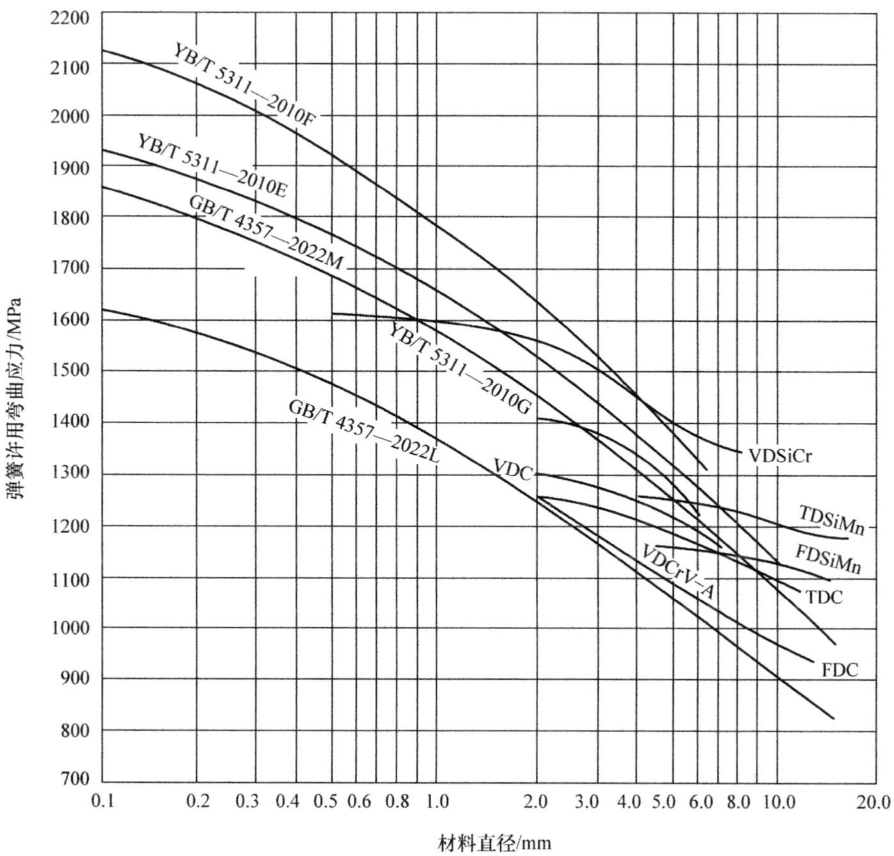

图 4-12　冷卷扭转弹簧的许用弯曲应力

3）设计计算。

① 基本计算式。

a）弹簧材料直径计算。短扭臂弹簧和长扭臂弹簧分别如图 4-13 和图 4-14 所示，弹簧分别受扭矩 $T=FR$ 和 $T=F_1R_1=F_2R_2$ 作用。

材料弯曲应力 σ 按式（4-44）计算：

$$\sigma = K_b \frac{32T}{\pi d^3} \tag{4-44}$$

弹簧材料直径 d 按式（4-45）计算：

$$d \geqslant \sqrt[3]{\frac{10.2K_bT}{[\sigma]}} \tag{4-45}$$

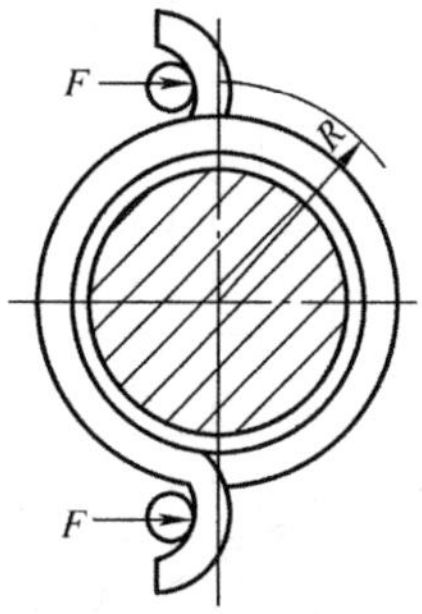

图 4-13 短扭臂弹簧

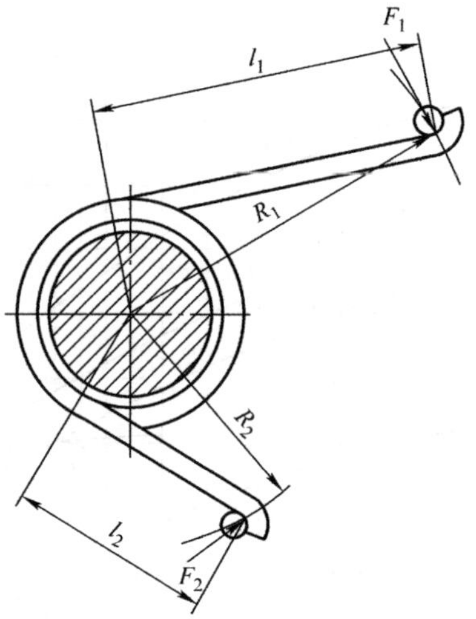

图 4-14 长扭臂弹簧

弯曲应力曲度系数 K_b 按式（4-46）计算：

$$K_b = \frac{4C^2 - C - 1}{4C^2(C-1)} \tag{4-46}$$

当顺旋向扭转时，$K_b = 1$。

弹簧中径按式（4-21）计算。

b）扭转变形角、刚度计算。短扭臂弹簧（见图 4-13）扭臂变形可以忽略不计，其扭转变形角按式（4-47）或式（4-48）计算：

$$\varphi = \frac{64DnT}{Ed^4} \tag{4-47}$$

式中 φ——扭转变形角（rad）。

$$\varphi^\circ = \frac{3667TDn}{Ed^4} \tag{4-48}$$

式中 φ°——扭转变形角（°）；

E——材料弹性模量，见表 4-8。

扭转刚度按式（4-49）或式（4-50）计算：

$$T' = \frac{T}{\varphi} = \frac{Ed^4}{64Dn} = \frac{T_2 - T_1}{\varphi_2 - \varphi_1} \tag{4-49}$$

式中 T'——扭转刚度（N · mm/rad）。

$$T' = \frac{T}{\varphi^\circ} = \frac{Ed^4}{3667Dn} = \frac{T_2 - T_1}{\varphi^\circ{}_2 - \varphi^\circ{}_1} \tag{4-50}$$

式中 T'——扭转刚度[N · mm/(°)]。

有效圈数按式（4-51）计算：

$$n = \frac{Ed^4\varphi}{64TD} = \frac{Ed^4\varphi^\circ}{3667TD} \tag{4-51}$$

当扭臂（l_1+l_2）≥0.09πDn 时，要考虑臂长的影响。长扭臂弹簧（见图4-14）扭臂的变形必须计算在内，其扭转变形角按式（4-52）或式（4-53）计算：

$$\varphi = \frac{64T}{\pi Ed^4}\left[\pi Dn + \frac{1}{3}(l_1+l_2)\right] \tag{4-52}$$

$$\varphi^\circ = \frac{3667T}{\pi Ed^4}\left[\pi Dn + \frac{1}{3}(l_1+l_2)\right] \tag{4-53}$$

扭转刚度按式（4-54）或式（4-55）计算：

$$T' = \frac{\pi Ed^4}{64\left[\pi Dn + \frac{1}{3}(l_1+l_2)\right]} \tag{4-54}$$

$$T' = \frac{\pi Ed^4}{3667\left[\pi Dn + \frac{1}{3}(l_1+l_2)\right]} \tag{4-55}$$

② 弹簧的扭矩和扭转变形角。当弹簧有特性要求时，为了保证指定扭转变形角下的扭矩，T 和 φ（或 φ°）应分别在试验扭矩 T_s 和试验扭矩下的变形角 φ_s 的 20% ~ 80%，即 $0.2T_s \leqslant T_{1,2,\cdots,n} \leqslant 0.8T_s$ 和 $0.2\varphi_s \leqslant \varphi_{1,2,\cdots,n} \leqslant 0.8\varphi_s$（或 $0.2\varphi_s^\circ \leqslant \varphi_{1,2,\cdots,n}^\circ \leqslant 0.8\varphi_s^\circ$）。

试验扭矩 T_s 是弹簧允许的最大扭矩，其值按式（4-56）计算：

$$T_s = \frac{\pi d^3}{32}\sigma_s \tag{4-56}$$

式中　σ_s——试验弯曲应力（MPa），见表4-15 和图4-12。

试验扭矩下的变形角 φ_s（或 φ_s°）按式（4-57）计算：

$$\varphi_s（或\ \varphi_s^\circ）= \frac{T_s}{T'} \tag{4-57}$$

弹簧特性：由于弹簧端部的结构形状，弹簧与导杆的摩擦等均影响弹簧的特性，所以无特殊需要时，不规定特性要求。当规定弹簧特性要求时，应采用弹簧圈间有间隙的弹簧，用指定扭转变形角时的扭矩进行考核。

③ 弹簧的端部结构形式、参数及计算公式

a）弹簧端部结构形式见表4-16。

为了避免产生应力集中，端部扭臂弯曲部分的曲率半径 r 尽可能取大些，一般应大于材料直径 d，即 $r \geqslant d$。

端部扭臂长度、弯曲角度、直径偏差应符合 GB/T 1239.3—2009 的规定。

b）弹簧材料直径 d 由式（4-45）计算，一般应符合 GB/T 1358—2009 系列。

c）弹簧中径按式（4-27）计算，弹簧内径按式（4-28）计算，弹簧外径按式（4-29）计算。弹簧直径的偏差可按 GB/T 1239.3—2009 选取。

表 4-16　弹簧端部结构形式

代号	简　　图	端部结构形式
NⅠ	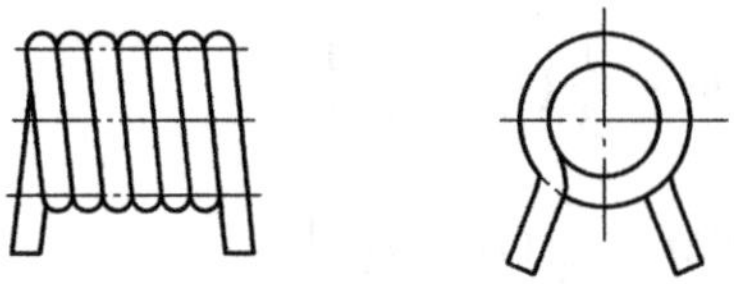	外臂扭转弹簧
NⅡ	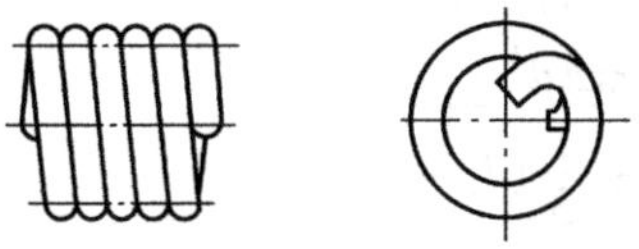	内臂扭转弹簧
NⅢ	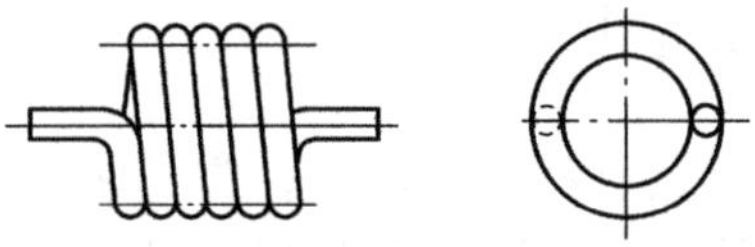	中心距扭转弹簧
NⅣ	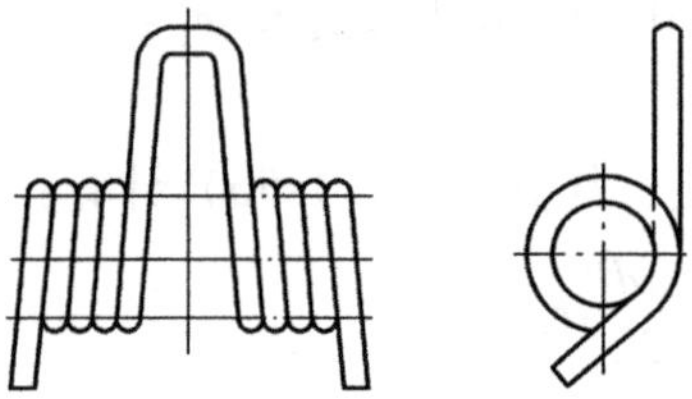	平列双扭弹簧
NⅤ	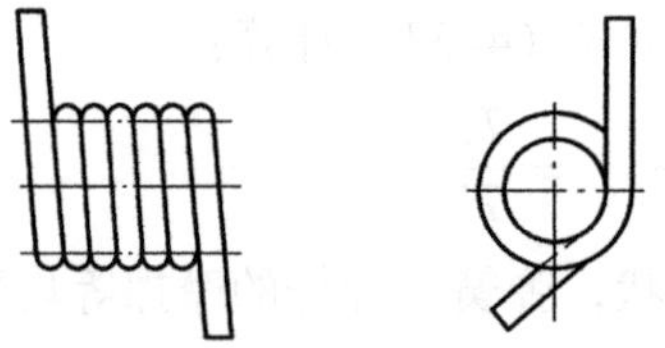	直臂扭转弹簧
NⅥ	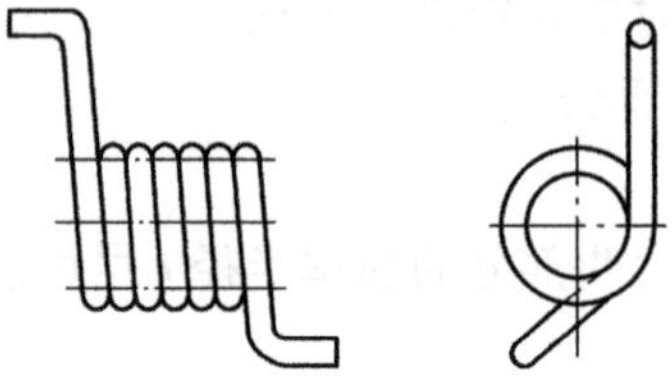	单臂弯曲扭转弹簧

注：1. 弹簧结构形式推荐用外臂扭转弹簧、内臂扭转弹簧、直臂扭转弹簧。

2. 弹簧端部扭臂结构形式根据安装方法、安装条件的要求，可做成特殊的形式。

顺向扭转时，为了避免弹簧受扭矩后抱紧导杆，应考虑在扭矩作用下弹簧直径减小。其减小值可近似地按式（4-58）计算：

$$\Delta D_s = \frac{\varphi_s D}{2\pi n} = \frac{\varphi^\circ{}_s D}{360n} \tag{4-58}$$

导杆直径按式（4-59）计算：

$$D' = 0.9(D_1 - \Delta D_s) \tag{4-59}$$

扭转弹簧扭转角度 φ 后，弹簧内径按式（4-60）计算：

$$D_1 = \frac{2\pi n D}{2\pi n + \varphi} - d \tag{4-60}$$

d）弹簧旋绕比 C 根据材料直径 d 在表 4-17 中选取。

表 4-17　弹簧旋绕比 C（二）

d/mm	0.2～0.5	>0.5～1.1	>1.1～2.5	>2.5～7.0	>7.0～16	>16
C	7～14	5～12	5～10	4～9	4～8	4～16

e）弹簧有效圈数按式（4-51）计算，需要考核特性的弹簧，一般有效圈数不少于 3 圈，对于 NⅣ型弹簧两边有效圈数各不少于 3 圈。

f）弹簧自由角度 φ_0 为无载荷时两扭臂的夹角，可根据需要确定。有特性要求的弹簧，自由角度不予考核；无特性要求的弹簧，自由角度的偏差应符合 GB/T 1239.3—2009 的规定。

g）弹簧节距 t 和自由长度 H_0 的计算公式如下。

弹簧节距 t 按式（4-61）计算：

$$t = d + \delta \tag{4-61}$$

密圈弹簧的间距 $\delta = 0$。

自由长度 H_0 参考近似式（4-62）计算：

$$H_0 = (nt + d) + \text{扭臂在弹簧轴线的长度} \tag{4-62}$$

式（4-62）中 n 取整数，自由长度偏差应符合 GB/T 1239.3—2009 的规定。

h）弹簧螺旋角 α 按式（4-39）计算。按照使用要求确定其旋向。

i）弹簧展开长度 L 按式（4-63）计算：

$$L \approx \pi D n + \text{扭臂部分长度} \tag{4-63}$$

④ 弹簧疲劳强度校核。受动载荷的重要弹簧，应进行疲劳强度校核。进行校核时要考虑变载荷的循环特征 γ（$= \sigma_{min}/\sigma_{max} = T_{min}/T_{max} = \varphi_{min}/\varphi_{max}$）和循环次数 N，以及材料表面状态等影响疲劳强度的各种因素。

对于采用重要用途碳素弹簧钢丝等制造的弹簧，其疲劳极限可由图 4-11 确定。图 4-11 中 $\sigma_{max}/R_m = 0.70$ 的横线，是不产生永久变形的极限值，随着永久变形允许程度，σ_{max} 可以适当向上移动，最高可到静载荷时的许用弯曲应力。

⑤ 弹簧典型工作图样，包括弹簧工作图、技术要求内容及设计计算数据三部分。

扭转弹簧工作图如图 4-15 所示。

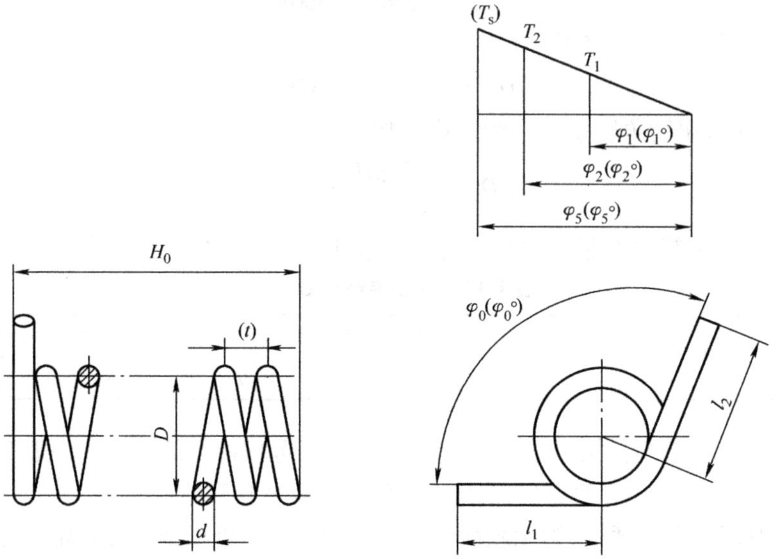

图 4-15　扭转弹簧工作图

技术要求内容包括弹簧端部结构形式、有效圈数 n、旋向、表面处理、制造技术条件、其他技术要求。

设计计算数据，见表 4-18。

表 4-18　设计计算数据

序号	参数名称	代号	数值	单位	序号	参数名称	代号	数值	单位
1	旋绕比	C		—	7	试验弯曲应力	σ_s		MPa
2	曲度系数	K_b			8	扭转刚度	T'		N·mm/rad 或 N·mm/(°)
3	中径	D		mm	9	弹簧变形能	U		N·mm
4	自由长度	H_0			10	导杆直径	D'		mm
5	材料抗拉强度	R_m		MPa	11	展开长度	L		
6	工作弯曲应力	σ_1							
		σ_2							

(3) 平面涡卷弹簧的设计计算

1) 弹簧的形式。

① 平面涡卷弹簧按其弹簧圈是否接触，分为非接触型平面涡卷弹簧（A 型）和接触型平面涡卷弹簧（B 型），如图 4-16 所示。

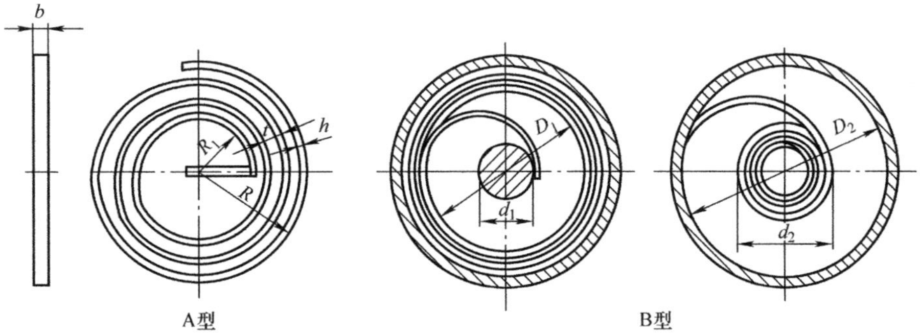

图 4-16　平面涡卷弹簧的形式

② 非接触型平面涡卷弹簧，常用来产生反作用转矩，如翻板式安全切断阀翻板关闭时的压紧弹簧。接触型平面涡卷弹簧，常用作贮存能量，如各种原动机构。

2）平面涡卷弹簧的参数名称及代号见表 4-19。

表 4-19　平面涡卷弹簧的参数名称及代号

参数名称	代号	单位
材料宽度	b	mm
接触型弹簧卷紧在芯轴上簧圈的外径	d_2	
芯轴直径	d_1	
接触型弹簧盒内径	D_2	
接触型弹簧未受外转矩时簧圈的内径	D_1	
材料弹性模量	E	MPa
材料厚度	h	mm
材料截面惯性矩	I	mm^4
材料工作圈展开长度	l	mm
芯轴上材料固定长度	l_d	
簧盒上材料固定长度	l_D	
材料展开总长度	L	
弹簧的工作转数	n	转
弹簧自由状态下的圈数	n_0	圈
接触型弹簧未受转矩时的圈数	n_1	
接触型弹簧卷紧在芯轴上时的圈数	n_2	

（续）

参数名称	代号	单位
非接触型弹簧的最大半径	R	mm
非接触型弹簧的最小半径	R_t	
节距	t	
弹簧转矩	T	N · mm
弹簧最小输出转矩	T_1	
弹簧最大输出转矩	T_2	
弹簧极限转矩	T_j	
抗弯截面模量	Z	mm^3
材料截面上的弯曲应力	σ	MPa
材料抗拉强度	R_m	
材料的屈服强度	R_{eL}	
变形角	ψ	rad 或（°）

3）材料的硬度和强度见表4-20，为热处理弹簧钢带的硬度和强度。

表 4-20　材料的硬度和强度

钢带的强度级别	硬　度		抗拉强度 R_m/MPa
	HV	HRC	
Ⅰ	375～485	40～48	1275～1600
Ⅱ	486～600	48～55	1579～1863
Ⅲ	>600	>55	>1863

注：Ⅱ级强度钢带厚度不大于1.0mm，Ⅲ级强度钢带厚度不大于0.8mm。

4）弹簧的基本计算公式。

① 转矩 T 作用下的变形角按式（4-64）计算：

$$\psi = \frac{Tl}{EI} \tag{4-64}$$

式中　I——材料截面惯性矩，$I = \frac{bh^3}{12}$。

② 转矩 T 作用下的工作转数按式（4-65）计算：

$$n = \frac{Tl}{2\pi EI} \tag{4-65}$$

③ 转矩作用下的抗拉强度按式（4-66）计算：

$$R_m = \frac{T}{Z} \leqslant [\sigma] \tag{4-66}$$

式中　Z——材料抗弯截面模量，$Z=\frac{bh^2}{6}$。

5）非接触型平面涡卷弹簧（A 型）。

① 非接触型弹簧的结构及特性。

a）非接触型弹簧分外端固定（见图 4-17a）和外端回转（见图 4-17b）两种。

b）非接触型弹簧特性呈线性，如图 4-18 所示。

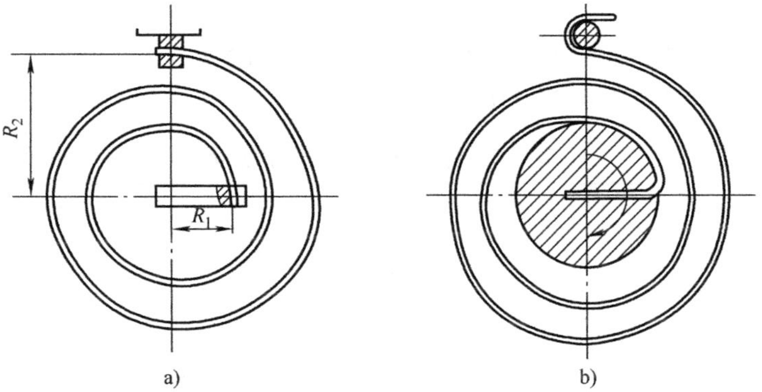

图 4-17　非接触型弹簧的外端固定形式

a）外端固定　b）外端回转

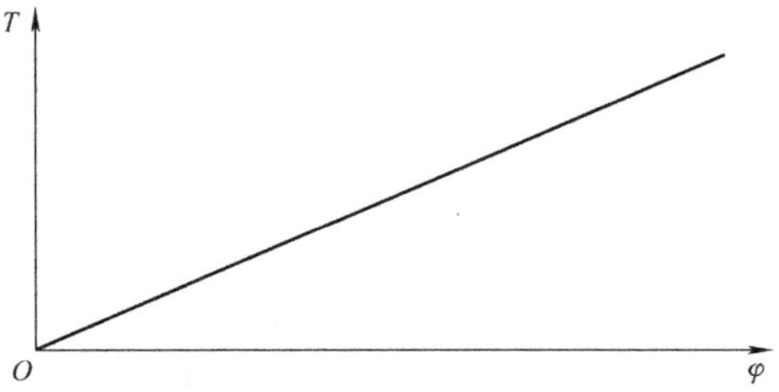

图 4-18　非接触型弹簧的特性线

② 非接触型弹簧的设计计算。非接触型弹簧的设计，一般给出承受转矩 T 的相应的变形角 φ。根据工作条件选出较为合适的材料后，进行有关的参数计算。所列强度和变形计算式以及它们的导出式多为近似式，计算结果与实际情况有一定的误差，尤其当弹簧数小于 3 时，误差更大。对于要求精度较高的弹簧，应进行试验修正。

a）弹簧的变形角 φ 按式（4-67）计算：

$$\varphi=\frac{12K_1Tl}{Ebh^3}=\frac{2K_1l[\sigma]}{Eh} \tag{4-67}$$

式中　K_1——系数，外端固定时 $K_1=1$；外端回转时 $K_1=1.25$。

b）弹簧的刚度 T'按式（4-68）计算：

$$T'=\frac{T}{\varphi}=\frac{Ebh^3}{12K_1 l}=\frac{ETh}{2K_1 l[\sigma]} \tag{4-68}$$

非接触型弹簧刚度较为稳定。

c）弹簧材料截面的厚度 h 按式（4-69）计算：

$$h=\sqrt{\frac{6K_2 T}{b[\sigma]}} \tag{4-69}$$

式中　K_2——系数，外端固定时 $K_2=1$，外端回转时 $K_2=2$。

所选 h 值应符合表 4-21 列出的系列值。

表 4-21　弹簧材料截面的厚度 h　　（单位：mm）

0.5	0.55	0.60	0.70	0.80	0.90	1.00	1.10
1.20	1.40	1.50	1.60	1.80	2.0	2.2	2.5
2.8	3.0	3.2	3.5	3.8	4.0		

设计时一般是根据安装空间的要求，由表 4-22 列出的系列值选取宽度 b 值，然后计算 h 值。

表 4-22　宽度 b　　（单位：mm）

5	5.5	6	7	8	9	10	12
14	16	18	20	22	25	28	30
32	35	40	45	50	60	70	80

d）弹簧的工作圈数 n 按式（4-70）计算：

$$n=\frac{\varphi}{2\pi}=\frac{6K_1 Tl}{\pi Ebh^3}=\frac{K_1 l[\sigma]}{\pi Eh} \tag{4-70}$$

e）弹簧材料的工作长度 l 按式（4-71）计算：

$$l=\frac{Ebh^3\varphi}{12K_1 T}=\frac{\pi Ebh^3 n}{6K_1 T}=\frac{\pi Ehn}{K_1[\sigma]} \tag{4-71}$$

f）弹簧材料的展开长度 L 按式（4-72）计算：

$$L=l+\text{两端固定部分长度} \tag{4-72}$$

g）弹簧的节距 t 按式（4-73）计算：

$$t=\frac{\pi(R^2-R_1^2)}{l} \tag{4-73}$$

h）弹簧的内半径 R_1 和外半径 R 按式（4-74）和式（4-75）计算：

$$R_1=(8\sim15)h \tag{4-74}$$

$$\left.\begin{aligned} R &= R_1 + n_0 t \\ R &= \frac{2l}{\varphi} - R_1 \end{aligned}\right\} \tag{4-75}$$

i）弹簧的强度校验按式（4-76）计算：

$$\sigma = \frac{6K_2 T}{bh^2} = \frac{n\pi E h K_2}{K_1 l} \leqslant [\sigma] \tag{4-76}$$

③ 弹簧材料的许用应力，可参照圆柱螺旋扭转弹簧的许用应力给出值选取。对于碳素钢带和合金钢带，当转矩作用次数小于 10^3 次时，取 $[\sigma]=0.8R_m$；大于 10^3 次时，取 $[\sigma]=(0.60\sim0.80)R_m$；大于 10^5 次时，取 $[\sigma]=(0.50\sim0.60)R_m$。

6）接触型平面涡卷弹簧（B 型）。

① 接触型弹簧的结构及特性如图 4-19 所示。图 4-19 中，*AJ* 为弹簧的理论特性线，*BEF* 为输出转矩特性曲线。

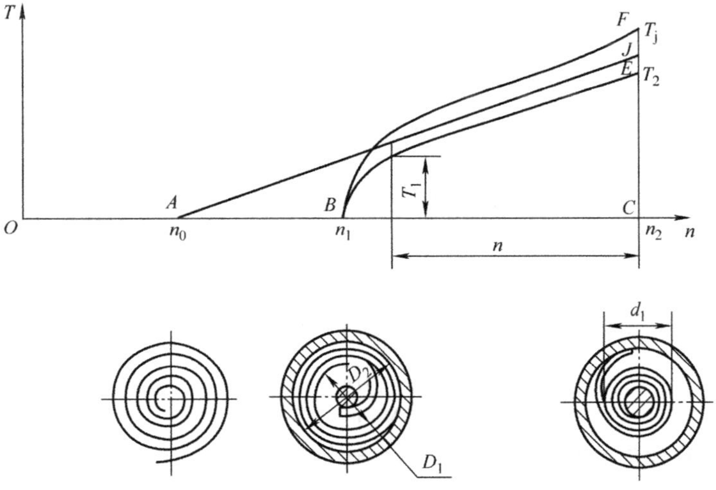

图 4-19　接触型弹簧的结构及特性

② 接触型弹簧的设计计算。接触型弹簧的设计计算，一般根据给出最大输出转矩 T_2 以及相应的工作圈数 n，进行有关参数的选择和计算。所列有关计算式多为近似式，结果与实际情况有一定的误差，对于精度要求较高的弹簧，应进行试验修正。

a）弹簧转矩参照图 4-19。

极限转矩 T_j 按式（4-77）计算：

$$T_j = \frac{bh^2}{6} R_m \tag{4-77}$$

最大输出转矩 T_2 按式（4-78）计算：

$$T_2 = K_3 T_j = K_3 \frac{bh^2}{6} R_m \tag{4-78}$$

最小输出转矩 T_1 按式（4-79）计算：

$$T_1 = (0.5 \sim 0.7) T_2 = (0.5 \sim 0.7) K_3 \frac{bh^2}{6} R_m \tag{4-79}$$

式中 K_3——固定系数，和外端固定形式有关，按表4-23查取。

表4-23 固定系数

固定形式	铰式固定	销式固定	V型固定	衬片固定
K_3	0.65～0.70	0.72～0.78	0.80～0.85	0.90～0.95

b）弹簧的转数与圈数参照图4-19。

理论工作转数 n 按式（4-80）计算：

$$n = \frac{6T_2 l}{\pi E b h^3} = \frac{K_3 l R_m}{\pi E h} \tag{4-80}$$

自由状态下，弹簧的圈数 n_0 按式（4-81）计算：

$$n_0 = \frac{1}{2h}\left[\sqrt{\frac{4lh}{\pi} + d_1^2} - d_1\right] - \frac{K_3 l R_m}{\pi E h} \tag{4-81}$$

弹簧置于簧盒内，未加转矩状态下的圈数按式（4-82）计算：

$$n_1 = \frac{1}{2h}\left[D_2 - \sqrt{D_2^2 - \frac{4lh}{\pi}}\right] \tag{4-82}$$

弹簧卷紧在芯轴上的圈数按式（4-83）计算：

$$n_2 = \frac{1}{2h}\left[\sqrt{\frac{4lh}{\pi} + d_1^2} - d_1\right] \tag{4-83}$$

弹簧的有效工作圈数按式（4-84）计算：

$$n = K_4 (n_2 - n_1) \tag{4-84}$$

式中 K_4——有效系数，其值可根据 d_1/h 选取，可在图4-20中查取。

c）弹簧材料截面的厚度 h 按式（4-85）计算：

$$h = \sqrt{\frac{6T_j}{6R_m}} = \sqrt{\frac{6T_2}{K_3 b R_m}} \tag{4-85}$$

设计时，一般先根据安装空间的要求选取宽度 b 值，然后计算 h 值。最后所选的 h 值和 b 值，应符合表4-21和表4-22列出的系列值。

d）弹簧的芯轴和簧盒直径。芯轴直径按式（4-86）计算：

$$d_1 \geqslant (15 \sim 25) h \tag{4-86}$$

弹簧卷紧在芯轴上的外径按式（4-87）计算：

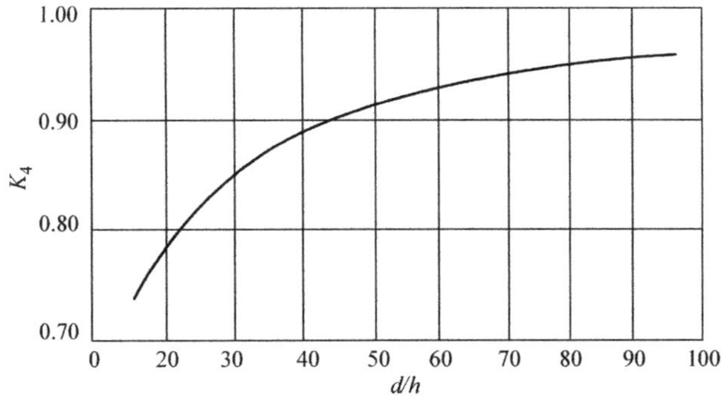

图 4-20　有效系数 K_4

$$d_2 = \sqrt{\frac{4lh}{\pi} + d_1^2} \tag{4-87}$$

簧盒内径按式（4-88）计算：

$$D_2 = \sqrt{2.55lh + d_1^2} \tag{4-88}$$

弹簧松卷时簧圈内径按式（4-89）计算：

$$D_1 = \sqrt{D_2^2 - \frac{4lh}{\pi}} \tag{4-89}$$

e）弹簧工作部分材料展开长度 l 按式（4-90）计算：

$$l = \frac{\pi Eh}{K_3 R_m}(n_2 - n_1) = \frac{\pi Ehn}{K_3 K_4 R_m} \tag{4-90}$$

设计时，一般可取 $l/h = 3000 \sim 7000$，最大不超过 15000。

材料展开总长度 L 按式（4-91）计算：

$$L = l + l_d + L_D \tag{4-91}$$

式中　l_d——固定于芯轴上的长度（mm），一般取 $l_d = (1 \sim 1.5)\pi d_1$；

L_D——固定于簧盒上的长度（mm），一般取 $L_D = 0.8\pi d_1$。

③ 弹簧的端部固定形式。弹簧的内端和外端固定形式分别见表 4-24 和表 4-25。

表 4-24　弹簧内端固定形式

形　式	应用范围
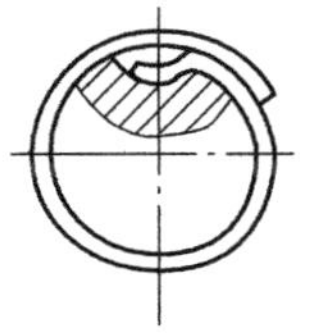	这种固定形式适用于具有大芯轴直径的弹簧

（续）

形　式	应用范围
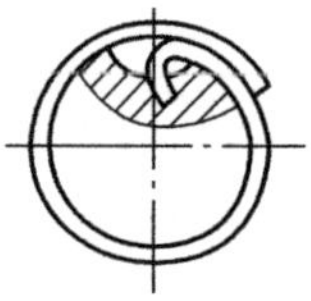	这种固定形式适用于材料较厚的弹簧
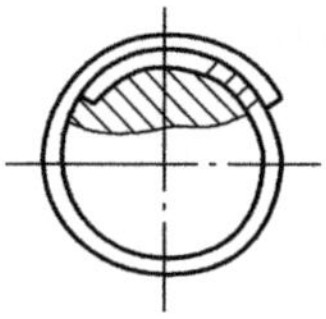	这种固定形式是将芯轴表面制成螺旋线形状，用弯钩将弹簧端部加以固定。适用于重要和精密机构中的弹簧
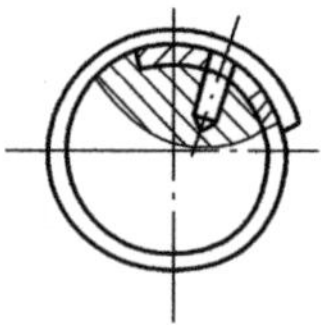	这种固定形式简单，适用于不太重要机构中的弹簧。销子端将使弹簧材料产生较大应力集中

表 4-25　弹簧外端固定形式

形　式	应用范围
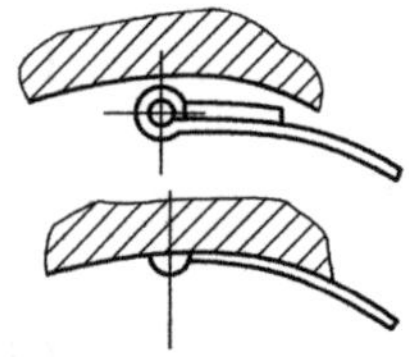	这种固定形式圈间摩擦较大，使输出转矩降低很多，且刚度不稳，不适用于精密和特别重要机构中的弹簧
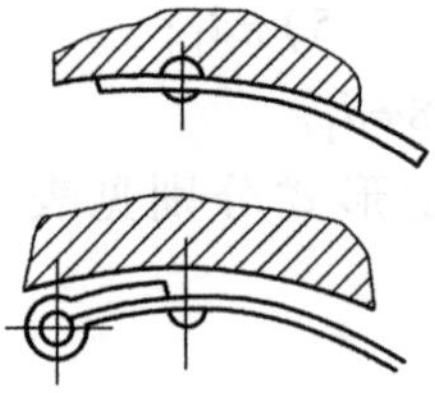	这种固定形式圈间摩擦较铰式固定为低，适用于较大尺寸的弹簧
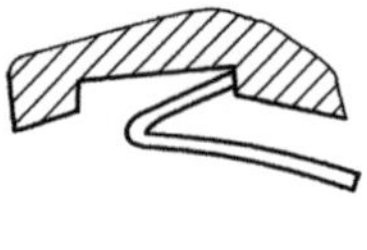	这种固定形式的结构简单，适用于尺寸较小的弹簧。在弯曲处容易断裂

（续）

形　　式	应 用 范 围
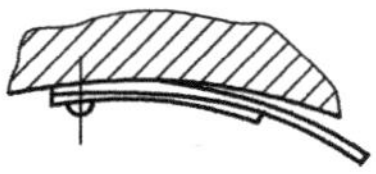	这种固定形式是在端部铆接一衬片，将衬片两侧的两个凸耳分别插入盒底和盒盖的长方形孔中，由于衬片可在方孔中进行径向移动，从而卷紧时减少了圈间摩擦，具有较为稳定的刚度，是较为合理的一种固定形式

7. 指挥器膜片的计算

（1）橡胶膜片的计算　橡胶膜片执行机构力的计算，应先根据已知行程确定膜片的直径。设计时，建议采用尺寸最小的膜片，这样就可以使用作用力最小的弹簧，但这种条件并不能经常得到保证。

在进行计算时，最重要的是确定取决于膜片挠度的膜片拉力或调位时的作用力。

由膜片传给阀杆的作用力 F_g，应小于压力作用于直径为 D 的圆面积上所引起的力。作用力 F_g 的大小取决于尺寸 D 及 d，以及橡胶性质和膜片的类型，可用式（4-92）确定：

$$F_g = pA_g \tag{4-92}$$

式中　p——介质压力（MPa）；

A_g——膜片的有效面积（mm^2）。

由此确定有效面积 A_g 时，应考虑到上述各种因素的影响。

由几何形状的关系可以得出下面的关系式：

$$A_g = \frac{\pi}{12}(D^2 + Dd + d^2) \tag{4-93}$$

式中　D——封闭处圆周的直径（mm）；

d——膜片圆顶的直径（mm）。

若膜片行程不大于 $\pm 5\% D$，在进行闭路阀传动装置的受力计算时，可以采用式（4-93）近似地计算出 A_g 值。在进行安全切断阀指挥器计算时，要求更精确地确定 A_g 值。

上述关系可以用试验研究的方法加以证实。因此，建议采用式（4-94）计算：

$$F_g \approx \varphi CpA \tag{4-94}$$

式中　φ——膜片挠度为0时（膜片处于中间状态时）的有效系数，φ 为杆部有效作用力与由介质压力作用于膜片的总作用力之比，当 $C=1$ 时，$\varphi=\frac{F_g}{F}$，而 $F=pA$；

C——考虑到 A_g 的变化不均匀性系数，取决于膜片刚度的影响；

A——从封闭处直径开始计算的膜片面积（mm^2），$A=0.785D^2$。

对于厚度由3～5mm，直径 $D=100\sim300mm$ 的带布垫和不带布垫的平面膜片，其有效系数 φ 的关系可由式（4-95）表示，如图4-21所示。

$$\varphi \approx 0.14+0.8k \tag{4-95}$$

其中，$k=\frac{d}{D}$。

上述的式（4-95）在压力为0.1～0.8MPa的范围内是实用的。

对 $D\leqslant160mm$ 和 $D>160mm$ 的膜片，不均匀性系数 C 的数值是不同的。

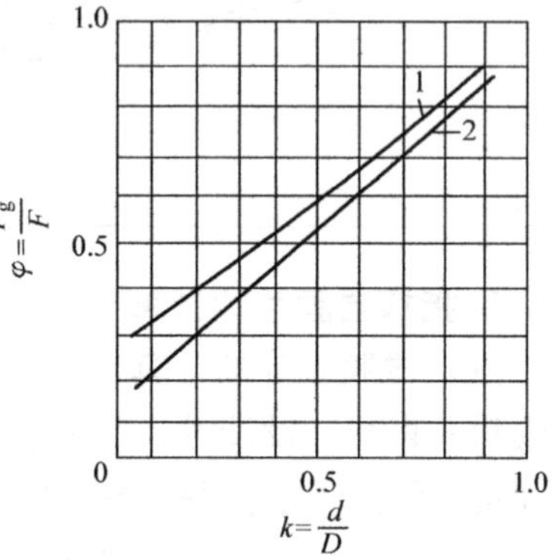

图4-21　平面橡胶膜片的有效系数 φ

1—用公式 $A_g=\frac{\pi}{12}(D^2+Dd+d^2)$ 求得的面积曲线

2—用公式 $A_g=\frac{\pi D^2}{4}\left(0.14+0.8\frac{d}{D}\right)$ 求得的面积曲线

1）对于 $D\leqslant160mm$ 的带布垫的膜片，可以取（精度可达±10%）：

$$C\approx1+\frac{\frac{h}{D}}{0.14+0.8k} \tag{4-96}$$

式中　h——膜片相对于中间距离的移动。

因此，当 $k=0.8$ 时，$C=1+1.28\frac{h}{D}$；当 $k=0.7$ 时，$C=1+1.43\frac{h}{D}$；当 $k=0.6$ 时，$C=1+1.61\frac{h}{D}$。

2）对于 $D\leqslant160mm$ 的不带布垫的膜片，所有 k 值都取1。

3）对于 $D>160mm$ 的带布垫和不带布垫的膜片，经常采用 $k=0.6\sim0.8$，其不均匀性系数 C 可表示为

$$C=1\pm2.15\frac{h}{D} \tag{4-97}$$

用“+”号时应当注意，当膜片相对于其中间位置移动时，若其移动方向使作用于膜片上的介质容积减少（见图4-22位置Ⅰ），取“+”号；若膜片移动方向使介质的容积增加（见图4-22位置Ⅱ），则取“-”号。杆上压力 p 的变化与膜片行程的关系（用于膜压式膜片）如图4-23所示。

平面组合式膜片由下述方法得出。

将膜片固定在零件上，使其不呈平滑表面而有袋状松弛处。为此目的，应将菌状顶片顶紧或放松，然后再将膜片固定在法兰盘之间，或者用螺栓穿过分布于膜片大圆周上的孔，固定在阀体和阀盖之间。

试验结果确定，当 h/D 由 +0.8 变化至 −0.8，压力小于 1.2MPa 时，膜片厚度在5～7mm之间，$D=90\sim130$mm 的单层橡胶制成的带单层布垫的膜片，其不均匀性系数 C 可以近似取为

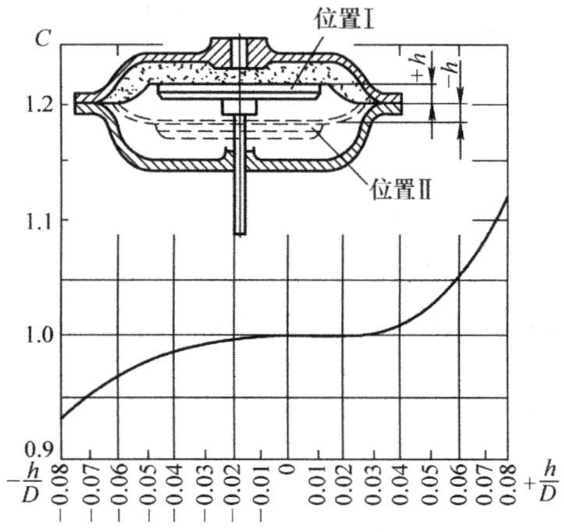

图 4-22　用于橡胶组合式膜片的不均匀性系数 C

$$C = 1 + 200\left(\frac{h}{D}\right)^3 + 800\left(\frac{h}{D}\right)^4 \tag{4-98}$$

图 4-22 中，当膜片处于位置Ⅱ时，h 为负值；当膜片处于位置Ⅰ时，h 为正值。

膜压式膜片的试验结果如图 4-23 所示。

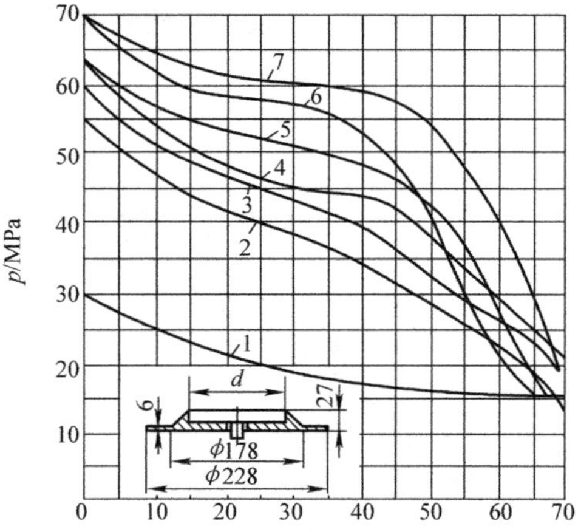

图 4-23　杆上压力 p 的变化与膜片行程的关系（用于膜压式膜片）

1—$\frac{d}{D}=0$　2—$\frac{d}{D}=0.34$　3—$\frac{d}{D}=0.39$　4—$\frac{d}{D}=0.45$

5—$\frac{d}{D}=0.58$　6—$\frac{d}{D}=0.62$　7—$\frac{d}{D}=0.67$

利用式（4-99）进行橡胶膜片的强度计算：

$$0.7pA_K = \pi D\delta[\tau] \tag{4-99}$$

式中　p——作用于膜片上的介质压力（MPa）；

A_K——环形的面积（mm^2），$A_K = 0.785(D^2 - d^2)$；

δ——膜片的总厚度（mm）；

$[\tau]$——橡胶的许用切应力（MPa）。

根据断裂强度 $\sigma = 5.0$MPa 的橡胶试验结果，若利用此种橡胶做成带单层布垫的膜片时，可采用下列许用切应力：

橡胶厚度 δ/mm	2.7	5.0	7.0
许用切应力［τ］/MPa	3.0	2.4	2.1

膜片的行程选择时，对于平面式膜片，不大于 0.15D；对于模压式膜片，不大于（0.20～0.25）D。

菌状顶片的直径 d，根据杆上必需的作用力及此力变化范围的大小而定。膜片的有效面积随比值 d/D 的增加而增加，但在给定作用力变化范围内，其允许行程会减小，或者在给定的行程内，其作用力的变化增大。

通常用得最多的是 $d/D = 0.8$。

有时为了能得到比较均匀的作用力，可采用 $d/D = 0.7$。

安全切断阀指挥器（导阀）的膜片，通常在很多情况下是按图 4-24 中的示意图工作的，即有一种由于膜片回弹所形成的必然的关系。

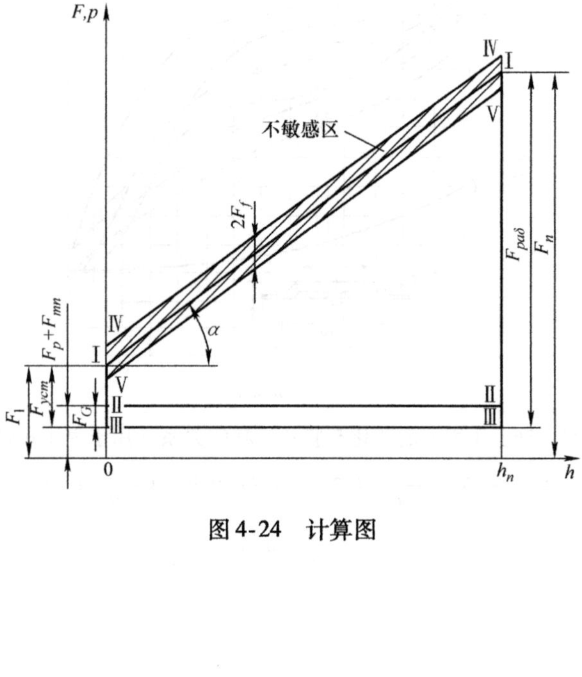

图 4-24　计算图

$$h = f(p) \tag{4-100}$$

式中 h——阀瓣移动距离（mm）；

p——介质工作压力（MPa）。

图4-24所示的计算图中，需要尽量准确保证的条件：

$$\frac{dh}{dp} = 常数 \tag{4-101}$$

即 $h=Cp$，从而可以使用有效面积尽可能不变的膜片和特性曲线很接近于直线的弹簧。为此目的，可以采用行程比较小的膜片，而弹簧则靠于推力轴承上，以免由于摩擦力而引起弹簧的附加力矩。

在图4-24中，由于天然气的压力作用于膜片上的力所绘成的近似图，根据膜片的行程得出式（4-102），坐标的起端和末端相应为

$$F_1 = p_1 A_{og}$$
$$F_n = p_n A_{og} \tag{4-102}$$

式中 p_1、p_n——行程起端和末端时作用于膜片上的压力（MPa）；

A_{og}——挠度为0时膜片的有效面积（mm^2）。

在图4-24中，得出带倾斜角 α 的直线Ⅰ-Ⅰ为

$$\tan\alpha = \frac{F_n - F_1}{h_n} = \frac{A_{og}(p_n - p_1)}{h_n} \tag{4-103}$$

在图4-24上的恒定作用力如下。

① $F_p + F_{mn}$为由于指挥器内压力损失，作用于阀座上部和底部面积差上的力和推动阀杆的力所组成的合力。此合力作用于弹簧活动的方向，因而标记在图中零线的上方，并得出横线Ⅱ-Ⅱ。

② F_G 为装在阀杆上的零件重力。此力的作用方向与弹簧活动方向相反（将指挥器处于垂直位置时常有的情况），因而将其标记在横线Ⅱ-Ⅱ的下方，并得出横线Ⅲ-Ⅲ。

③ 坐标段Ⅰ-Ⅲ给出弹簧作用力的必需值，其中 F_{ycm}为作用于行程起端的力，$F_{pa\delta}$为作用于行程末端的力。

在装有气动执行机构的指挥器中最常采用的是 $p_1=0.02\text{MPa}$，$p_n=0.1\text{MPa}$。

阀瓣导向部分及阀杆和执行机构的摩擦力 F_f 形成一定的阀门不敏感区，在不敏感区内，当阀杆上的作用力在小于 $2F_f$ 的范围内变化时，阀杆的运动方向不变。沿线Ⅰ-Ⅰ加上 $\pm F_f$ 值而得出处于线Ⅳ-Ⅳ和Ⅴ-Ⅴ区内的阀门不敏感区。

由此，在 $\Delta p=\dfrac{F_f}{A_{og}}$范围内，压力的变化不会导致阀杆运动方向的改变。为了使阀杆方向反向运动，压力的变化常达 $2\Delta p$。因此，阀瓣的位置极限偏差将为 $\Delta h = \pm\dfrac{A_{og}\Delta p}{\tan\alpha}$。在压力为 p 的情况下改变阀杆的运动方向时，阀杆的位置差别将

为 $2\Delta h$。

进行进一步的核算时，应考虑到弹簧的非线性极限偏差和行程变化时膜片的有效面积的改变。

当弹簧挠度增加时，其受压刚性有些降低，因此，整个弹簧刚度应降低，这对于长的弹簧是正确的。对于较大刚性的短弹簧，阀门传动采用这种弹簧，随着载荷的增加，弹簧圈的刚性降低，而弹簧的刚度不降低；反之，由于在工作时圈数的减少，因此螺旋最初在全部长度上和螺旋的支持点接触，故弹簧的刚度随挠度的增加而增加。因此，校正后的弹簧特性将是一条曲线，如图 4-25a 中虚线所示。假如用图 4-25a 中的直线 3 代替计算所得的特性线 1，就将在两直线间产生 α_1 角，则在行程中途的工作误差有少许增加，而其最终作用力将与计算所得的特性线重合。

平面式和膜压式橡胶膜片的有效面积不是恒定值。当行程起始时，其值较大，而在行程末期则具有较小的数值。只有当膜片挠度近于 0 时，才能保持有效面积 A_g 的稳定性。如图 4-25b 所示，用倾斜角为 α_2、连接图中 $A-A$ 两点的直线 AA 来代替图中的水平直线，可以得到较为精确的计算结果。

为了进行更精确的计算，最好按图 4-25b 中 $A-A$ 的有效面积来绘制图 4-24 中的Ⅰ－Ⅰ线，而弹簧的特性曲线则按图 4-25a 中的直线 3 绘制，由此可得出图 4-25b。其中直线 1 为 $F=ch$ 的理论直线性图形，直线 2 表示出行程为 h 时弹簧作用力的变化，曲线 3 表示出当压力按直线 1 变化时膜片上作用力的变化。

由图 4-25c 看出，在所讨论的条件下，可以保持 A 点和 B 点具有所要求的压力，但不能保持 AB 之间过渡点上图形的直线性。

考察一下挠度为 h_T 时的任意点 M，在 M 点将出现作用力 F_φ 来代替弹簧的理论作用力 F_T。当给定某一 h 值时，膜片的有效面积比所必需的要大，因此，需要在压力 $p_\varphi=\dfrac{F_\varphi}{A_g}$时才能保持平衡。式中 A_g 是行程为 h 时的有效面积。p_φ 值在纵坐标上形成不均匀间距，利用弹簧作用力的变化和取决于行程的膜片有效面积可以做出校正图，$h=f(p)$ 或 $p=\varphi(h)$。

膜片行程与作用力在比例关系上的极限偏差，可用以下方法确定：当压力为 p_T 时，在 M 点上，实际的膜片行程（传动行程）不等于理论行程 h_T，而要小 Δh，其近似值为

$$\Delta h \approx \frac{\Delta F_\varphi}{\tan\alpha} \text{或者} \Delta h \approx \frac{F_\varphi - F_T}{\tan\alpha} \approx \frac{(p_\varphi - p_T)A_g}{\tan\alpha} \tag{4-104}$$

此时，膜片上的实际压力为

$$p_\varphi = \frac{F_\varphi}{A_g} \text{或} p_\varphi = \frac{F_T + \Delta F_\varphi}{A_g} \tag{4-105}$$

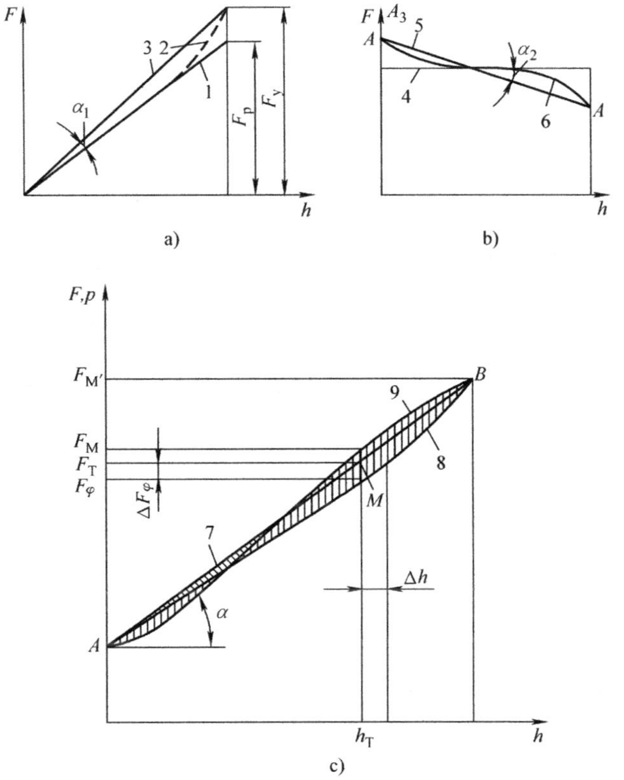

图 4-25　计算膜片执行机构校正曲线图

a）弹簧影响区　b）膜片的影响　c）膜片和弹簧的综合影响

1—计算特性曲线　2—校正后的特性曲线　3—近似特性曲线

4—当 A_g 为常数时作用力 F 为恒定值　5—当 p 为常数时膜片的实际特性线 $F=f(h)$

6—膜片近似特性曲线　7—所要求的理论曲线　8—弹簧作用力的变化，$F=f(h)$

9—膜片上作用力的变化

在指挥器内，除了所论及的作用力，还产生了气流作用于阀瓣上的压力，以及阀瓣折损时的力矩。前者形成阀瓣柱塞的轴向力，并力图关闭阀门。上述的作用力可达很大数值，对阀门工作的影响严重。这些作用力不能用理论计算，必须由试验确定。

（2）金属膜片的计算　指挥器的膜片，通常是一侧受介质出口压力 p_c 的作用，另一侧受指挥器弹簧的作用，两者保持平衡，如图 4-26 所示，膜片的材料可根据介质的特性选择金属。

有关金属膜片的强度计算，推荐用下述的方法。

1）对于无中间夹持圆板的金属膜片，其应力计算可按式（4-106）：

$$\sigma_{\mathrm{m}} = 0.0423\sqrt[3]{Ep_{\mathrm{c}}^{2}\frac{D_{\mathrm{m}}}{4\delta_{\mathrm{m}}^{2}}} \quad (4\text{-}106)$$

式中 σ_{m}——金属膜片的应力（MPa）；

E——材料的弹性模量（MPa），对于钢，$E=2.2\times10^{5}$，对于铜，$E=1.2\times10^{5}$；

p_{c}——指挥器出口压力（MPa）；

D_{m}——膜片直径（mm）；

δ_{m}——膜片厚度（mm），当材料为12Cr18Ni9，$D_{\mathrm{m}}=25\sim60\mathrm{mm}$时，取$\delta_{\mathrm{m}}=0.1\sim0.3\mathrm{mm}$。

2）金属膜片的挠度，按式（4-107）计算：

$$f_{\mathrm{m}} = 6.62\sqrt[3]{\frac{p_{\mathrm{c}}D_{\mathrm{m}}}{2E\delta_{\mathrm{m}}}} \quad (4\text{-}107)$$

式中 f_{m}——金属膜片的挠度（mm）。

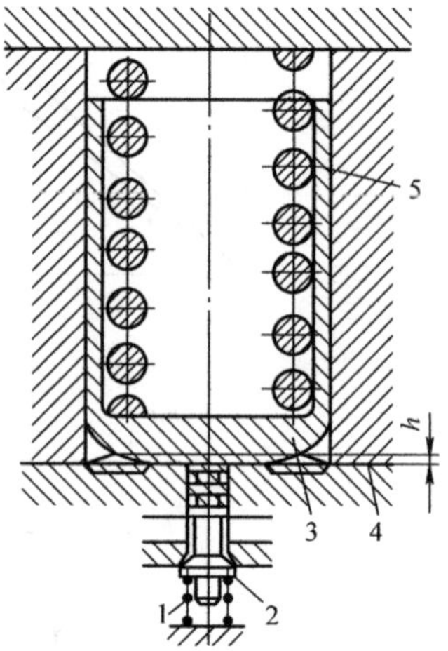

图4-26 直接作用指挥器金属膜片

1、5—弹簧 2—阀瓣 3—顶盖 4—膜片

8. 可压缩流体流量系数计算

对于可压缩流体，可引入压差比x的系数，即

$$x = \frac{\Delta p}{p_1} \quad (4\text{-}108)$$

也就是说，控制阀的压降Δp与入口压力p_1之比称为压差比。试验表明，若以空气为试验流体，对于一个特定的控制阀，当产生阻塞流时，其压差比是一个固定常数，称为临界压差比x_{T}。对其他可压缩流体，只要把x_{T}乘以一个比热容比系数F_{γ}，即为产生阻塞流时的临界条件。x_{T}的数值只决定与控制阀的流路情况及结构。只要把x和$F_{\gamma}x_{\mathrm{T}}$两个值进行比较，就可以判断可压缩流体是否产生阻塞流。当$x\geqslant F_{\gamma}x_{\mathrm{T}}$时，为阻塞流情况；当$X<F_{\gamma}x_{\mathrm{T}}$时，为非阻塞流情况。

无附接管件阻塞湍流，应用条件：$X\geqslant F_{\gamma}x_{\mathrm{T}}$，则流量系数$C$为

$$C = \frac{Q}{0.667N_9p_1}\sqrt{\frac{MT_1Z}{F_{\gamma}x_{\mathrm{T}}}} \quad (4\text{-}109)$$

式中 C——流量系数（K_{v}）；

Q——流体流量（$\mathrm{m^3/h}$）；

N_9——数字系数；

p_1——上游取压口的入口绝对静压力（kPa）；

M——分子量（kg/kmol），对于天然气，$M=17.74\mathrm{kg/kmol}$；

T_1——入口绝对温度；
Z——压缩系数；
F_γ——比热容比系数；
x_T——压差比系数。

4.1.2 轴流式安全切断阀的设计计算

1. 阀体最小壁厚的计算

调压装置关键阀门属于压力管道元件，阀体承受管道内介质压力，因此，调压装置关键阀门的设计必须满足相关的标准要求，而后用强度理论的计算方法去校对。

轴流式安全切断阀壳体的最小壁厚应符合标准 GB/T 26640—2011《阀门壳体最小壁厚尺寸要求规范》和 ASME B16.34—2020《法兰、螺纹和焊接端连接的阀门》给出的公式计算，然后查表 4-1 或表 4-3 确定最小壁厚。

（1）GB/T 26640—2011 最小壁厚的计算　轴流式安全切断阀的阀体结构如图 4-27 所示。最小壁厚的数值用式（4-1）计算。由于式（4-1）的计算数值未考虑装配应力、阀门的启闭应力、非圆形状和应力集中需要增加附加厚度的情况，因此，在厚度的计算数值的基础上，制造商应增加一定的厚度余量，确保阀门满足强度要求。

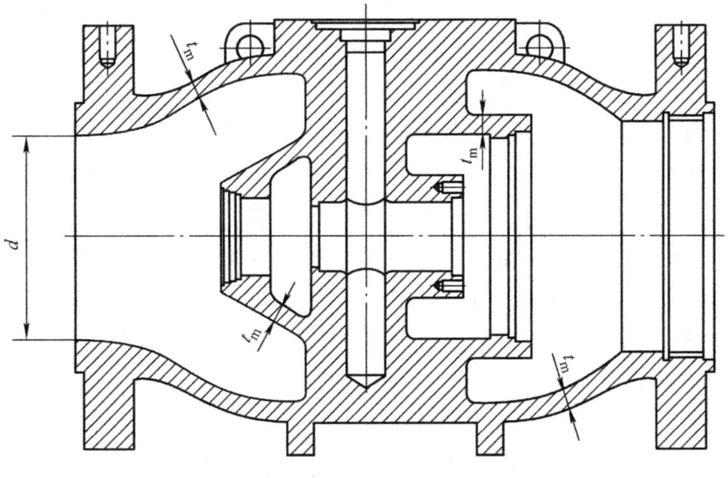

图 4-27　轴流式安全切断阀的阀体结构

（2）ASME B16.34—2020 最小壁厚的计算　钢制阀门按美国机械工程师学会标准 ASME B16.34—2020《法兰、螺纹和焊接端连接的阀门》中给出的公式计算，然后查表 4-3 确定阀门壳体最小壁厚。阀门壳体最小壁厚的数值按式（4-2）计算，由于式（4-2）的计算数值未考虑装配应力、阀门启闭应力、非圆形状和应力集中需要增加金属厚度的情况，因此，在厚度的计算数值的基础上，制造商应增加一定的金属厚度，确保阀门满足强度要求。

2. 阀座与阀瓣套筒密封比压的计算

（1）必需比压及计算　必需比压是保证密封、密封面单位面积上所必需的最小压力，以 q_{MF} 表示。

由于介质压力（进、出口压差）或附加外力的作用，在活动套筒端面与阀座之间产生压紧力，于是阀座密封圈便产生弹塑性变形，补偿套筒端面的微观不平度，使密封面上的间隙减小，以阻止介质的通过，从而达到密封的目的。

必需比压是产品设计中最基本的参数之一，它直接影响产品的性能及结构尺寸。必需比压的数值与很多因素有关，主要取决于加工质量、尺寸、工作压力和温度。

必需比压一般只能根据试验来确定，阀门研究者为了寻求适当的数值及合理的计算方法，曾进行大量的研究工作，但由于研究结果与实际情况差异很大，所以无法确定一个统一的计算标准。设计中往往采用经验公式，式（4-10）是常用的经验公式。

（2）许用比压及选择　密封面单位面积上允许承受的最大压力称为许用比压，以［q］表示。

为保证轴流式安全切断阀密封可靠，在活动套筒和阀座的接触表面应有足够的比压，但不得超过密封副材料的许用比压。各种材料的许用比压值见《实用阀门设计手册》第3版表3-22。

目前普遍采用的许用比压值及其概念有一定的片面性，因为它不能全面描述阀门许用比压的真正含义，没有反应出阀门的启闭次数，这样就给设计者带来了限制。例如，安全切断阀并不需要很高的启闭次数，而要求结构紧凑，设计时比压值可以超过许用比压。又如，对于一些公称尺寸DN较大的阀门，事实上并不会频繁地启闭，如果按许用比压进行设计，则结构会很大。因此，按照实际使用要求合理地设计轴流式安全切断阀，就必需通过试验研究，求得比压与启闭次数的关系，根据所得到的关系选择合适的比压，只要该比压大于必需比压，就能得到满意的结果。

目前所应用的比压值，可以看作某一额定启闭次数下的比压值，而此额定启闭次数可以认为是最低限度的使用周期。在没有可靠的比压与启闭次数之间的关系数据前，推荐按《实用阀门设计手册》第3版表3-22选择［q］值。

（3）工作比压及计算　工作时确定的在密封面单位面积上的压力称为工作比压，以 q 表示。

选择工作比压应使密封可靠、寿命长和结构紧凑。因此，合理地选择工作比压，是设计中一个至关重要的问题。比压会对摩擦损伤或使用寿命产生极大影响。当然，密封副的材料、配对及吻合度等对使用寿命也有影响，但在相同条件下，比压对寿命是一个直接的影响因素。

在轴流式安全切断阀的套筒阀瓣的密封结构中，采用球面线接触密封，密封副材料为金属材料、橡胶和聚四氟乙烯组合密封，如图 4-28 所示。

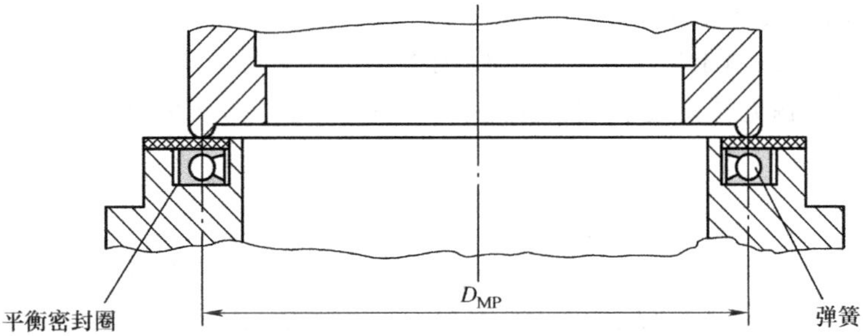

图 4-28　轴流式安全切断阀密封结构

实际上，密封不可能是一条线，而是密封面宽度很窄的平面，因为在轴向力的作用下，套筒阀瓣的密封面会有某种程度的变形。如图 4-28 所示，是根据必须保证接触面单位长度上的一定力为基础进行计算的。

$$F_{MF} = Aq_{MX} \tag{4-110}$$

式中　F_{MF}——套筒阀瓣作用在阀座密封面上的保证密封比压的作用力（N）；

A——套筒阀瓣与阀座密封面接触的环带面积（mm^2）；

q_{MX}——密封垫材料线接触密封比压值（MPa），对增强聚四氟乙烯为 $0.5+1.2p$，p 为介质额定工作压力（MPa）。

由此可见，在一定的密封面宽度范围内，力求降低比压值是提高轴流式安全切断阀使用寿命的一种可行途径，但必须保证：

$$q_{MF} < q < [q] \tag{4-111}$$

工作比压按图 4-28 的平衡关系进行计算，即

$$q = \frac{F_{MF}}{A} \tag{4-112}$$

式中　q——工作比压（MPa）；

A——套筒阀瓣与阀座密封面接触的环带面积（mm^2）。

$$A = \pi D_{MP} b_M \tag{4-113}$$

式中　D_{MP}——球面阀座球面的中心直径（mm）；

b_M——球面阀座球面密封面的宽度（mm），一般取 2mm。

3. 阀杆和推杆的强度计算

（1）轴流式安全切断阀套筒阀瓣 O 形圈摩擦力的计算

$$F_1 = \pi d_1 F_0' + F_0 \tag{4-114}$$

式中　F_1——套筒阀瓣 O 形圈摩擦力（N）；

d_1——套筒阀瓣滑动套筒外径（mm）；

F'_0——O 形圈最初弹性压缩在单位长度上的接触面上产生的摩擦力；对于 HS（邵尔 A 硬度）为 80～90 的橡胶，当预压缩率在 14%～15% 时，$F'_0=0.33\text{N/mm}$；

F_0——在介质压力作用下 O 形圈产生的摩擦力（N）。

F_0 按以下假设进行计算：

1）O 形圈在预压缩及介质压力作用下产生的变形，近似于长方形。在这种情况下，把接触宽度 C 近似地看作为长方形的一边，如图 4-29 所示。

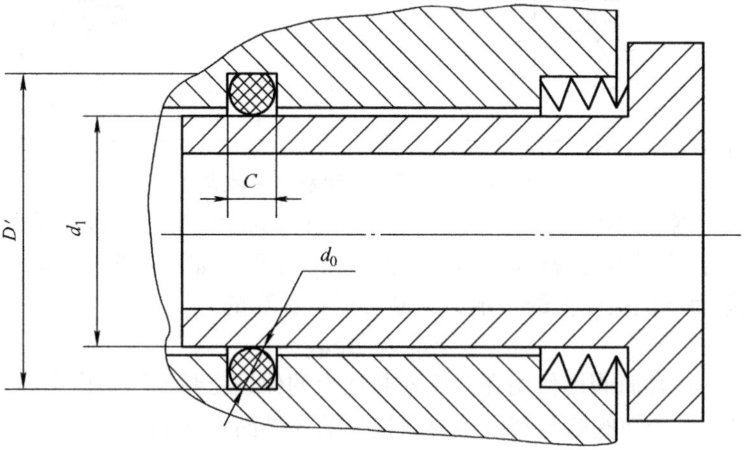

图 4-29　套筒阀瓣 O 形圈摩擦力的计算图

2）直径为 d_0 的 O 形圈与边长为 C 和 $(D'-d_1)/2$ 的长方形，其截面积大小相等。

3）O 形圈在圆柱侧壁上的最大比压等于介质的工作压力 p。

根据上述假设计算的 F_0，实际应用时具有足够的准确性。按照上述假设，则 F_0 的计算如下：

$$F_0 = \pi d_1 p C \mu_0 \tag{4-115}$$

因为 O 形圈的截面积为 $0.785d_0^2$，而且 $0.785d_0^2=C\times(D'-d_1)/2$，当压缩率为 15% 时，$D'=d_1+1.7d_0$，因此 $0.785d_0^2=0.85Cd_0$，$C=0.92d_0$。

代入(4-115)式：

$$F_0 = 0.92\pi d_1 d_0 \mu_0 p \tag{4-116}$$

将 F_0 及 F'_0 代入式（4-114）并整理得

$$\begin{aligned} F_1 &= \pi d_1 F'_0 + F_0 \\ &= \pi d_1 0.33 + 0.92\pi d_1 d_0 \mu_0 p \\ &= \pi d_1 (0.33 + 0.92\mu_0 d_0 p) \end{aligned} \tag{4-117}$$

式中　μ_0——橡胶对金属的摩擦系数，$\mu_0=0.3\sim0.4$，有润滑时，$\mu_0=0.15$；

d_0——O 形圈横截面直径（mm）；

p——介质工作压力（MPa）。

（2）轴流式安全切断阀阀杆或套筒阀瓣平衡式密封圈摩擦力的计算

平衡密封圈见本书 3.8.3 小节、图 3-12 及表 3-58。

平衡密封圈的密封比压分布情况，如图 4-30 所示。在没有介质压力的情况下，平衡密封圈的唇部只有弹簧的压紧力产生初始的密封比压 q_0。但在有了介质压力后，除了 q_0 以外，还有由于介质压力的作用而产生的比压 q_p，故总的密封比压为

$$q_{平} = q_0 + q_p \tag{4-118}$$

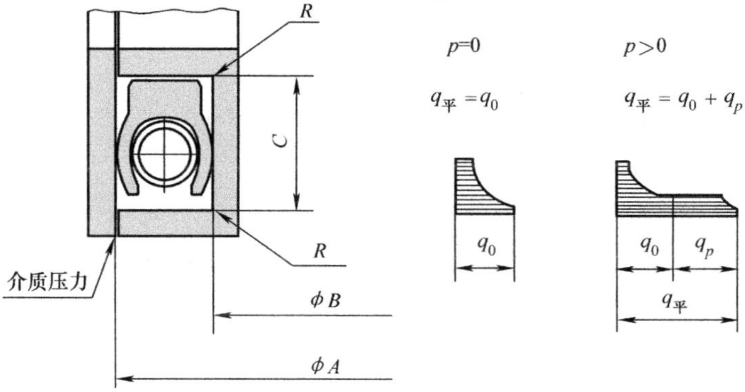

图 4-30　平衡密封圈密封比压分布情况

根据密封理论，当被密封部位的实际比压大于或等于所必需的密封比压时，就能达到密封要求，即

$$q_{平} = q_0 + q_p \geqslant 1.2p \tag{4-119}$$

式中　$q_{平}$——平衡密封圈所需总比压（MPa）；

q_0——平衡密封圈弹簧的压紧力产生初始的密封比压（MPa）；

q_p——介质压力对平衡密封圈产生的密封比压（MPa）；

p——介质工作压力（MPa）。

介质压力对平衡密封圈产生的密封比压 q_p 的大小，随介质工作压力 p 而变化，当 q_p 值增大到一定值时，即使因磨损等原因使预紧力消失（$q_0=0$），只要保证 $q_p\geqslant1.2p$，就能使平衡密封圈具有良好的密封性能。

平衡密封圈与套筒阀瓣、阀杆和推杆之间的摩擦力 $F_{平}$、$F_{杆平}$、$F_{推平}$ 可按式（4-120）计算：

$$F_{平} = 1.2\pi\mu_T d_1 Zhp \tag{4-120}$$

式中　$F_{平}$——套筒阀瓣套筒平衡密封圈的摩擦力（N）；

μ_T——平衡密封圈材料的摩擦系数，聚四氟乙烯的 $\mu_T=0.05$；增强聚四氟乙烯的 $\mu_T=0.08\sim0.15$；

d_1——套筒阀瓣套筒的外径（mm）；

Z——平衡密封圈的数量；

h——平衡密封圈与套筒阀瓣的接触高度（mm）；取平衡密封圈与弹簧接触面外径的1/2；

p——介质工作压力（MPa）。

（3）轴流式安全切断阀套筒阀瓣、阀杆和推杆所受的总力

$$F_{MZ} = F_{MF} + F_1 + ZF_{杆} + ZF_{推} + F_{平} + ZF_{杆平} + F_{推平} \tag{4-121}$$

式中　F_{MF}——套筒阀瓣保证密封比压的密封力（N）；

F_1——套筒阀瓣套筒O形圈的摩擦力（N）；

$F_{杆}$——阀杆O形圈的摩擦力（N）；

$F_{推}$——推杆O形圈的摩擦力（N）；

$F_{平}$——套筒阀瓣套筒平衡密封圈的摩擦力（N）；

$F_{杆平}$——阀杆平衡密封圈的摩擦力（N）；

$F_{推平}$——推杆平衡密封圈的摩擦力（N）。

1）套筒阀瓣保证密封比压的密封力F_{MF}值见式（4-110）。

2）套筒阀瓣套筒O形圈的摩擦力F_1值见式（4-117）。

3）阀杆O形圈的摩擦力：

$$F_{杆} = \pi d_{杆}(0.33 + 0.92\mu_0 d_{杆0} p) \tag{4-122}$$

式中　$d_{杆}$——阀杆直径（mm）；

μ_0——橡胶对金属的摩擦系数，$\mu_0 = 0.3 \sim 0.4$；

$d_{杆0}$——阀杆O形圈横截面直径（mm）；

p——介质额定工作压力（MPa）。

4）推杆O形圈的摩擦力：

$$F_{推} = \pi d_{推}(0.33 + 0.92\mu_0 d_{推0} p) \tag{4-123}$$

式中　$d_{推}$——推杆外径（mm）；

μ_0——橡胶对金属的摩擦系数，$\mu_0 = 0.3 \sim 0.4$；

$d_{推0}$——推杆O形圆横截面直径（mm）；

p——介质额定工作压力（MPa）。

5）套筒阀瓣套筒平衡密封圈的摩擦力$F_{平}$的值见式（4-120）。

6）阀杆与平衡密封圈的摩擦力：

$$F_{杆平} = 1.2\pi\mu_T d_{杆平} Z h_{杆} p \tag{4-124}$$

式中　$d_{杆平}$——阀杆外径（mm）；

μ_T——平衡密封圈材料的摩擦系数；聚四氟乙烯的$\mu_T = 0.05$；增强聚四氟乙烯的$\mu_T = 0.08 \sim 0.15$；

Z——平衡密封圈的数量；

$h_{杆}$——平衡密封圈与阀杆直径的接触长度（mm），取平衡密封圈与弹簧接触面外径的$\frac{1}{2}$；

p——介质额定工作压力（MPa）。

7）推杆与平衡密封圈的摩擦力：

$$F_{推平} = 1.2\pi\mu_T d_{推平} Z h_{推} p \tag{4-125}$$

式中 $d_{推平}$——推杆外径（mm）；

μ_T——平衡密封圈材料的摩擦系数；聚四氟乙烯的$\mu_T = 0.05$，增强聚四氟乙烯的$\mu_T = 0.08 \sim 0.15$；

Z——平衡密封圈的数量；

$h_{推}$——平衡密封圈与推杆直径的接触长度（mm）；取平衡密封圈与弹簧接触面外径的$\frac{1}{2}$；

p——介质额定工作压力（MPa）。

（4）阀杆和推杆的强度核算

1）阀杆的强度核算：

$$R_{MF} = \frac{F_{MZ}}{A_{杆}} \leqslant [R_m] \tag{4-126}$$

式中 R_{MF}——阀杆的拉伸强度（MPa）；

F_{MZ}——阀杆总受力（N）；

$A_{杆}$——阀杆直杆部分横截面积（mm^2），$A_{杆} = \frac{\pi}{4}d_{杆}^2$；

$[R_m]$——材料许用拉应力（MPa）；对于阀杆材料35CrMoA，$[R_m] = 196MPa$；对于阀杆材料20Cr13，$[R_m] = 168MPa$；对于阀杆材料25CrMoVA，$[R_m] = 196MPa$；对于阀杆材料17-4PH，$[R_m] = 218MPa$。

2）推杆的强度核算：

$$R_{MT} = \frac{F_{MZ}}{A_{推}} \leqslant [R_m] \tag{4-127}$$

式中 R_{MT}——推杆的拉伸强度（MPa）；

F_{MZ}——推杆总受力（N）；

$A_{推}$——推杆直杆部分横截面积（mm^2），$A_{推} = \frac{\pi}{4}d_{推}^2$；

$[R_m]$——材料许用拉应力（MPa）；对于推杆材料25CrMoVA，$[R_m] = 196MPa$；对于推杆材料20Cr13，$[R_m] = 168MPa$；对于推杆材料35CrMoA，$[R_m] = 196MPa$；对于推杆材料17-4PH，$[R_m] = 218MPa$。

4. 阀杆和推杆45°斜齿的强度计算

（1）阀杆和推杆45°斜齿的结构　阀杆和推杆45°斜齿结构分别如图4-31和图4-32所示。

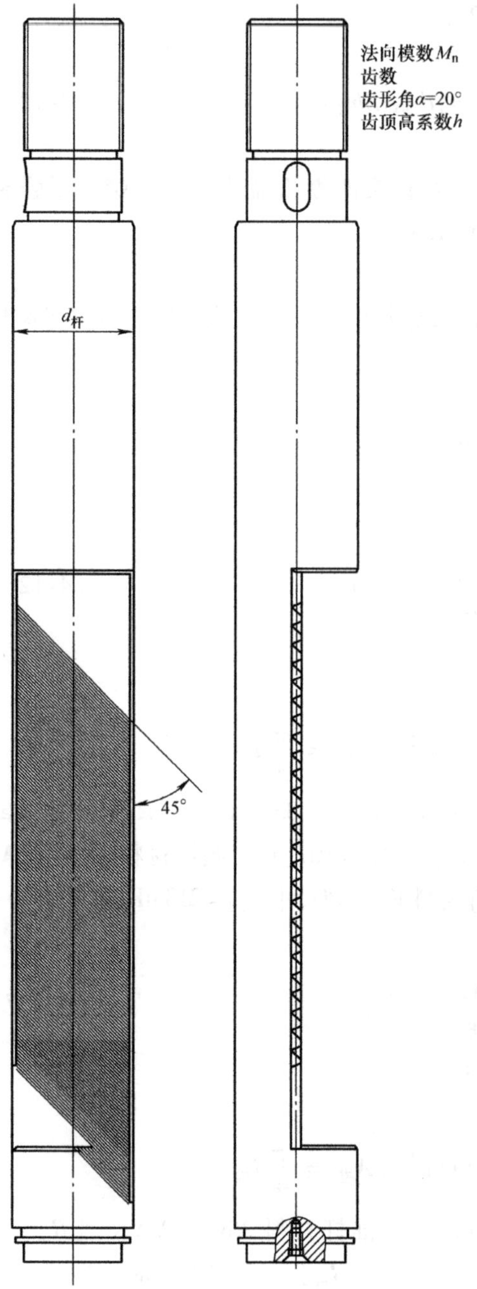

图4-31　阀杆45°斜齿结构

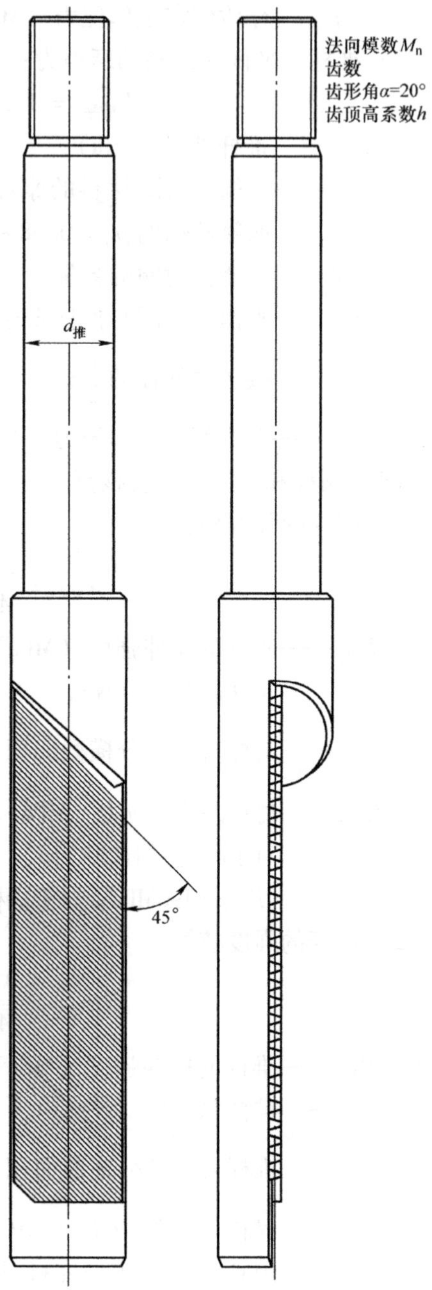

图4-32　推杆45°斜齿结构

（2）45°斜齿条的总受力　45°斜齿条的总受力为阀杆和推杆的总受力乘以45°斜齿面的法线方向，即

$$F_{MZX} = \sqrt{2}F_{MZ} \approx 1.414F_{MZ} \tag{4-128}$$

（3）45°斜齿条的总接触面积

1）45°斜齿条阀杆和推杆的接触长度。阀杆和推杆45°斜齿条极限接触长度每对齿都不等，接触的对数也不同。根据设计先确定接触的对数及每一对齿的接触长度，计算出总的接触长度 L。

2）总接触面积。总接触面积为总接触长度 $L \times$ 节距 t 的1/2，即：

$$A_J = L\frac{t}{2} \tag{4-129}$$

式中　A_J——总接触面积（mm^2）；

L——阀杆和推杆45°斜齿面总接触长度（mm）；

t——节距（mm）。

（4）45°斜齿条承受的剪切强度　45°斜齿条承受的剪切强度按式（4-130）计算：

$$\tau_b = \frac{F_{MZX}}{A_J} \leqslant [\tau] \tag{4-130}$$

式中　τ_b——45°斜齿条的切应力（MPa）；

F_{MZX}——45°斜齿条的总受力（N）；

A_J——45°斜齿条的总受剪面积（mm^2）；

$[\tau]$——阀杆和推杆材料的许用切应力（MPa）；对于阀杆和推杆材料25CrMoVA，$[\tau]=98$MPa；对于阀杆和推杆材料20Cr13，$[\tau]=84$MPa；对于阀杆和推杆材料35CrMoVA，$[\tau]=98$MPa；对于阀杆和推杆材料17-4PH，$[\tau]=109$MPa。

5. 单作用气缸输出推力的计算

单作用气缸输出推力按式（4-131）计算：

$$F = \frac{1}{4}\pi D^2 p_s \eta - F_f \tag{4-131}$$

式中　F——活塞杆输出推力（N）；

D——活塞直径（mm）；

p_s——气源压力（表压）（MPa）；

η——考虑摩擦阻力影响而引入的系数，取 $\eta=0.80$；

F_f——压缩弹簧的反作用力（N）。

压缩弹簧的反作用力可按式（4-132）计算：

$$F_f = (S + L)\frac{Gd_1^4}{8(D_1 - d_1)^3 n} \tag{4-132}$$

式中 S——活塞行程（mm）；

L——弹簧预压缩量（mm）；

G——弹簧材料抗剪模量（MPa），对于弹簧材料为50CrV、60Si2Mn、55SiCr、60Si2CrV，$G=78.5\times10^3$MPa；

d_1——弹簧钢丝直径（mm）；

D_1——弹簧外圈直径（mm）；

n——弹簧工作圈数。

6. 气缸壳体厚度计算

气缸壳体厚度按GB 150.3—2011《压力容器　第3部分：设计》中的内压圆筒进行计算，其适用范围为$p_c \leqslant 0.4[\sigma]^t\phi$。设计温度下，圆筒壳的计算厚度按式（4-133）计算：

$$\delta = \frac{p_c D_i}{2[\sigma]^t\phi - p_c} \tag{4-133}$$

式中 δ——圆筒壳的计算厚度（mm）；

p_c——计算压力（MPa）；

D_i——圆筒壳的直径（mm）；

$[\sigma]^t$——设计温度下圆筒壳材料的许用应力（MPa）；圆筒壳体材料为10Ni3MoVD的许用应力$[\sigma]^{-50℃}=222$MPa；圆筒壳体材料为09MnNiD的许用应力$[\sigma]^{-70℃}=163$MPa；圆筒壳体材料为16MnD，公称厚度≤100mm，$[\sigma]^{-45℃}=174$MPa。

ϕ——焊接接头系数，ϕ应根据受压元件的焊接接头形式及无损检测的长度比例确定；双面焊对接接头和相当于双面焊的全焊透对接接头时，全部无损检测取$\phi=1.0$，局部无损检测取$\phi=0.85$；单面焊对接接头（沿焊缝根部全长有紧贴基本金属的垫板）时，全部无损检测取$\phi=0.9$，局部无损检测取$\phi=0.8$。

4.2 监控调压阀（自力式调节阀）的设计计算

4.2.1 阀体最小壁厚计算

调压装置关键阀门中的监控调压阀属于压力管道元件，由前阀体、中阀体、后阀体和连接螺钉组成壳体，它承受管道内的介质压力。因此，调压装置关键阀门的监控调压阀壳体的最小壁厚必须满足相关标准的要求，而后用强度理论的计算方法校对。

监控调压阀壳体的最小壁厚应符合 GB/T 26640—2011《阀门壳体最小壁厚尺寸要求规范》和 ASME B16. 34—2020《法兰、螺纹和焊接端连接的阀门》给出的公式计算，然后根据内径 d 查表 4-1 或表 4-3 确定最小壁厚。

1. GB/T 26640—2011 最小壁厚的计算

监控调压阀的阀体结构如图 4-33 ~ 图 4-35 所示。最小壁厚数值用式（4-1）计算。由于式（4-1）的计算数值未考虑装配应力、调压阀的启闭应力和应力集中需要增加的附加厚度的情况，因此，在厚度的计算数值的基础上，制造商应增加一定的厚度余量，确保调压阀满足强度要求。

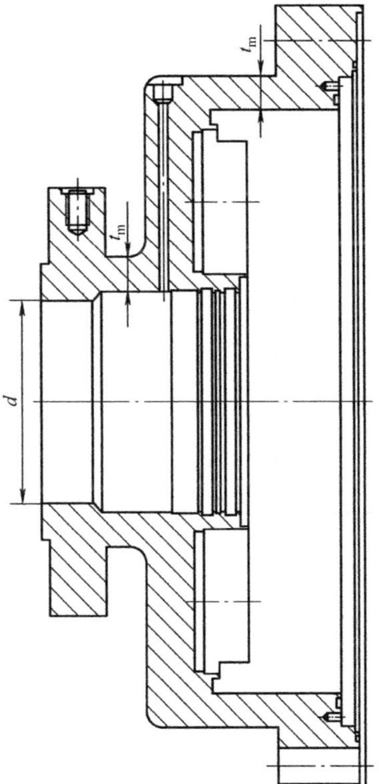

图 4-33　监控调压阀前阀体结构

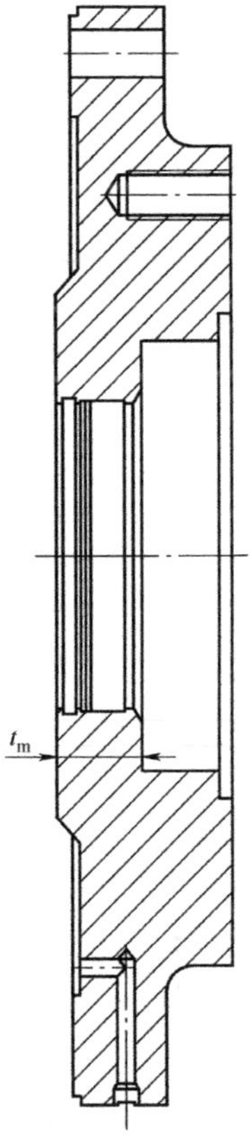

图 4-34　监控调压阀中阀体结构

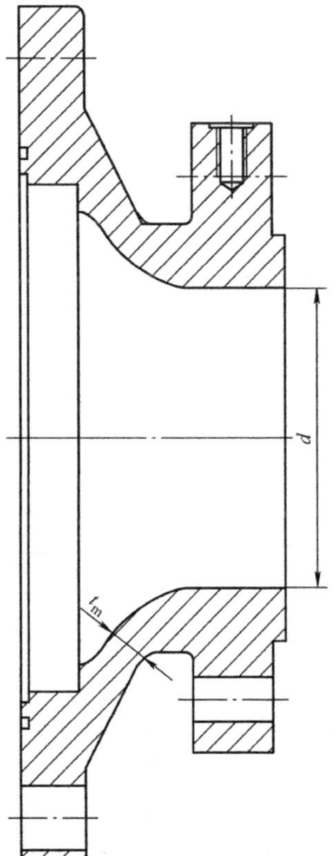

图 4-35　监控调压阀后阀体结构

2. ASME B16. 34—2020 最小壁厚的计算

钢制阀门按美国机械工程师学会标准 ASME B16. 34—2020《法兰、螺纹和焊接端连接的阀门》中给出的公式计算，然后查表 4-3 确定阀门壳体最小壁厚。阀门壳体最小壁厚数值用式（4-2）计算。由于式（4-2）的计算数值未考虑装配应力、阀门启闭应力和应力集中需要增加金属厚度的情况，因此，在厚度的计算数值的基础上，制造商应增加一定的金属厚度，确保监控调压阀满足强度要求。

4.2.2 套筒式阀瓣厚度计算

套筒式阀瓣结构如图4-36所示。

套筒式阀瓣为薄壁圆筒形，根据技术要求工作温度范围在 -46～60℃，在低温下工作需要有一定的力学性能，且工作中有冲击，因此选材很重要，应选用奥氏体不锈钢管材。

套筒式阀瓣按 GB/T 20801.3—2020《压力管道规范　工业管道　第3部分：设计和计算》进行壁厚计算。

$$t = \frac{pD}{2(S\phi W + Py)} \tag{4-134}$$

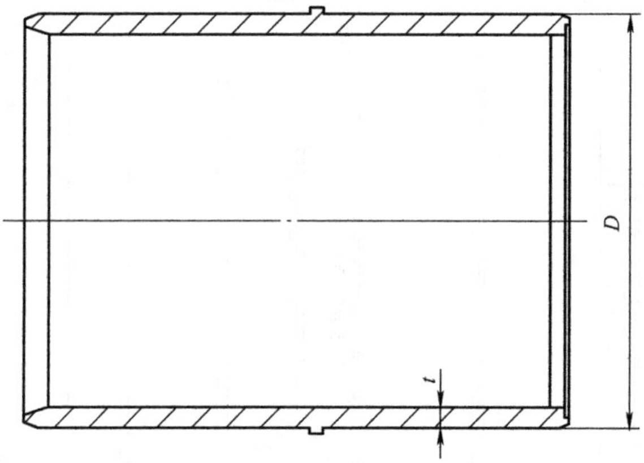

图4-36　套筒式阀瓣结构

式中　t——套筒式阀瓣壁厚（mm）；

p——介质额定工作压力（MPa）；

D——套筒计算外径（mm）；

S——套筒阀瓣材料许用应力（MPa）；

ϕ——焊接接头系数，$\phi=1$；

W——焊接接头高温强度降低系数，奥氏体不锈钢 $W=1$；

y——计算系数，$y=0.4$。

4.2.3 主膜片厚度计算

主膜片的结构如图4-37所示。工作膜片材料采用丁腈橡胶＋尼龙布，其抗拉强度、断后伸长率、硬度、耐正戊烷溶液浸泡、热空气老化试验等性能均符合 EN 13787：2001 标准中的要求。工作膜片耐压差不低于 0.7MPa。

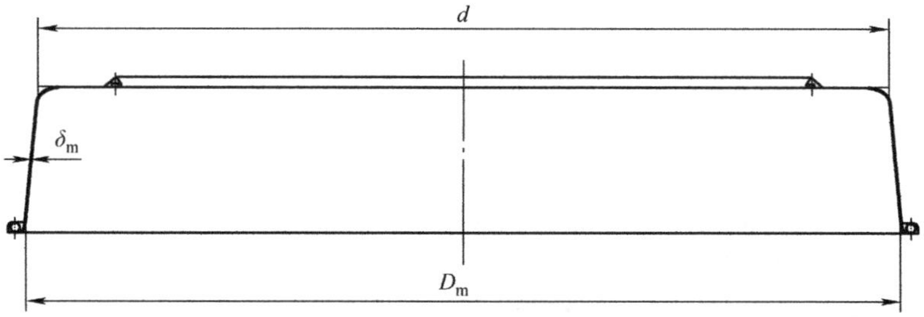

图 4-37　主膜片的结构

橡胶膜片的厚度可参考《阀门设计入门与精通》中的公式计算：

$$\delta_m = \frac{0.7\Delta p A_{mZ}}{\pi D_m[\tau]} \tag{4-135}$$

式中　δ_m——膜片厚度（mm）；

Δp——膜片前后的压差（MPa）；

A_{mZ}——膜片的自由面积（mm^2）；

D_m——膜片封闭处圆周的直径（mm）；

$[\tau]$——橡胶材料许用切应力（MPa）；对丁腈橡胶＋尼龙布许用切应力 $[\tau]=4.0$MPa。

$$A_{mZ} = 0.785\times(D_m^2 - d^2)$$

式中　d——膜片活动部分的最大直径（mm）。

4.2.4　阀座密封比压计算

套筒阀瓣和阀座的密封结构如图 4-38 所示。

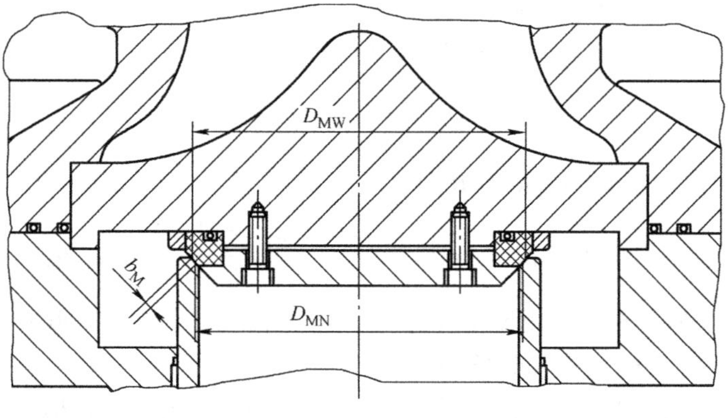

图 4-38　套筒阀瓣和阀座的密封结构

根据套筒阀瓣和阀座的密封结构，套筒阀瓣为金属材料，阀座材料为非金属材料［聚醚醚酮（PEEK）或聚甲醛（POM）］。密封为锥面密封，其阀座密封比压计算如下。

阀座密封面上总作用力按式（4-136）计算：

$$F_{MZ} = F_{MJ} + F_{MF} \tag{4-136}$$

式中 F_{MZ}——阀座密封面上总作用力（N）；

F_{MJ}——套筒阀瓣介质作用力（N）；

F_{MF}——套筒阀瓣密封力（N）。

套筒阀瓣介质作用力按式（4-137）计算：

$$F_{MJ} = \frac{\pi}{4}(D_{MW}^2 - D_{MN}^2)p \tag{4-137}$$

式中 D_{MW}——套筒阀瓣密封面外径尺寸（mm）；

D_{MN}——套筒阀瓣密封面内径尺寸（mm）；

p——介质额定工作压力（MPa）。

套筒阀瓣密封力按式（4-138）计算：

$$F_{MF} = \frac{\pi}{4}(D_{MW}^2 - D_{MN}^2)\left(1 + \frac{f_M}{\tan\alpha}\right)q_{MF} \tag{4-138}$$

式中 f_M——金属对非金属（PEEK 或 POM）的摩擦系数，$f_M = 0.05$；

α——密封面锥半角（°），$\alpha = 45°$；

q_{MF}——保证密封必需比压（MPa）。

$$q_{MF} = \frac{0.9 + 1.8p}{\sqrt{\frac{b_M}{10}}} \tag{4-139}$$

式中 b_M——密封面宽度（mm）。

密封面上密封力 F_{MF} 由弹簧给出。

密封面上计算密封比压采用式（4-140）。

$$q = \frac{F_{MZ}}{A} \leqslant [q] \tag{4-140}$$

式中 q——密封面计算比压（MPa）；

A——密封面环带面积（mm^2），$A = \frac{(D_{MW} + D_{MN})}{2}\pi b_M \sin\alpha$；

$[q]$——密封面材料许用比压（MPa）；对于 PEEK，$[q] = 47MPa$。

密封面必需比压见式（4-139）。

按式（4-141）判定，当满足该式时，判定阀座密封设计合格。

$$q_{MF} \leqslant q[q] \tag{4-141}$$

4.2.5　主阀压缩弹簧计算

根据技术条件要求，压缩弹簧在任何工作条件下都不应该过度压紧或拉伸，应有足够的自由运动空间，以满足产品的要求，即压缩弹簧设计应满足纵向不压弯的要求。

主阀压缩弹簧的设计计算见 4.1.1 小节中 6.（1）圆柱螺旋压缩弹簧的设计计算。

4.2.6　前阀体和中阀体连接螺钉有效面积计算

前阀体和中阀体连接螺钉结构如图 4-39 所示。

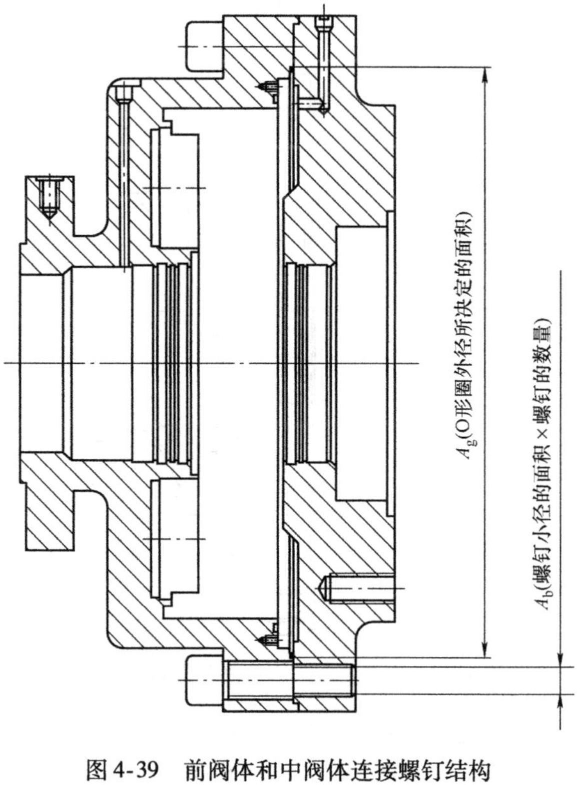

图 4-39　前阀体和中阀体连接螺钉结构

前阀体和中阀体连接螺钉的阀体组件是承受启闭力矩和管道应力载荷的，至少应满足 ASME B16.34—2020 中螺钉有效横截面的要求，即

$$p_C \frac{A_g}{A_b} \leqslant K_2 S_a \leqslant 7000 \tag{4-142}$$

式中　p_C——公称压力等级 Class 数值；

A_g——由垫片或 O 形圈的有效外周边或其他密封件的有效外周边所限定的面积，环连接的限定面积由环中径确定（mm^2）；

A_b——螺钉总有效面积（mm^2）；

K_2——当 S_a 用 MPa 表示时，$K_2 = 50.76$，当 S_a 用 psi 表示时，$K_2 = 0.35$；

S_a——38℃（100℉）时的螺钉许用应力（MPa 或 psi），当大于 137.9MPa（20000psi）时取 137.9MPa（20000psi）。

4.2.7　中阀体和后阀体连接螺钉有效面积计算

中阀体和后阀体连接螺钉的结构如图 4-40 所示。

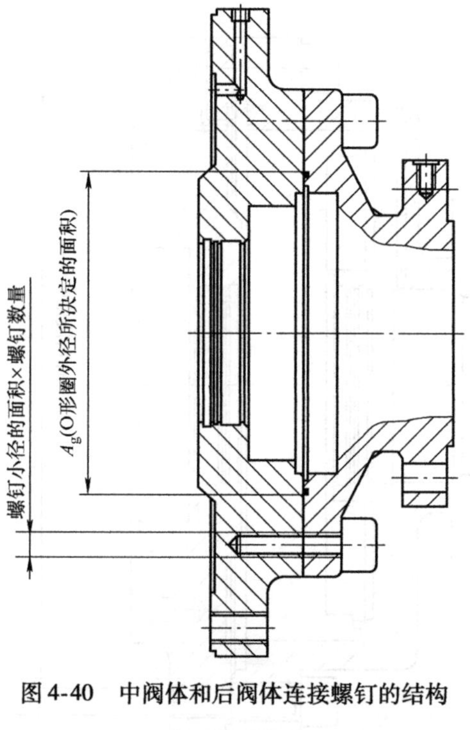

图 4-40　中阀体和后阀体连接螺钉的结构

中阀体和后阀体连接螺钉的阀体组件是承受启闭力矩和管道应力载荷的，至少应满足 ASME B16.34—2020《法兰、螺纹和焊接端连接的阀门》的要求，螺钉连接的总面积应符合式（4-142）的要求。

4.2.8　指挥器（导阀）固定座壳体厚度计算

指挥器（导阀）固定座壳体的最小壁厚应符合 GB/T 26640—2011《阀门壳体最小壁厚尺寸要求规范》和 ASME B16.34—2020《法兰、螺纹和焊接端的阀门》给出的公式，按式（4-1）或式（4-2）计算，然后根据内径 d 查表 4-1 或表 4-3 确定最小壁厚。

4.2.9　指挥器（导阀）膜片计算

请参考 4.1.1 小节中 7. 指挥器膜片的计算。

4.2.10　指挥器（导阀）连接螺钉有效面积计算

指挥器（导阀）连接螺钉有效面积见 4.1.1 小节中 5. 阀体和阀盖连接螺钉有效面积的计算，可按式（4-13）计算。

4.2.11　控制指挥器（导阀）调节弹簧计算

根据技术条件要求，控制指挥器（导阀）调节弹簧在任何工作条件下都不应该过度压紧或拉伸，应有足够的自由运动空间，以满足监控调压阀的要求，即压缩弹簧设计应满足纵向不压弯的要求。

控制指挥器（导阀）调节弹簧的设计计算见 4.1.1 小节中 6.（1）圆柱螺旋压缩弹簧的设计计算。

4.2.12　前置指挥器（导阀）调节弹簧计算

根据技术条件要求，前置指挥器（导阀）调节弹簧在任何工作条件下都不应该过度压紧或拉伸，应有足够的自由运动空间，以满足监控调压阀的要求，即压缩弹簧的设计应满足纵向不压弯的要求。

前置指挥器（导阀）调节弹簧的设计计算按 4.1.1 小节中 6.（1）圆柱螺旋压缩弹簧的设计计算。

4.2.13　监控调压阀阀体中法兰的计算

监控调压阀阀体中法兰的计算按 GB/T 17186.1—2015《管法兰连接计算方法　第 1 部分：基于强度和刚度的计算方法》中整体式法兰的计算。

1. 整体式法兰

典型的整体式法兰结构及载荷和力矩位置如图 4-41 所示。

焊缝和其他结构细节也应满足上述相应图形中的尺寸要求。

在进行这种类型法兰的设计时，认为法兰与接管颈部、容器或管壁整体铸造或锻造成一体，或用对焊等焊接形式将它们焊成一体，从而将法兰与接管颈部、容器或管壁看作一个整体结构。在焊接结构中，接管颈部、容器或管壁的作用相

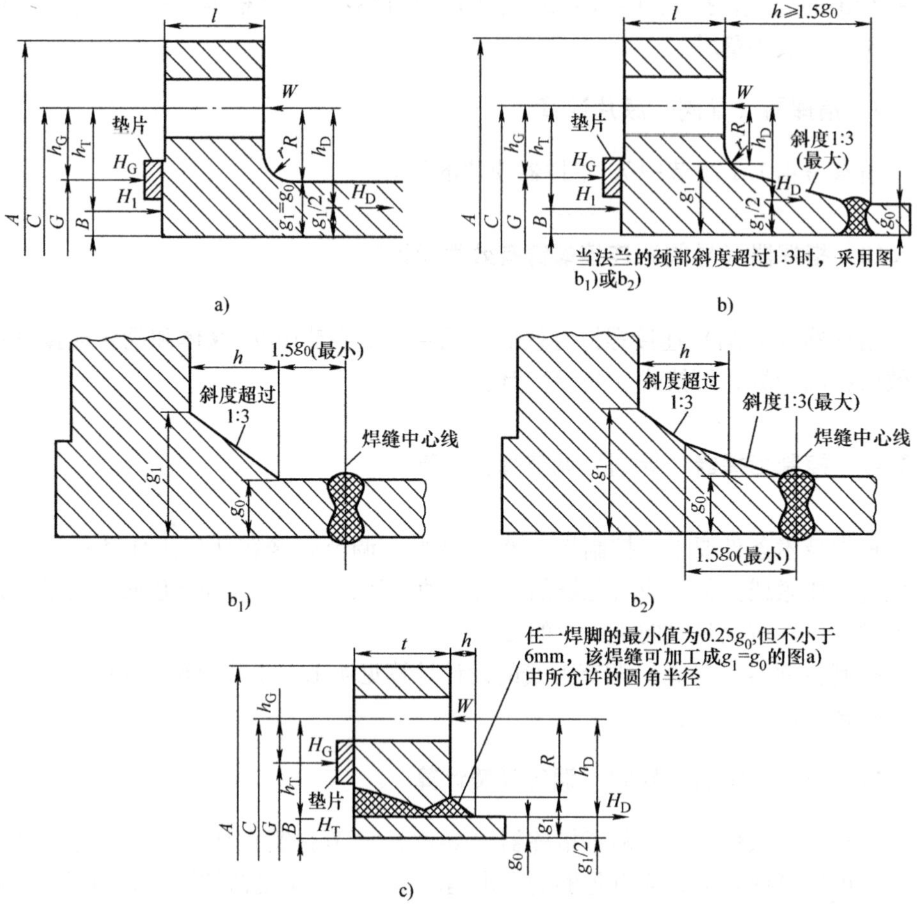

图4-41　整体式法兰

注：1. 圆角半径 r 至少为 $0.25g_1$，但不小于5mm；

2. 当密封面厚度或槽面深度大于1.5mm时，应增加法兰最小需要厚度 t；当密封面厚度或槽面深度小于或等于1.5mm时，可包括在法兰的总厚度中。

当于法兰的颈部。

2. 螺栓载荷

（1）螺栓载荷计算条件　在螺栓法兰接头设计中，应按操作和预紧垫片两种设计条件进行螺栓载荷计算，且取决于其中较苛刻的条件。

（2）垫片

1）垫片有效密封宽度 b 按以下方法确定。

① 选定垫片类型和尺寸，按表4-26确定垫片接触宽度 N 和基本密封宽度 b_0，并按以下规定计算垫片有效宽度（或连接接触面密封宽度）b：当 $b_0 \leqslant$

6.0mm 时，$b=b_0$；当 $b_0>6.0$mm 时，$b=C_b\sqrt{b_0}$，式中转变系数 $C_b=2.5$。

② 对于板状垫片和复合垫片，推荐的最小垫片接触宽度见表 4-27。

表 4-26　垫片基本密封宽度 b_0

接触面简图			垫片基本密封宽度 b_0	
			第Ⅰ类	第Ⅱ类
(1a)	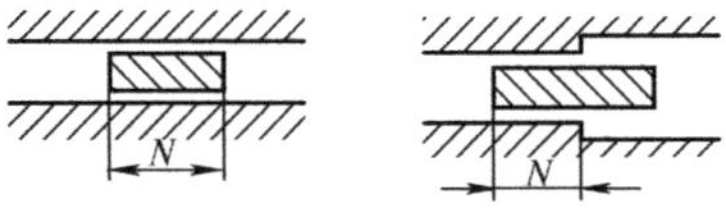		$N/2$	$N/2$
(1b)①	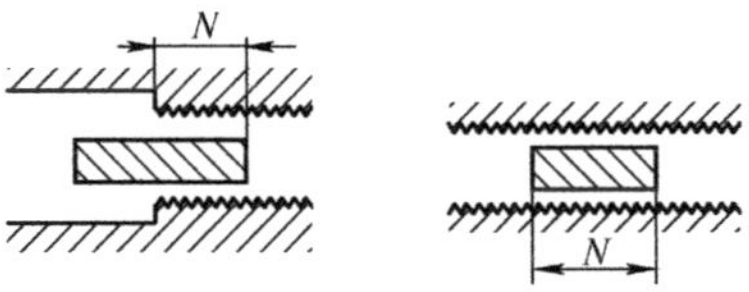			
(1c)	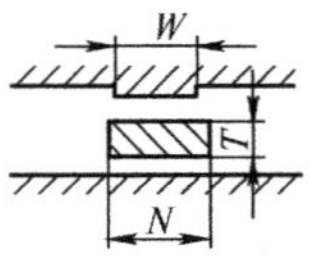	$W\leqslant N$	$\frac{W+T}{2};\left(\frac{W+N}{4}\text{max}\right)$	$\frac{W+T}{2};\left(\frac{W+N}{4}\text{max}\right)$
(1d)①	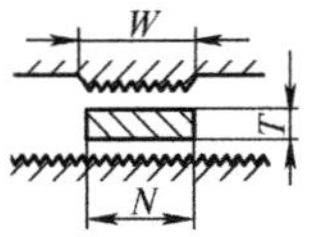	$W\leqslant N$		
(2)	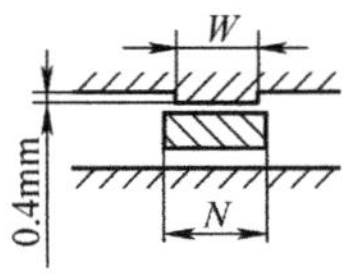	$W\leqslant N/2$	$\frac{W+N}{4}$	$\frac{W+3N}{8}$
(3)	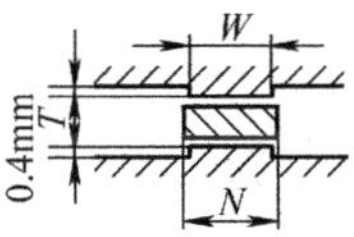	$W\leqslant N/2$	$N/4$	$3N/8$

（续）

接触面简图		垫片基本密封宽度 b_0	
		第Ⅰ类	第Ⅱ类
(4)①	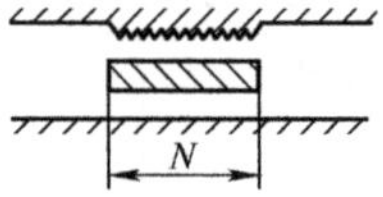	$3N/8$	$7N/16$
(5)①	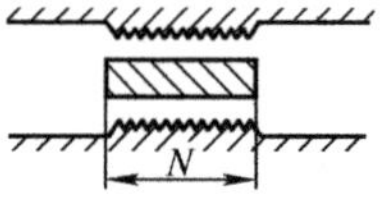	$N/4$	$3N/8$
(6)	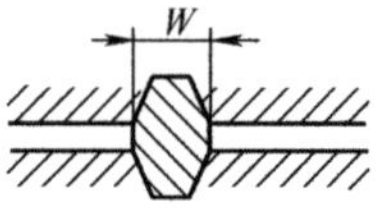	$W/8$	—

① 当齿深不超过0.4mm，齿距不超过0.8mm时，应采用表中（1b）和（1d）的压紧面形式。

表4-27 对于板状垫片和复合垫片推荐的最小垫片接触宽度

法兰内径 B/mm	最小垫片接触宽度/mm
$600<B<900$	25
$900\leqslant B<1500$	32
$B\geqslant1500$	38

2）垫片的特性参数 m、y 值按表4-28查取。

表4-28 垫片的特性参数 m、y 值

垫片及材料①		m	y/MPa	简图	压紧面形状见表4-26中	类别
自紧式垫片（O形圈、金属垫、合成橡胶垫及其他自紧密封的垫片）		0	0	—	—	Ⅱ
无织物或含少量矿物纤维的合成橡胶	邵尔A硬度低于75	0.50	0		(1a)、(1b)、(1c)、(1d)、(4)、(5)	Ⅱ
	邵尔A硬度大于或等于75	1.00	1.4			

（续）

垫片及材料[①]		m	y/MPa	简图	压紧面形状见表4-26中	类别
含有适合操作工况黏结剂的矿物纤维	厚度为3.2mm	2.00	11		(1a)、(1b)、(1c)、(1d)、(4)、(5)	Ⅱ
	厚度为1.6mm	2.75	26			
	厚度为0.8mm	3.50	45			
含有棉纤维的合成橡胶		1.25	2.8		(1a)、(1b)、(1c)(1d)、(4)、(5)	
含有矿物纤维的合成橡胶（有或没有加强金属丝）	3层	2.25	15		(1a)、(1b)、(1c)、(1d)、(4)、(5)	Ⅱ
	2层	2.50	20	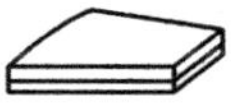		
	1层	2.75	26			
植物纤维		1.75	7.6	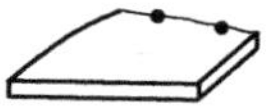	(1a)、(1b)、(1c)、(1d)、(4)、(5)	Ⅱ
填充矿物纤维的缠绕式垫片	碳钢	2.50	69		(1a)、(1b)	Ⅱ
	不锈钢、蒙乃尔合金和镍基合金	3.00	69			
填充矿物纤维的金属波纹垫或填充夹层矿物纤维的金属纹波包覆垫片	软铝	2.50	20	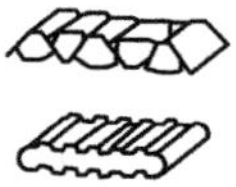	(1a)、(1b)	Ⅱ
	软铜或黄铜	2.75	26			
	铁或软钢	3.00	31			
	蒙乃尔合金钢或4%～6%铬钢	3.25	38			
	不锈钢和镍基合金	3.50	45			
金属波纹垫片	软铝	2.75	26		(1a)、(1b)、(1c)、(1d)	Ⅱ
	软铜或黄铜	3.00	31			
	铁或软钢	3.25	38			
	蒙乃尔合金钢或4%～6%铬钢	3.50	45			
	不锈钢和镍基合金	3.75	52			

（续）

垫片及材料①		m	y/MPa	简图	压紧面形状见表4-26中	类别
填充矿物纤维的金属包覆平垫片	软铝	3.25	38	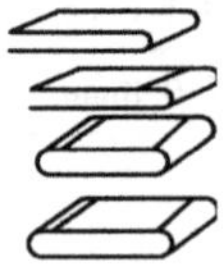	(1a)、(1b)、(1c)②、(1d)②、(2)②	Ⅱ
	软铜或黄铜	3.50	45			
	铁或软钢	3.75	52			
	蒙乃尔合金钢	3.50	55			
	4%～6%铬钢	3.75	62			
	不锈钢和镍基合金	3.75	62			
槽型金属垫片	软铝	3.25	38		(1a)、(1b)、(1c)、(1d)、(2)、(3)	Ⅱ
	软铜或黄铜	3.50	45			
	铁或软钢	3.75	52			
	蒙乃尔合金钢或4%～6%铬钢	3.75	62			
	不锈钢和镍基合金	4.25	70			
实心金属平垫片	软铝	4.00	61		(1a)、(1b)、(1c)、(1d)、(2)、(3)、(4)、(5)	Ⅰ
	软铜或黄铜	4.75	90			
	铁或软钢	5.50	124			
	蒙乃尔合金钢或4%～6%铬钢	6.00	150			
	不锈钢和镍基合金	6.50	180			
环形金属垫	铁或软钢	5.50	124	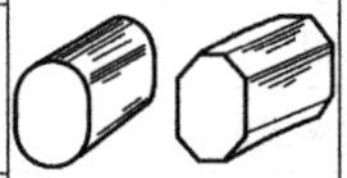	(6)	Ⅰ
	蒙尔合金钢或4%～6%铬钢	6.00	150			
	不锈钢和镍基合金	6.50	180			

注：表4-26和表4-28列出了许多常用的垫片材料和接触面形状，以及实际应用中证明正确的m、b和y的建议值。这些值仅作为建议，并不是强制性的。

① 本表列出了许多常用的垫片材料和接触面形式，以及m和y的建议值，当采用表4-26所示垫片有效密封宽度b时，这些数值在实际使用中一般认为是满意的。本表所列的设计数值和其他细节是建议性的，而不是强制性的。

② 搭接的垫片表面不应位于凸台侧。

3）垫片压紧力作用中心圆直径G。按下列规定确定：

对于图4-41所示的整体式法兰，当$b_0>6\text{mm}$时，G为垫片密封接触面外径减$2b$；当$b_0\leqslant 6\text{mm}$时，G为垫片密封接触面中点的直径。

4）垫片压紧力H_G的相关计算如下。

① 操作状态下需要的最小垫片压紧力 H_G 按式（4-143）计算：

$$H_G = 2b\pi Gmp \tag{4-143}$$

式中　H_G——操作状态下需要的最小垫片压紧力（N）；

b——垫片有效密封宽度或连接接触面密封宽度（mm）；

G——垫片压紧力作用位置处的直径（mm）；

m——垫片系数，见表 4-28；

p——设计内压力（MPa）。

② 预紧状态下需要的最小垫片压紧力 H_p 按式（4-144）计算：

$$H_p = W_{m2} = \pi bGy \tag{4-144}$$

式中　H_p——预紧状态下需要的最小垫片压紧力（N）；

W_{m2}——预紧垫片所需的最小初始螺栓载荷（N）；

y——预紧密封比压（MPa），见表 4-28。

（3）设计条件　设计条件包括操作状态和预紧状态两种情况。

1）操作状态是指法兰连接件承受流体作用的状态。操作状态所需的最小载荷 W_{m1} 按式（4-145）计算，并根据此载荷确定 A_{m1}。该载荷也用于法兰计算，用于法兰设计时按式（4-148）进行计算。

2）预紧状态是指在常温和常压下进行装配时，用初始螺栓载荷把片或连接接触表面压紧的状态。在垫片正确预紧的情况下，预紧状态最小初始载荷 W_{m2} 按式（4-146）计算，并根据此载荷确定 A_{m2}。当操作状态对 A_m 值及 A_b 值起决定作用时，设计法兰的螺栓载荷 W 应按式（4-149）修正。

（4）所需的最小螺栓载荷

1）操作状态下所需的最小螺栓载荷 W_{m1}：

① 操作状态下所需的最小螺栓载荷 W_{m1} 应大于在以垫片反力作用直径为界的面积上的最大许用工作压力所产生的端部静压力 H，此外，还必须在垫片或连接接触表面上维持一个足以保持紧密连接的压缩载荷 H_p。

② 操作状态下所需的最小螺栓载荷 W_{m1} 由式（4-145）确定：

$$W_{m1} = H + H_p = 0.785G^2p + (2b \times 3.14Gmp) \tag{4-145}$$

式中　W_{m1}——操作状态下所需的最小螺栓载荷（N）；

H——总的端部静压力（N），$H = 0.785G^2p$；

H_p——连接接触表面的总压缩力（N），$H_p = 2b \times 3.14Gmp$。

2）预紧状态下所需的最小螺栓初始载荷 W_{m2}。

① 在获得紧密连接以前，必须先用最小初始载荷（在常温无内压条件下）把垫片或连接接触面适当压紧。此最小初始载荷是垫片材料和受压紧垫片有效面

积的函数。

② 所需最小螺栓初始载荷 W_{m2} 应按式（4-146）确定：

$$W_{m2}=3.14bGy \tag{4-146}$$

3）使用自紧式垫片的螺栓载荷。

① 使用自紧式垫片的法兰，其螺栓载荷不同于以上计算的螺栓载荷。

② 操作状态下所需的螺栓载荷 W_{m1} 应该足以抵抗在垫片外径为界的面积上的最大许用工作压力所产生的端部静压力 H。

③ 除了某些产生必须考虑的轴向载荷的密封结构之外，对所有自紧式垫片的 H_p 认为是零，即 $W_{m2}=0$。

（5）所需的螺栓总面积 A_m 和实际的螺栓总面积 A_b

1）在操作状态和预紧状态下，所需的螺栓总横截面积 A_m 应选 A_{m1} 和 A_{m2} 中的较大值，其中 $A_{m1}=\dfrac{W_{m1}}{[\sigma]_b^t}$，$A_{m2}=\dfrac{W_{m2}}{[\sigma]_b}$，$[\sigma]_b^t$ 和 $[\sigma]_b$ 分别表示设计温度下和常温下螺栓的许用应用。

2）选用螺栓时应使螺栓实际总横截面积 $A_b \geqslant A_m$。

3）对于输送剧毒介质的管道，由用户或其指定代表规定时，螺栓最大间距不应超过按式（4-147）计算所得之值。

$$B_{smax}=2d_b+\frac{6t}{m+0.5} \tag{4-147}$$

式中 B_{smax}——最大螺栓间距（mm）；

d_b——螺栓公称直径（mm）；

t——法兰厚度（mm）。

（6）法兰设计螺栓载荷 W 法兰设计所用的螺栓载荷 W 应按式（4-148）和式（4-149）计算。

对于操作状态，有

$$W=W_{m1} \tag{4-148}$$

式中 W——操作状态下或预紧状态下法兰设计的螺栓载荷（N）。

对于预紧状态，有

$$W=\frac{(A_m+A_b)}{2}[\sigma]_b \tag{4-149}$$

式中 A_m——所需螺栓总横截面积（mm^2），取 A_{m1} 和 A_{m2} 中较大者；

A_b——螺纹根部直径处或无螺纹部分最小直径处的螺栓实际总横截面面积（mm^2），取较小者；

$[\sigma]_b$——常温下螺栓许用应力（MPa）。

用于式（4-149）中的 $[\sigma]_b$ 不应小于 GB 150.2—2011 中的相关规定数值。

3. 法兰总力矩 M_0

1）在法兰应力计算中，作用在法兰上的载荷力矩是该载荷与其力臂的乘积。力臂取决于螺栓中心圆与产生力矩的载荷的相对位置，不必考虑由于法兰挤压和螺栓作用线的内移而引起的任何可能的臂力减小。

2）建议 h_G 的值保持最小以减少法兰在密封表面的偏转。

3）操作状态下法兰总力矩 M_0 按下列规定计算：

① 操作状态下法兰总力矩 M_0 是 M_D、M_T 和 M_G 三个单独力矩之和。

$$M_0 = M_D + M_T + M_G = H_D h_D + H_T h_T + H_G h_G \tag{4-150}$$

式中　M_D——由 H_D 产生的力矩分量（N·mm）；

M_T——由 H_T 产生的力矩分量（N·mm）；

M_G——由 H_G 产生的力矩分量（N·mm）；

H_D——内压引起的作用于法兰内径截面的轴向力（N）；

H_T——总端部静压力与 H_D 之差（N）；

H_G——垫片压紧力（N）；

h_D——螺栓中心圆至 H_D 作用圆的径向距离（mm）；

h_T——螺栓中心圆至 H_T 作用圆的径向距离（mm）；

h_G——垫片压紧力作用位置至螺栓中心圆的径向距离（mm）。

② 法兰设计螺栓载荷根据式（4-148）计算。

③ 法兰设计螺栓载荷的力臂 h_D、h_T、h_G 的计算如下：

$$h_D = R + 0.5g_1 \tag{4-151}$$

式中　R——从螺栓中心圆到法兰颈部与背部的交点间的径向距离（mm）；

g_1——法兰背部锥颈厚度（mm）。

对整体式法兰：

$$R = \frac{C - B}{2} - g_1 \tag{4-152}$$

式中　C——螺栓中心圆直径（mm）；

B——法兰内径（mm）。

$$h_T = \frac{R + g_1 + h_G}{2} \tag{4-153}$$

$$h_G = \frac{C - G}{2} \tag{4-154}$$

4）预紧状态下法兰总力矩 M_0 按下列规定计算。对于预紧状态，法兰总力矩 M_0 按式（4-155）计算：

$$M_0 = \frac{C - G}{2} W \tag{4-155}$$

式中　W——按式（4-149）计算的法兰螺栓设计载荷。

5）当螺栓间距超过 $2d_b+t$ 时，在计算法兰应力时将 M_0 乘以螺栓间距修正系数 B_{sc}。

$$B_{sc}=\sqrt{\frac{B_s}{2d_b+t}} \tag{4-156}$$

式中　B_{sc}——螺栓间距修正系数；

B_s——螺栓间距（mm）。

4. 法兰应力计算

法兰的应力应根据操作状态和预紧状态两种情况中起控制作用的一种情况，按照法兰计算分类，按整体式法兰所列公式计算。

1）颈部轴向应力：

$$\sigma_H=\frac{fM_0}{Lg_1^2B} \tag{4-157}$$

式中　σ_H——法兰颈部的计算轴向应力（MPa）；

M_0——操作状态下或预紧垫片时，作用在法兰上的总力矩（N·mm）；

f——整体式法兰颈部应力修正系数，由图4-45查得或用表4-29中的公式计算；f 最小值为1；对数值小于图4-45所示范围的情形，取 $f=1$；对于等厚度的颈部（即 $g_1/g_0=1$），取 $f=1$；当 $f>1$ 时，即为颈部小端应力与大端应力之比值；

B——法兰内径（mm）；当 B 小于 $20g_1$ 时，对于 f 小于1的整体式法兰，在式（4-157）中，可用 B_1 代替 B，此时，$B_1=B+g_1$；对于 f 不小于1的整体式法兰，在式（4-157）中，可用 B_1 代替 B，此时，$B_1=B+g_0$；

L——系数，按式（4-158）计算。

$$L=\frac{te+1}{T}+\frac{t^3}{d} \tag{4-158}$$

式中　T——与 K 值（法兰外径 A 与法兰内径 B 之比）有关的系数，由图4-42查得；

e——系数；

d——系数。

对整体式法兰，系数 e 为

$$e=\frac{F}{h_0}$$

式中　F——整体式法兰系数，由图4-43查得或用表4-29中的公式计算；

h_0——系数，$h_0 = \sqrt{B g_0}$；

对整体式法兰，系数 d 为

$$d = \frac{U}{V} h_0 g_0^2$$

式中　U——与 K 值有关的系数，由图 4-42 查得；

V——整体法兰系数，由图 4-44 查得或用表 4-29 中的公式计算。

2）法兰径向应力：

$$\sigma_R = \frac{(1.33te+1)M_0}{Lt^2 B} \tag{4-159}$$

3）法兰切向应力：

$$\sigma_T = \frac{YM_0}{t^2 B} - Z\sigma_R \tag{4-160}$$

式中　Y——与 K 值有关的系数，由图 4-42 查得；

Z——与 K 值有关的系数，由图 4-42 查得；

σ_R——法兰径向应力（MPa），由式（4-159）计算。

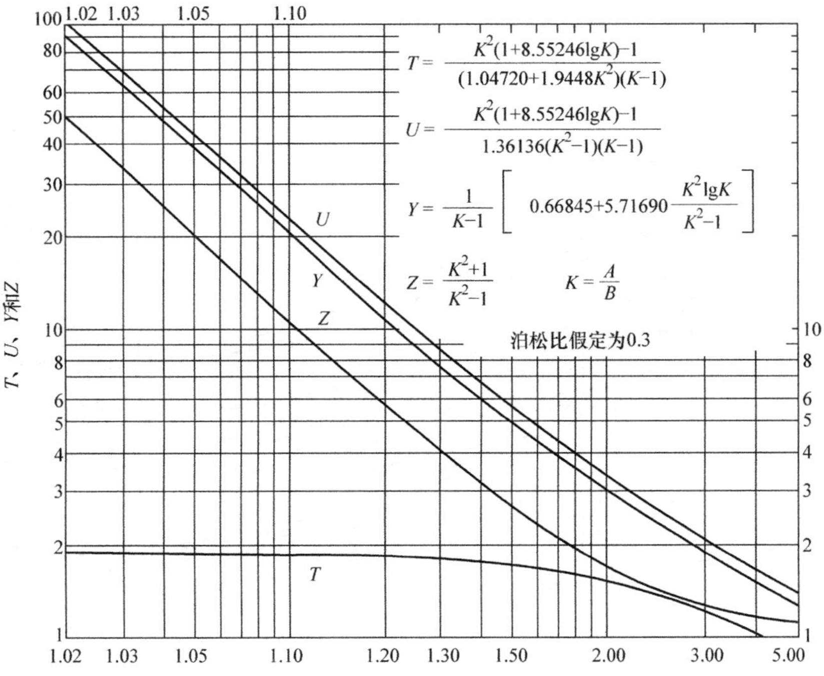

图 4-42　T、U、Y 和 Z 值（与 K 值有关）

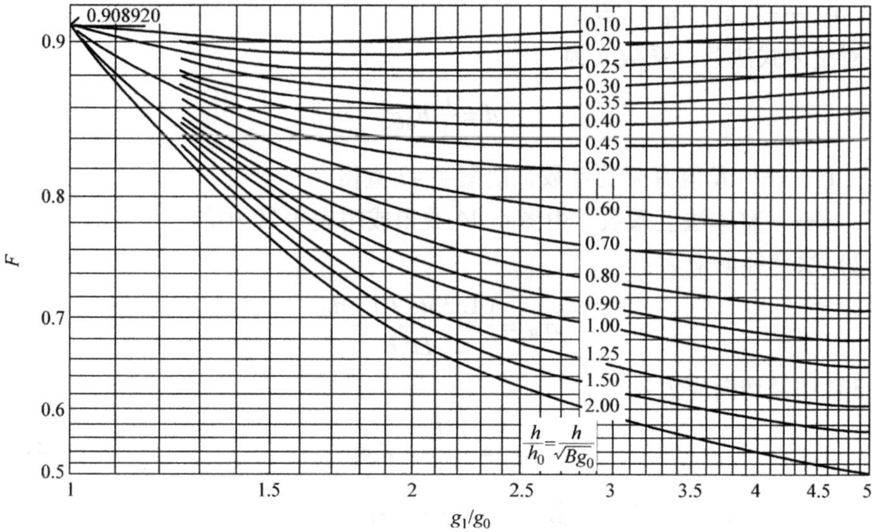

图 4-43 *F* 值（整体式法兰系数）

注：计算公式见表 4-29。

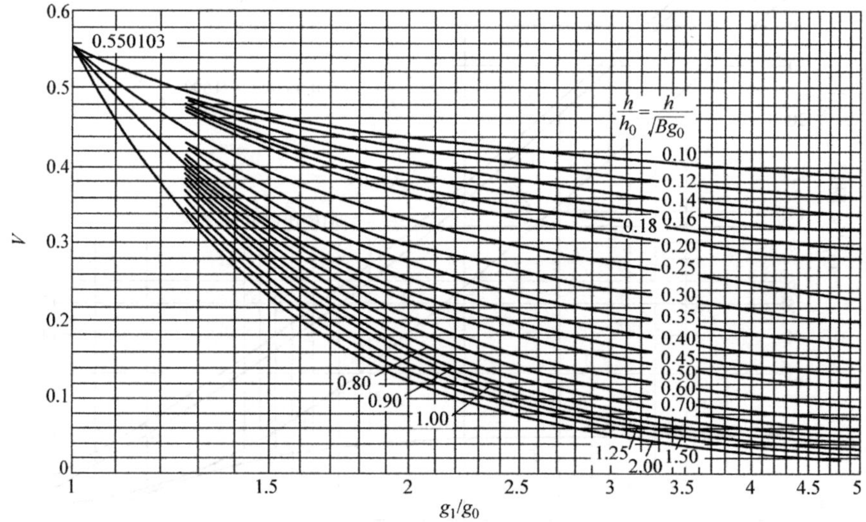

图 4-44 *V* 值（整体式法兰系数）

注：计算公式见表 4-29。

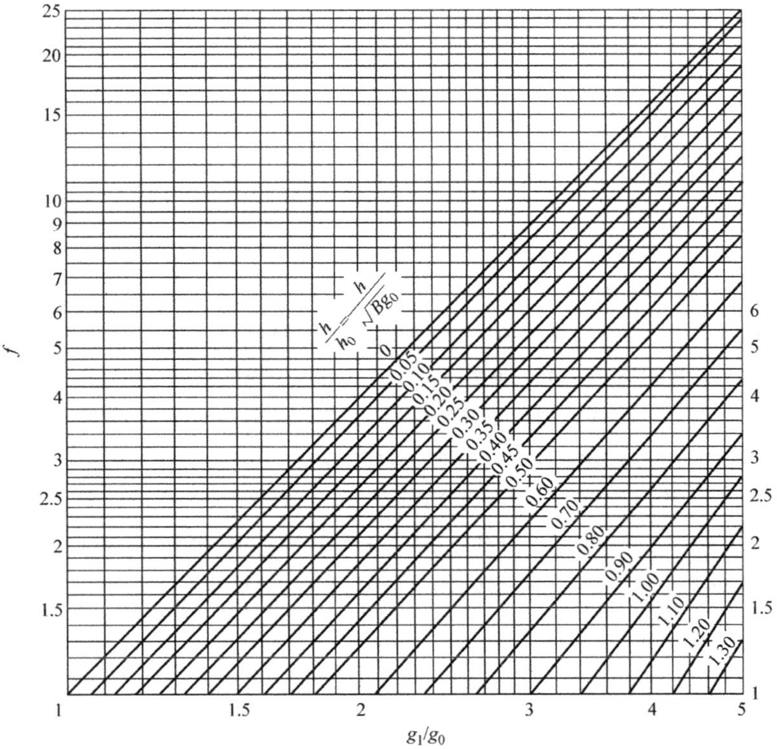

图4-45　*f*值（颈部应力修正系数）

注：计算公式见表4-29。

表4-29　法兰系数计算公式

整体式法兰

图4-43 中系数 F 由下式得出：

$$F=-\frac{E_6}{\left(\frac{C}{2.73}\right)^{1/4}\frac{(1+A)^3}{C}}$$

图4-44 中系数 V 由下式得出：

$$V=\frac{E_4}{\left(\frac{2.73}{C}\right)^{1/4}(1+A)^3}$$

图4-45 中系数 f 由下式得出：

$$f=C_{36}/(1+A)$$

以上公式中所用的数值可用下列序号(1)～(45)的公式解出，这些公式是根据书中定义的 g_1、g_0、h 和 h_0 值建立的。当 $g_1=g_0$ 时，$F=0.908920$、$V=0.550103$、$f=1$，这样就不必再由序号(1)～(45)计算式求出其数值

(1) $A=(g_1/g_0)-1$

(2) $C=43.38\ (h/h_0)^4$

（续）

整体式法兰
(3) $C_1 = 1/3 + A/12$
(4) $C_2 = 5/42 + 17A/336$
(5) $C_3 = 1/210 + A/360$
(6) $C_4 = 11/360 + 59A/5\,040 + (1 + 3A)/C$
(7) $C_5 = 1/90 + 5A/1\,008 - (1 + A)^3/C$
(8) $C_6 = 1/120 + 17A/5\,040 + 1/C$
(9) $C_7 = 215/2\,772 + 51A/1\,232 + (60/7 + 225A/14 + 75A^2/7 + 5A^3/2)/C$
(10) $C_8 = 31/6\,930 + 128A/45\,045 + (6/7 + 15A/7 + 12A^2/7 + 5A^3/11)/C$
(11) $C_9 = 533/30\,240 + 653A/73\,920 + (1/2 + 33A/14 + 39A^2/28 + 25A^3/84)/C$
(12) $C_{10} = 29/3\,780 + 3A/704 - (1/2 + 33A/14 + 81A^2/28 + 13A^3/12)/C$
(13) $C_{11} = 31/6\,048 + 1\,763A/665\,280 + (1/2 + 6A/7 + 15A^2/28 + 5A^3/42)/C$
(14) $C_{12} = 1/2\,925 + 71A/300\,300 + (8/35 + 18A/35 + 156A^2/385 + 6A^3/55)/C$
(15) $C_{13} = 761/831\,600 + 937A/1\,663\,200 + (1/35 + 6A/35 + 11A^2/70 + 3A^3/70)/C$
(16) $C_{14} = 197/415800 + 103A/332\,640 - (1/35 + 6A/35 + 17A^2/70 + A^3/10)/C$
(17) $C_{15} = 233/831\,600 + 97A/554\,400 + (1/35 + 3A/35 + A^2/14 + 2A^3/105)/C$
(18) $C_{16} = C_1C_7C_{12} + C_2C_8C_3 + C_3C_8C_2 - (C_3^2C_7 + C_8^2C_1 + C_2^2C_{12})$
(19) $C_{17} = [C_4C_2C_{12} + C_2C_8C_{13} + C_3C_8C_9 - (C_{13}C_7C_3 + C_8^2C_1 + C_{12}C_2C_9)]/C_{16}$
(20) $C_{18} = [C_5C_7C_{12} + C_2C_8C_{11} + C_3C_8C_{10} - (C_{14}C_7C_3 + C_8^2C_5 + C_{12}C_2C_{10})]/C_{16}$
(21) $C_{19} = [C_6C_7C_{12} + C_2C_8C_{15} + C_2C_8C_{11} - (C_{15}C_7C_3 + C_8^2C_6 + C_{12}C_2C_{11}]/C_{16}$
(22) $C_{20} = [C_1C_9C_{12} + C_4C_8C_3 + C_3C_{13}C_2 - (C_3^2C_9 + C_{13}C_8C_4 + C_{12}C_4C_2)]/C_{16}$
(23) $C_{21} = [C_1C_{10}C_{12} + C_5C_8C_3 + C_3C_{14}C_2 - (C_3^2C_{10} + C_{14}C_8C_1 + C_{12}C_5C_2)]/C_{16}$
(24) $C_{22} = [C_1C_{14}C_{12} + C_6C_8C_3 + C_3C_{15}C_2 - (C_3^2C_{11} + C_{15}C_8C_1 + C_{12}C_6C_2)]/C_{16}$
(25) $C_{23} = [C_1C_7C_{13} + C_2C_9C_3 + C_4C_8C_2 - (C_3C_7C_4 + C_8C_9C_1 + C_2^2C_{13})]/C_{16}$
(26) $C_{24} = [C_1C_7C_{14} + C_2C_{10}C_3 + C_5C_8C_2 - (C_3C_7C_5 + C_8C_{10}C_1 + C_2^2C_{14})]/C_{16}$
(27) $C_{25} = [C_1C_7C_{15} + C_2C_{11}C_3 + C_6C_8C_2 - (C_3C_7C_6 + C_8C_{11}C_1 + C_2^2C_{15})]/C_{16}$
(28) $C_{26} = (C/4)^{1/4}$
(29) $C_{27} = C_{20} - C_{17} - 5/12 + C_{17}C_{26}$
(30) $C_{28} = C_{22} - C_{19} - 1/12 + C_{19}C_{26}$
(31) $C_{29} = -(C/4)^{1/2}$
(32) $C_{30} = -(C/4)^{3/4}$
(33) $C_{31} = 3A/2 - C_{17}C_{30}$
(34) $C_{32} = 1/2 - C_{19}C_{30}$
(35) $C_{33} = 0.5C_{26}C_{32} + C_{23}C_{31}C_{29} - (0.5C_{30}C_{28} + C_{32}C_{27}C_{29})$
(36) $C_{34} = 1/12 + C_{18} - C_{21} - C_{18}C_{26}$

（续）

整体式法兰
(37) $C_{35}=-C_{18}(C/4)^{3/4}$
(38) $C_{36}=(C_{28}C_{35}C_{29}-C_{32}C_{31}C_{29})/C_{33}$
(39) $C_{37}=[0.5C_{26}C_{35}+C_{34}C_{51}C_{29}-(0.5C_{30}C_{34}+C_{35}C_{27}C_{29})]/C_{33}$
(40) $E_1=C_{17}C_{36}+C_{18}+C_{19}C_{37}$
(41) $E_2=C_{20}C_{36}+C_{21}+C_{22}C_{37}$
(42) $E_3=C_{23}C_{36}+C_{24}+C_{25}C_{37}$
(43) $E_4=1/4+C_{37}/12+C_{36}/4-E_3/5-3E_2/2-E_1$
(44) $E_5=E_1(1/2+A/6)+E_2(1/4+11A/84)+E_3(1/70+A/105)$
(45) $E_6=E_5-C_{36}(7/120+A/36+3A/C)-1/40-A/72-C_{37}(1/60+A/120+1/C)$

5. 法兰设计应力校核

按照4.2.13小节“4. 法兰应力计算”中的公式计算的法兰应力应符合以下规定。

1）除下列另有限制，对于除铸铁以外的其他材料，σ_H 不得大于 $1.5[\sigma]_f$。

① 法兰颈部由管颈的材料组成的整体式法兰［见图4-41中c）］，颈部的轴向应力 σ_H 不得大于 $1.5[\sigma]_f$ 或 $1.5[\sigma]_n^t$ 中较小者。

② 整体式带颈法兰［见图4-41中b）、b_1）和b_2）］，颈部的轴向应力 σ_H 不得大于 $1.5[\sigma]_f$ 或 $2.5[\sigma]_n^t$ 中较小者。

2）法兰径向应力 σ_R 不应大于 $[\sigma]_f$。

3）法兰切向应力 σ_T 不应大于 $[\sigma]_f$。

4）$(\sigma_H+\sigma_R)/2$ 不应大于 $[\sigma]_f$ 且 $(\sigma_H+\sigma_T)/2$ 不应大于 $[\sigma]_f$。

其中，$[\sigma]_b^t$ 为设计温度下螺栓许用应力（MPa）；$[\sigma]_f$ 为设计温度（操作状态）或常温下（预紧垫片）法兰材料的设计许用应力（MPa）；$[\sigma]_n^t$ 为设计温度（操作状态）或常温下（预紧垫片）接管颈部、容器或管壁材料的设计许用应力（MPa）；σ_T 为法兰环计算切向应力（MPa）。

6. 法兰刚度

1）整体式法兰的刚度宜通过式（4-161）计算的刚度指数 J 进行校核。对于非剧毒和非易燃的流体，温度范围为 $-29\sim186$℃，操作压力不超过1035kPa时，如果证明有成功的服役经验，则可以免除刚度校核。

$$J=\frac{52.14VM_0}{LEg_0^2K_1h_0}\leqslant 1.0 \tag{4-161}$$

式中　J——刚度指数，$J\leqslant1$；

E——法兰材料在设计温度（操作状态）或常温（预紧状态）时的弹性模量；

g_0——法兰锥颈小端厚度（mm）；

K_1——整体式法兰的刚度系数，$K_1=0.3$；

h_0——系数，$h_0=\sqrt{B}g_0$。

2）当按式（4-161）计算所得的 $J>1.0$ 时，应增加法兰厚度 t，并重新计算 J 值，直至 $J\leqslant1.0$ 为止。

4.2.14　可压缩流体流量系数计算

1. 非阻塞湍流

1）无附接管件的非阻塞湍流，应用条件为 $x<F_\gamma x_T$。

流量系数应按式（4-162）计算：

$$C=\frac{Q}{N_9p_1Y}\sqrt{\frac{MT_1Z}{x}} \tag{4-162}$$

式中　C——流量系数；

Q——体积流量（m^3/h）；

M——分子量，对于天然气 $M=17.74$；

T_1——入口绝对温度，$T_1=288K$；

Z——压缩系数，$Z=0.988$；

x——压差与入口绝对压力之比，$x=\Delta p/p_1$；

N_9——数字系数，见表 4-31；

p_1——上游取压口的入口绝对静压力（kPa）；

Y——膨胀系数。

$$Y=1-\frac{x}{3F_\gamma x_T} \tag{4-163}$$

代入式（4-163）的 x 值不可超过 F_γ 和 x_T 的积，如果 $x>F_\gamma x_T$ 则流体变成阻塞湍流并且 $Y=0.667$。

2）带附接管件的非阻塞湍流，应用条件为 $x<F_\gamma x_{TP}$。

流量系数按式（4-164）计算：

$$C=\frac{Q}{N_9F_Pp_1Y}\sqrt{\frac{MT_1Z}{x}} \tag{4-164}$$

式中　F_P——管道几何形状系数，$F_P<1.0$。

按《工业过程控制阀设计选型与应用技术》一书中图 3-9 选取。

2. 阻塞湍流

1）无附接管件的阻塞湍流。应用条件：$x\geqslant F_\gamma x_T$。

流量系数应按式（4-109）计算。

2）带附接管件的阻塞湍流。应用条件：$x\geqslant F_\gamma x_{TP}$。

流量系数应按式（4-165）计算：

$$C=\frac{Q}{0.667N_9F_Pp_1\sqrt{\frac{MT_1Z}{F_\gamma x_{TP}}}} \tag{4-165}$$

式中　x_{TP}——阻塞湍流条件下带附接管件控制阀的压差比系数。

$$x_{TP}=\frac{\frac{x_T}{F_P^2}}{1+\frac{x_T\xi_i}{N_5}\left(\frac{C_i}{d^2}\right)^2} \tag{4-166}$$

式中　x_T——阻塞湍流条件下无附接管件控制阀的压差比系数，按《工业过程控制阀设计选型与应用技术》一书中表 3-2 选取；

N_5——数字常数，见表 4-31；

C_i——用于反复计算的假定流量系数；

ξ_i——附接在控制阀入口面上的渐缩管或其他管件的控制阀的入口速度头损失系数（$\xi_1+\xi_{B1}$）之和；

ξ_1——管件上游速度头损失系数。

$$\xi_1=0.5\left[1-\left(\frac{d}{D_1}\right)^2\right]^2 \tag{4-167}$$

式中　d——控制阀公称尺寸 DN（mm）；

D_1——上游管道内径（mm）。

$$\xi_{B1}=1-\left(\frac{d}{D}\right)^4 \tag{4-168}$$

式中　D——管道内径（mm）。

4.3　工作调压阀（轴流式调节阀）的设计计算

4.3.1　调节阀流通能力计算

本小节包括预测流经调节阀的可压缩流体和不可压缩流体流量的计算公式。

不可压缩流体的公式是根据牛顿不可压缩流体的标准流体动力学的方程导出的，它不能扩展到非牛顿流体、混合流体、悬浮液或两相流体。

当压差与入口压力之比（$\Delta p/p_1$）很低时，可压缩流体的性质与不可压缩流体相似。在这种情况下，本小节给出的公式可以从牛顿不可压缩流体的基本伯努利方程导出。但当 $\Delta p/p_1$ 的值增大时，就会引起压缩效应，这就需要用适当的修正系数对基本方程进行修正。本节提出的公式适用于气体或蒸汽，不适用于气体 - 液体、蒸汽 - 液体或气体 - 固体混合物的多相流体。

对可压缩流体的应用，本节对 $x_T\leqslant 0.84$（见表 4-30）的调节阀是比较准确的。对 $x_T>0.84$ 的调节阀（一些多级阀），有较大的误差。

仅当 $K_v/d^2<0.04$（$C_v/d^2<0.047$）时，才能保持合理的精确度。

1. 不可压缩流体的计算公式

以下所列公式可确定调节阀不可压缩流体的流量、流量系数、相关安装系数和相应工作条件的关系。流量系数可以在下列公式中选择一个合适的公式来计算。

1）非阻塞湍流的计算公式如下。

① 无附接管件的非阻塞湍流。应用条件：$\Delta p < F_L^2(p_1 - F_F p_v)$。

流量系数应由式（4-169）确定：

$$C = \frac{Q}{N_1}\sqrt{\frac{\rho_1/\rho_0}{\Delta p}} \tag{4-169}$$

式中 N_1——数字常数，见表4-31；

ρ_1——在 P_1 和 T_1 时的流体密度（kg/m^3）；

ρ_1/ρ_0——相对密度（对于15℃的水，$\rho_1/\rho_0 = 1.0$）；

Δp——上、下游取压口的压差（kPa），$\Delta p = p_1 - p_2$。

② 带附接管件的非阻塞湍流。应用条件：$\Delta p < [(F_{LP}/F_P)^2(p_1 - F_F p_v)]$。

流量系数应由式（4-170）确定：

$$C = \frac{Q}{N_1 F_P}\sqrt{\frac{\rho_1/\rho_0}{\Delta p}} \tag{4-170}$$

式中 F_P——管道几何形状系数，$F_P < 1.0$。

2）阻塞湍流的计算公式如下。

① 无附接管件的阻塞湍流。应用条件：$\Delta p \geqslant F_L^2(p_1 - F_F p_v)$。

流量系数应由式（4-171）确定。

$$C = \frac{Q}{N_1 F_L}\sqrt{\frac{\rho_1/\rho_0}{p_1 - F_F p_v}} \tag{4-171}$$

式中 F_L——无附接管件调节阀的液体压力恢复系数，见表4-30；

p_v——入口温度下液体蒸汽的绝对压力（kPa），$p_v = 70.1\text{kPa}$；

F_F——液体临界压力比系数。

$$F_F = 0.96 - 0.28\sqrt{\frac{p_v}{p_C}} \tag{4-172}$$

p_C——绝对热力学临界压力，p_C 值见表4-32。

② 带附接管件的阻塞湍流。应用条件：$\Delta p \geqslant (F_{LP}/F_P)^2(p_1 - F_F p_v)$。

流量系数应由式（4-173）确定：

$$C = \frac{Q}{N_1 F_{LP}}\sqrt{\frac{\rho_1/\rho_0}{p_1 - F_F p_v}} \tag{4-173}$$

式中 F_{LP}——带附接管件调节阀的液体压力恢复系数和管道几何形状系数的复合系数，F_{LP}必须由试验来确定，在允许估算时，应使用式（4-174）计算。

$$F_{LP}=\frac{F_L}{\sqrt{1+\frac{F_L^2}{N_2}\left(\sum\xi_1\right)\left(\frac{C}{d^2}\right)^2}} \tag{4-174}$$

式中　N_2——数字常数，见表 4-31。

2. 可压缩流体的计算公式

1）非阻塞湍流的计算公式如下。

① 无附接管件的非阻塞湍流。应用条件：$x < F_\gamma x_T$。流量系数应按式（4-162）计算。

② 带附接管件的非阻塞湍流。应用条件：$x < F_\gamma x_{TP}$。流量系数应按式（4-164）计算。

2）阻塞湍流的计算公式如下。

① 无附接管件的阻塞湍流。应用条件：$x \geqslant F_\gamma x_T$。流量系数应按式（4-109）计算。

② 带附接管件的阻塞湍流。应用条件：$x \geqslant F_\gamma x_{TP}$。流量系数应按式（4-165）计算。

3. 修正系数的确定

（1）管道几何形状系数 F_P　调节阀阀体上、下游装有附接管件时，必须考虑管道几何形状系数 F_P。F_P 是流经带有附接管件调节阀的流量与无附接管件的流量之比。两种安装情况（见图 4-46）的流量均在不产生阻塞流的同一试验条件下测得。为满足 F_P 的精确度为 ±5% 的要求，F_P 应该按 GB/T 17213.9—2005 规定的试验确定。

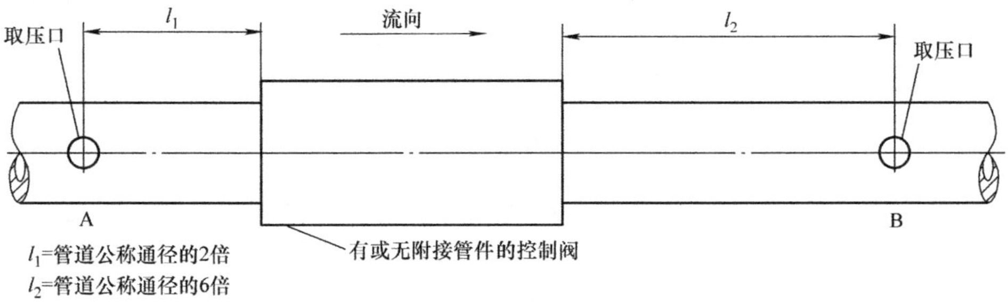

图 4-46　计算用参考管段

当允许估算时，应采用式（4-175）计算：

$$F_P=\frac{1}{\sqrt{1+\frac{\sum\xi}{N_2}\left(\frac{C_i}{d^2}\right)^2}} \tag{4-175}$$

在式（4-175）中，$\sum\xi$ 是调节阀上所有附接管件的全部有效速度头损失系数的代数和，调节阀自身的速度头损失系数 ξ_{B2} 不包括在内。

$$\sum\xi = \xi_1 + \xi_2 + \xi_{B1} - \xi_{B2} \tag{4-176}$$

当调节阀的入口处管道直径不同时，系数 ξ_B 按式（4-177）计算：

$$\xi_B = 1 - \left(\frac{d}{D}\right)^4 \tag{4-177}$$

如果入口与出口管件是市场上供应的较短的同轴渐缩管，系数 ξ_1 和 ξ_2 用式（4-178）和式（4-179）估算。

入口渐缩管：

$$\xi_1 = 0.5\left[1 - \left(\frac{d}{D_1}\right)^2\right]^2 \tag{4-178}$$

出口渐缩管（渐扩管）：

$$\xi_2 = 1.0\left[1 - \left(\frac{d}{D_2}\right)^2\right]^2 \tag{4-179}$$

入口和出口尺寸相同的渐缩管：

$$\xi_1 + \xi_2 = 1.5\left[1 - \left(\frac{d}{D}\right)^2\right]^2 \tag{4-180}$$

用上述系数 ξ 计算出的 F_P 值，一般将导致选出的调节阀容量比所需要的稍大一些，这一计算需要迭代，通过计算非阻塞湍流的流量系数 C 来进行计算。

注：阻塞流公式和包含 F_P 的公式都不适用。

下一步按式（4-181）确定 C_i：

$$C_i = 1.3C \tag{4-181}$$

用式（4-181）得出 C_i，由式（4-175）确定 F_P。如果调节阀两端的尺寸相同，则 F_P 可用图 4-47 确定的结果来替代。然后，确定是否有：

$$\frac{C}{F_P} \leqslant C_i \tag{4-182}$$

如果满足式（4-182）的条件，那么，式（4-181）估算的 C_i 可用，如果不能满足式（4-182）的条件，那么，将 C_i 再增加 30%，再重复上述计算步骤，这样就可能需要多次重复，直至能够满足式（4-182）要求的条件。

F_P 的近似值可查阅图 4-47。

（2）雷诺数系数 F_R　当通过调节阀的流体压差低、黏度高、流量系数小或是这几个条件的组合，形成非湍流状态时，就需要雷诺数系数 F_R。

雷诺数系数 F_R 可以用非湍流状态下的流量除以同一安装条件在湍流状态下测得的流量来确定。

试验表明 F_R 可用式（4-183）计算的调节阀雷诺数通过图 4-48 中的曲线确定。

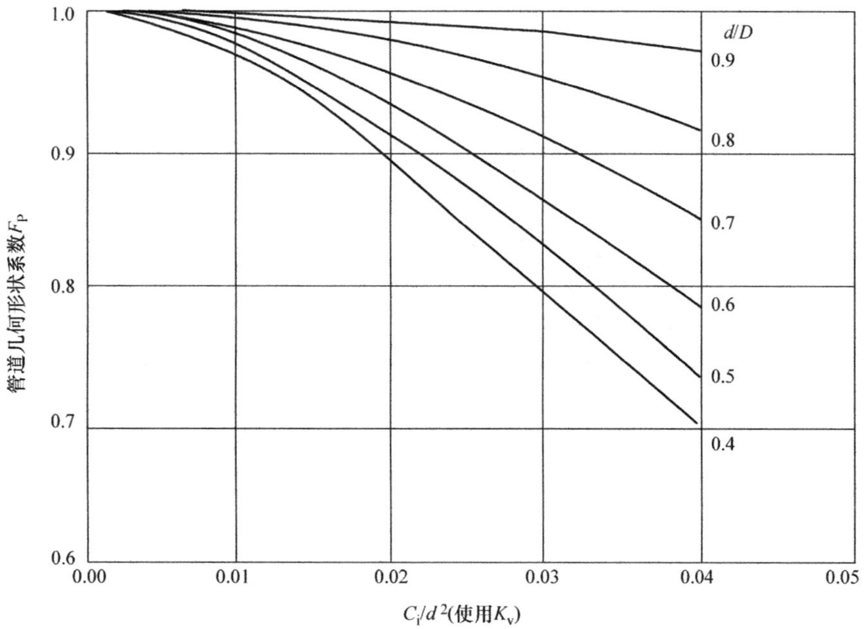

a)

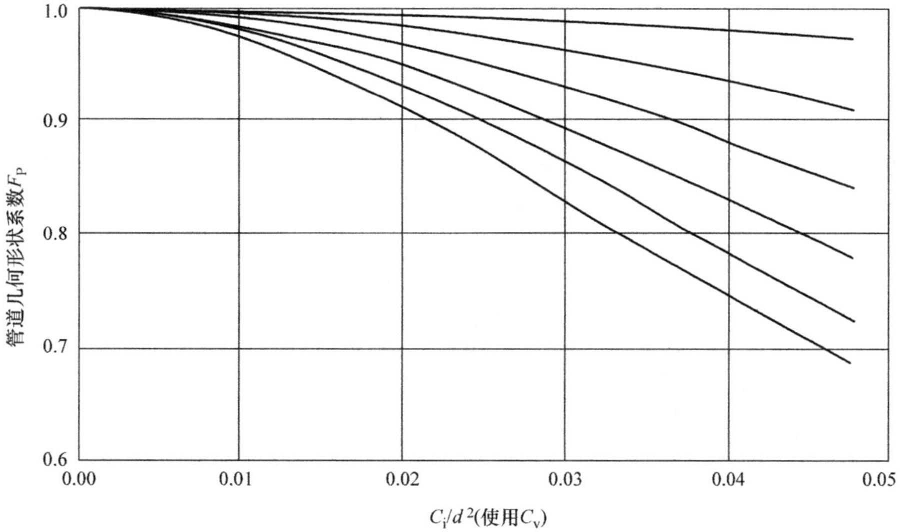

b)

图 4-47　用于 K_v/d^2 和 C_v/d^2 的管道几何形状系数 F_P

a）用于 K_v/d^2 的管道几何形状系数 F_P　b）用于 C_v/d^2 的管道几何形状系数 F_P

注：1. 阀两端的管径 D 是相同的。

2. 这些曲线的使用参见参考文献［1］。

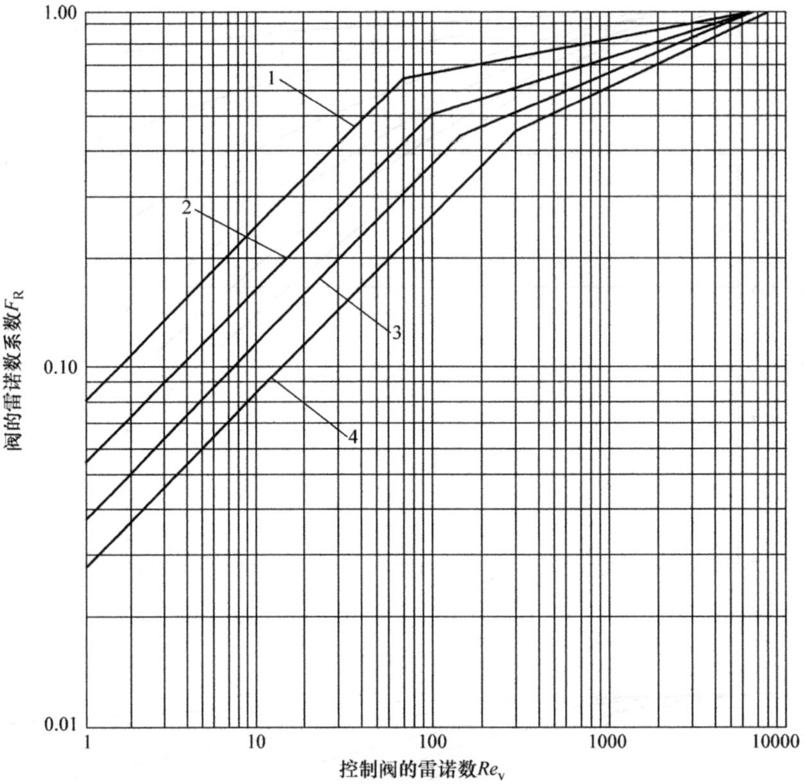

图 4-48 雷诺数系数 F_R

1—用于 $C_i/d^2=0.016N_{18}$ 2—用于 $C_i/d^2=0.023N_{18}$ 3—用于 $C_i/d^2=0.033N_{18}$ 4—用于 $C_i/d^2=0.047N_{18}$

注：曲线以 F_L 为基准，F_L 大约为 1.0。

$$Re_v=\frac{N_4F_dQ}{\nu\sqrt{C_iF_L}}\left(\frac{F_L^2C_i^2}{N_2D^4}+1\right)^{1/4} \tag{4-183}$$

这一计算需要迭代，通过计算湍流的流量系数 C 来进行计算，调节阀类型修正系数 F_d 把节流孔的几何形状转换成等效图形的单流路。典型值见表 4-30。为满足 F_d 的偏差为 ±5% 的要求，F_d 应由 GB/T 17213.9—2005 规定的试验来确定。

注：含有 F_P 的公式不适用。

下一步按式（4-181）确定 C_i。

按式（4-181）确定 C_i 并且通过式（4-185）和式（4-187）确定全口径型阀内件的 F_R，或用式（4-188）和式（4-190）确定缩径型阀内件的 F_R。在两种情况下都采用两个 F_R 值中较小的值确定是否满足式（4-184）的条件：

$$\frac{C}{F_R}\leqslant C_i \tag{4-184}$$

如果满足式（4-184）的条件，那么使用由式（4-181）确定的 C_i；如果不能满足式（4-184）的条件，那么，要将 C_i 再增加30%，再重复上述计算步骤，这样就可能需要多次反复，直至能满足式（4-184）要求的条件。

对于 $C_i/d^2 \geqslant 0.016\ N_{18}$ 且 $Re_v \geqslant 10$ 的全口径型阀内件，由式（4-185）计算 F_R。

对于过渡流状态：

$$F_R = 1 + \left(\frac{0.33F_L^{\frac{1}{2}}}{n_1^{\frac{1}{4}}}\right)\lg\left(\frac{Re_v}{10000}\right) \tag{4-185}$$

$$n_1 = \frac{N_2}{\left(\frac{C_i}{d^2}\right)^2} \tag{4-186}$$

对于层流状态：

$$F_R = \frac{0.026}{F_L}\sqrt{n_1 Re_v}\ （F_R\ 不能超过1） \tag{4-187}$$

注1：用式（4-185）或式（4-187）中数值较小的 F_R；如果 $Re_v < 10$，只使用式（4-187）。

注2：式（4-187）适用于完全的层流（见图4-48中的曲线），式（4-185）和式（4-187）表示的关系基于调节阀额定行程内的试验数据，在调节阀行程下限值时可能不完全准确。

注3：在式（4-186）和式（4-187）中，当使用 K_v 时，C_i/d^2 应小于0.04，当使用 C_v 时，C_i/d^2 应小于0.047。

对于额定行程下 $C_i/d^2 < 0.016N_{18}$ 且 $Re_v \geqslant 10$ 的缩径型阀内件，由式（4-188）计算 F_R。

对于过渡流状态：

$$F_R = 1 + \left(\frac{0.33F_L^{\frac{1}{2}}}{n_2^{\frac{1}{4}}}\right)\lg\left(\frac{Re_v}{10000}\right) \tag{4-188}$$

$$n_2 = 1 + N_{32}\left(\frac{C_i}{d^2}\right)^{\frac{2}{3}} \tag{4-189}$$

对于层流状态：

$$F_R = \frac{0.26}{F_L}\sqrt{n_2 Re_v}\ （F_R\ 不能超过1） \tag{4-190}$$

注1：选择式（4-188）或式（4-190）中数值较小者；如果 $Re_v < 10$，仅使用式（4-190）。

注2：式（4-190）适用于完全的层流（见图4-48中的曲线）。

(3) 液体压力恢复系数 F_L 或 F_{LP}

1) 无附接管件的液体压力恢复系数 F_L。F_L 是无附接管件的液体压力恢复系数，该系数表示阻塞流条件下阀体内几何形状对阀容量的影响。它定义为阻塞流条件下的实际最大流量与理论上非阻流条件下的流量之比。如果压差是阻塞流条件下的阀入口压力与明显的“缩流断面”压力之差，就要算出理论非阻塞流条件下的流量。系数 F_L 可以由符合 GB/T 17213.9—2005 的试验来确定，F_L 的典型值与额定 C（流量系数）百分比的关系曲线如图 4-49 所示。

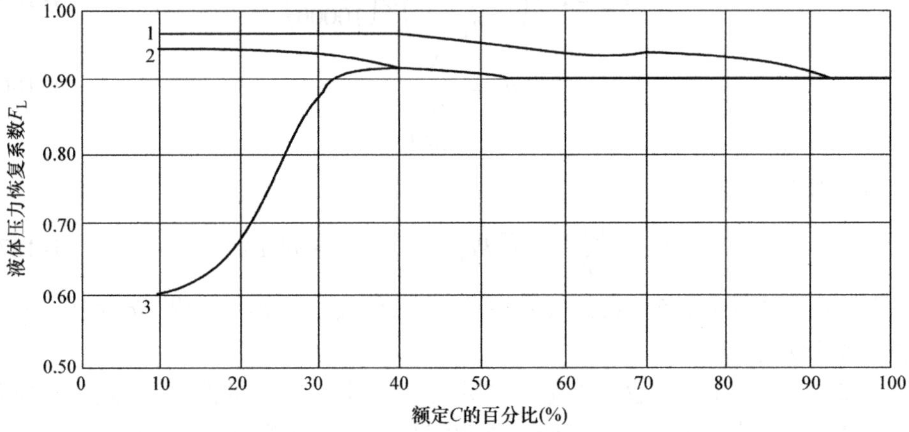

a)

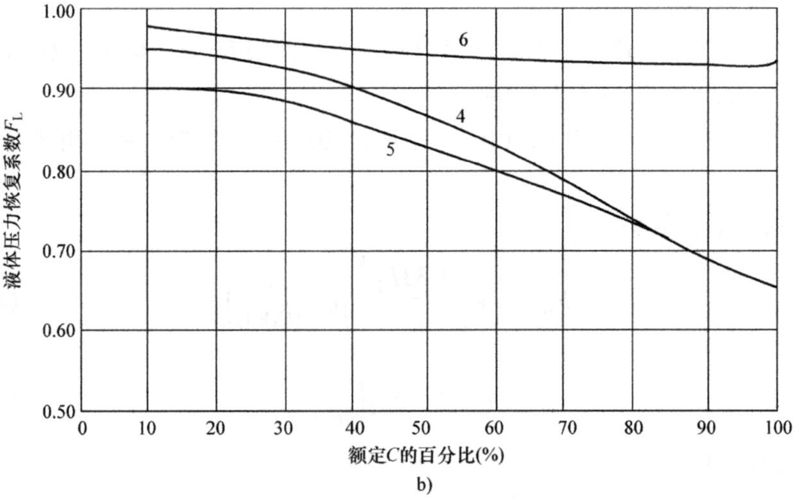

b)

图 4-49 F_L 的典型值与额定 C 的百分比的关系曲线

a) 双座球形阀和套筒球形阀（见图注） b) 蝶阀和柱塞型小流量阀（见图注）

1—V 形阀芯双座球形阀 2—流开和流关型带孔套筒导向球形阀 3—流开和流关型柱塞型阀芯双座球形阀 4—蝶阀（偏心轴式） 5—蝶阀（中心轴式） 6—柱塞形小流量阀

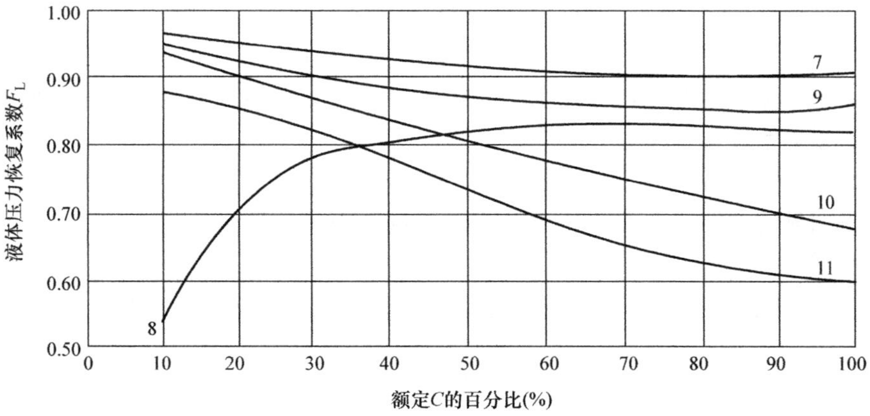

c)

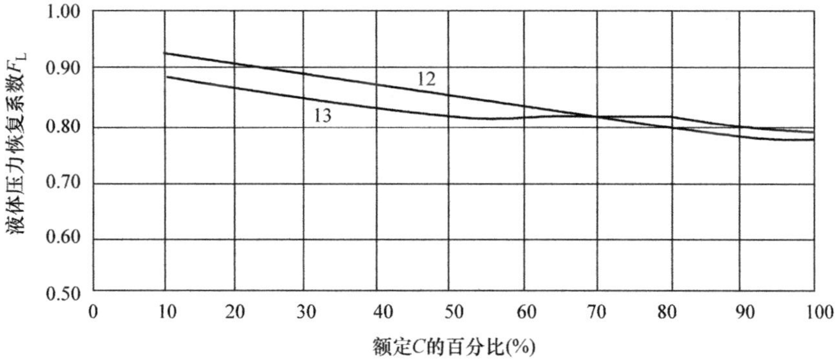

d)

图 4-49　F_L 的典型值与额定 C 的百分比的关系曲线（续）

c）球形阀、偏心旋转阀（球形阀芯）和部分球体形球阀（见图注）　d）偏心旋转阀（锥形阀芯）（见图注）

7—流开型单孔、等百分比、柱塞形球形阀　8—流关型单孔、等百分比、柱塞形球形阀

9—流开型球形阀芯偏心旋转阀　10—流关型球形阀芯偏心旋转阀　11—部分球体形球阀

12—流开型锥形阀芯偏心旋转阀　13—流关型锥形阀芯偏心旋转阀

注：这些值仅为典型值，实际值由制造商发布。

2）带附接管件的液体压力恢复系数与管道几何形状系数的复合系数 F_{LP}。F_{LP}是带附接管件的调节阀的液体压力恢复系数和管道几何形状系数的复合系数，它可以用与 F_L 相同的方式获得。

为满足 F_{LP}的偏差为 ±5%，F_{LP}应由试验来确定，当允许进行估算时，应使用式（4-191）：

$$F_{LP}=\frac{F_L}{\sqrt{1+\frac{F_L^2}{N_2}\left(\sum\xi_1\right)\left(\frac{C}{d^2}\right)^2}} \tag{4-191}$$

其中，$\sum\xi_1$ 是上游取压口与控制阀阀体入口之间测得的调节阀上游附接管件的速度头损失系数 $\xi_1+\xi_{B1}$。

(4) 液体临界压力比系数 F_F　F_F 是液体临界压力比系数，该系数是阻塞流条件下明显的“缩流断面”压力与入口温度下液体的蒸汽压力之比，当蒸汽压力接近零时，$F_F=0.96$。

F_F 值可用图 4-50 所示曲线确定，或由式 (4-192) 确定近似值。

$$F_F=0.96-0.28\sqrt{\frac{p_v}{p_c}} \tag{4-192}$$

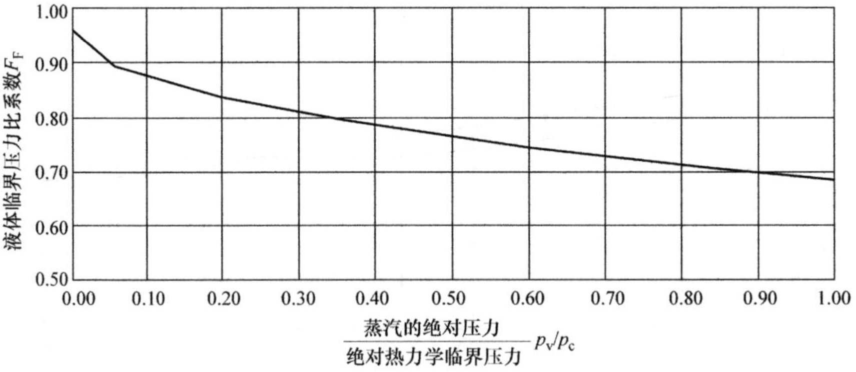

图 4-50　液体临界压力比系数 F_F

(5) 膨胀系数 Y　膨胀系数 Y 表示流体从阀入口流到“缩流断面”(其位置就在节流孔的下游，该处的射流面积最小) 处时的密度变化，它还表示压差变化时“缩流断面”面积的变化。

理论上，Y 受以下几个因素的影响：①阀孔面积与阀体入口面积之比；②流路的形状；③压差比 x；④雷诺数；⑤比热容比 γ。

①、②、③和⑤项的影响可用压差比系数 x_T 表示，x_T 通过空气试验确定。

雷诺数是调节阀节流孔处惯性力与黏性力之比，对于可压缩流体，由于湍流几乎始终存在，因此其值不受影响。

流体比热容比会影响压差比系数 x_T。

Y 可用式 (4-193) 计算：

$$Y=1-\frac{x}{3F_\gamma x_T} \tag{4-193}$$

代入式（4-193）的 x 值不可超过 F_γ 和 x_T 的积，如果 $x>F_\gamma x_T$ 则流体变成阻塞流并且 $Y=0.667$，x、x_T 和 F_γ 的介绍见（6）和（7）。

（6）压差比系数 x_T 和 x_{TP}

1）无附接管件的压差比系数 x_T。x_T 是无渐缩管或其他管件的调节阀的压差比系数，如果入口压力 p_1 保持恒定，并且出口压力 p_2 逐渐降低，则流经调节阀的质量流量就会增大至最大极限值，进一步降低 p_2，流量不再增加，这种情况称为阻塞流。

当压差比 x 达到 $F_\gamma x_T$ 的值时就达到了这个极限值，x 的这个极限值就定义为临界压差比，即使实际压差比更大，用于任何一个计算方程和 Y 的关系式［式（4-193）］中的 x 值也应保持在这个极限之内，Y 的数值范围是 0.667（当 $x=F_\gamma x_T$ 时）~1（更低压差）。

x_T 值可通过空气试验来确定。试验程序见 GB/T 17213.9—2005。

注：表 4-30 列出了几种调节阀装有全口径阀内件和全开时的 x_T 代表值，使用这个资料时应慎重，当要求精确值时，x_T 的值应通过试验获得。

表 4-30　调节阀类型修正系数 F_d、液体压力恢复系数 F_L 和额定行程下的压差比系数 x_T 的典型值①

控制阀类型	阀内件类型	流向②	F_L	x_T	F_d
球形阀，单孔	3V 孔阀芯	流开或流关	0.9	0.70	0.48
	4V 孔阀芯	流开或流关	0.9	0.70	0.41
	6V 孔阀芯	流开或流关	0.9	0.70	0.30
	柱塞型阀芯（直线和等百分比）	流开	0.9	0.72	0.46
		流关	0.8	0.55	1.00
	60 个等直径孔的套筒	向外或向内③	0.9	0.68	0.13
	120 个等直径孔的套筒	向外或向内③	0.9	0.68	0.09
	特殊套筒，4 孔	向外③	0.9	0.75	0.41
		向内③	0.85	0.70	0.41
球形阀，双孔	开口阀芯	阀座间流入	0.9	0.75	0.28
	柱塞形阀芯	任意流向	0.85	0.70	0.32
球形阀，角阀	柱塞形阀芯（直线和等百分比）	流开	0.9	0.72	0.46
		流关	0.8	0.65	1.00
	特殊套筒，4 孔	向外③	0.9	0.65	0.41
		向内③	0.85	0.60	0.41
	文丘利阀	流关	0.5	0.20	1.00

（续）

控制阀类型	阀内件类型	流向②	F_L	x_T	F_d
球形阀，小流量阀内件	V形切口	流开	0.98	0.84	0.70
	平面阀座（短行程）	流关	0.85	0.70	0.30
	锥形针状	流开	0.95	0.84	$\frac{N_{19}\sqrt{C\times F_L}}{D_0}$
角行程阀	偏心球形阀芯	流开	0.85	0.60	0.42
		流关	0.68	0.40	0.42
	偏心锥形阀芯	流开	0.77	0.54	0.44
		流关	0.79	0.55	0.44
蝶阀（中心轴式）	70°转角	任意	0.62	0.35	0.57
	60°转角	任意	0.70	0.42	0.50
	带凹槽蝶板（70°）	任意	0.67	0.38	0.30
蝶阀（偏心轴式）	偏心阀座（70°）	任意	0.67	0.35	0.57
球阀	全球体（70°）	任意	0.74	0.42	0.99
	部分球体	任意	0.60	0.30	0.98

① 这些值仅为典型值，实于值应由制造商规定。

② 趋于阀开或阀关的流体流向，即将截流件推离或推向阀座。

③ 向外的意思是流体从套筒中央向外流，向内的意思是流体从套筒外向中央流。

2）附接管件的压差比系数 x_{TP}。如果调节阀装有附接管件，x_T 值将会受到影响。

为满足 x_{TP} 的 ±5% 的允许偏差，调节阀和附接管件应作为一个整体进行试验，当允许采用估算时，可采用式（4-194）计算：

$$x_{TP}=\frac{\dfrac{x_T}{F_P^2}}{1+\dfrac{x_T\xi_i}{N_5}\left(\dfrac{C_i}{d^2}\right)^2} \tag{4-194}$$

注：N_5 的值见表4-31。

在上述关系中，x_T 为无附接管件调节阀的压差比系数，ξ_i 是附接在调节阀入口面上的渐缩管或其他管件的调节阀的入口的速度头损失系数（$\xi+\xi_{B1}$）之和。

如果入口管件是市场上供应的短尺寸同轴渐缩管，则 ξ 的值可用式（4-178）估算。

表 4-31 数字常数 N

常数	流量系数 C		公式的单位						
	K_v	C_v	W	Q	p、Δp	ρ	T	d、D	ν
N_1	1×10^{-1}	8.65×10^{-2}	—	m^3/h	kPa	kg/m^3	—	—	—
	1	8.65×10^{-1}	—	m^3/h	bar	kg/m^3	—	—	—
N_2	1.6×10^{-3}	2.14×10^{-3}	—	—	—	—	—	mm	—
N_4	7.07×10^{-2}	7.60×10^{-2}	—	m^3/h	—	—	—	—	m^2/s
N_5	1.80×10^{-3}	2.41×10^{-3}	—	—	—	—	—	mm	—
N_6	3.16	2.73	kg/h	—	kPa	kg/m^3	—	—	—
	3.16×10^{1}	2.73×10^{1}	kg/h	—	kPa	kg/m^3	—	—	—
N_8	1.10	9.48×10^{-1}	kg/h	—	kPa	—	K	—	—
	1.1×10^{2}	9.48×10^{1}	kg/h	—	bar	—	K	—	—
N_9	2.46×10^{1}	2.12×10^{1}	—	m^3/h	kPa	—	K	—	—
($t_s=0℃$)	2.46×10^{3}	2.12×10^{3}	—	m^3/h	bar	—	K	—	—
N_9	2.60×10^{1}	2.25×10^{1}	—	m^3/h	kPa	—	K	—	—
($t_s=15℃$)	2.60×10^{3}	2.25×10^{3}	—	m^3/h	bar	—	K	—	—
N_{17}	1.05×10^{-3}	1.12×10^{-3}	—	—	—	—	—	mm	—
N_{18}	8.65×10^{-1}	1.00	—	—	—	—	—	mm	—
N_{19}	2.5	2.3	—	—	—	—	—	mm	—
N_{21}	1.3×10^{-3}	1.4×10^{-3}	—	—	kPa	—	—	—	—
	1.3×10^{-1}	1.4×10^{-1}							
N_{22}	1.73×10^{1}	1.50×10^{1}	—	m^3/h	kPa	—	K	—	—
($t_s=0℃$)	1.73×10^{3}	1.50×10^{3}	—	m^3/h	bar	—	K	—	—
N_{22}	1.84×10^{1}	1.59×10^{1}	—	m^3/h	kPa	—	K	—	—
($t_s=15℃$)	1.83×10^{3}	1.59×10^{3}	—	m^3/h	bar	—	K	—	—
N_{25}	4.02×10^{-2}	4.65×10^{-2}	—	—	—	—	—	mm	—
N_{26}	1.28×10^{7}	9.00×10^{6}	—	m^3/h	—	—	—	—	m^2/s
N_{27}	7.75×10^{-1}	6.70×10^{-1}	kg/h	—	kPa	—	K	—	—
	7.75×10^{1}	6.70×10^{1}	kg/h	—	bar	—	K	—	—
N_{31}	2.10×10^{4}	1.9×10^{4}	—	m^3/h	—	—	—	—	m^2/s
N_{32}	1.40×10^{2}	1.27×10^{2}	—	—	—	—	—	mm	—

注：使用表中提供的数字常数和表中规定的实际公制单位就能得出规定单位的流量系数。

（7）比热容比系数 F_γ 压差比系数 x_T 是以接近大气压，比热容比为 1.40 的空气流体为基础的。如果流体比热容比不是 1.40，可用系数 F_γ 调整 x_T，比热容比系数用式（4-195）计算：

$$F_{\gamma}=\frac{\gamma}{1.40} \tag{4-195}$$

注：γ 和 F_{γ} 的值见表4-32。

表4-32 物理常数①

气体和蒸气	符号	M	γ	F_{γ}	p_C②	T_c③
乙炔	C_2H_2	26.04	1.30	0.929	6140	309
空气	—	28.97	1.4	1.000	3771	133
氨	NH_3	17.03	1.32	0.943	11400	406
氩	Ar	39.948	1.67	1.191	4870	151
苯	C_6H_6	78.11	1.12	0.800	4924	562
异丁烷	C_4H_{10}	58.12	1.10	0.784	3638	408
丁烷	C_4H_{10}	58.12	1.11	0.793	3800	425
异丁烯	C_4H_8	56.11	1.11	0.790	4000	418
二氧化碳	CO_2	44.01	1.30	0.929	7387	304
一氧化碳	CO	28.01	1.40	1.000	3496	133
氯气	Cl_2	70.906	1.31	0.934	7980	417
乙烷	C_2H_6	30.07	1.22	0.871	4884	305
乙烯	C_2H_4	28.05	1.22	0.871	5040	283
氟	F_2	18.998	1.36	0.970	5215	144
氟利昂11（三氯一氟甲烷）	CCl_3F	137.37	1.14	0.811	4409	471
氟利昂12（二氯二氟甲烷）	CCl_2F_2	120.91	1.13	0.807	4114	385
氟利昂13（一氯三氟甲烷）	CClF	104.46	1.14	0.814	3869	302
氟利昂22（一氯二氟甲烷）	$CHClF_2$	80.47	1.18	0.846	4977	369
氦	He	4.003	1.66	1.186	229	5.25
庚烷	C_7H_{16}	100.20	1.05	0.750	2736	540
氢气	H_2	2.016	1.41	1.007	1297	33.25
氯化氢	HCl	36.46	1.41	1.007	8319	325
氟化氢	HF	20.01	0.97	0.691	6485	461
甲烷	CH_4	16.04	1.32	0.943	4600	191
一氯甲烷	CH_3Cl	50.49	1.24	0.889	6677	417
天然气	—	17.74	1.27	0.907	4634	203

（续）

气体和蒸气	符号	M	γ	F_{γ}	p_C②	T_c③
氖	Ne	20.179	1.64	1.171	2726	44.45
一氧化氮	NO	63.01	1.40	1.000	6485	180
氮	N_2	28.013	1.40	1.000	3394	126
辛烷	C_8H_{18}	114.23	1.66	1.186	2513	569
氧气	O_2	32.000	1.40	1.000	5040	155
戊烷	C_5H_{12}	72.15	1.06	0.757	3374	470
丙烷	C_3H_8	44.10	1.15	0.821	4256	370
丙二醇	$C_3H_8O_2$	42.08	1.14	0.814	4600	365
饱和蒸汽	—	18.016	1.25 ~ 1.32④	0.893 ~ 0.943④	22119	647
二氧化硫	SO_2	64.06	1.26	0.900	7822	430
过热蒸汽	—	18.016	1.315	0.939	22119	647

① 环境温度和大气压力下的流体常数（不包括蒸汽）。

② 压力单位为 kPa（绝对压力）。

③ 温度单位 K。

④ 代表性值，准确的特性需要了解确切的组成成分。

（8）压缩系数 Z　许多计算公式都不包含上游条件下流体的实际密度这一项，而密度则是根据理想气体定律由入口压力和温度导出的，在某些条件下，真实气体性质与理想气体偏差很大。在这种情况下，就应引入压缩系数 Z 来补偿这个偏差，Z 是对比压力和对比温度两者的函数（参考图 4-51 来确定 Z）。对比压力 p_r 定义为实际入口绝对压力与所述流体的绝对热力临界压力之比，对比温度 T_r 的定义与此类似，即

$$p_r = \frac{p_1}{p_c} \tag{4-196}$$

$$T_r = \frac{T_1}{T_c} \tag{4-197}$$

注：p_c 和 T_c 的值见表 4-32。

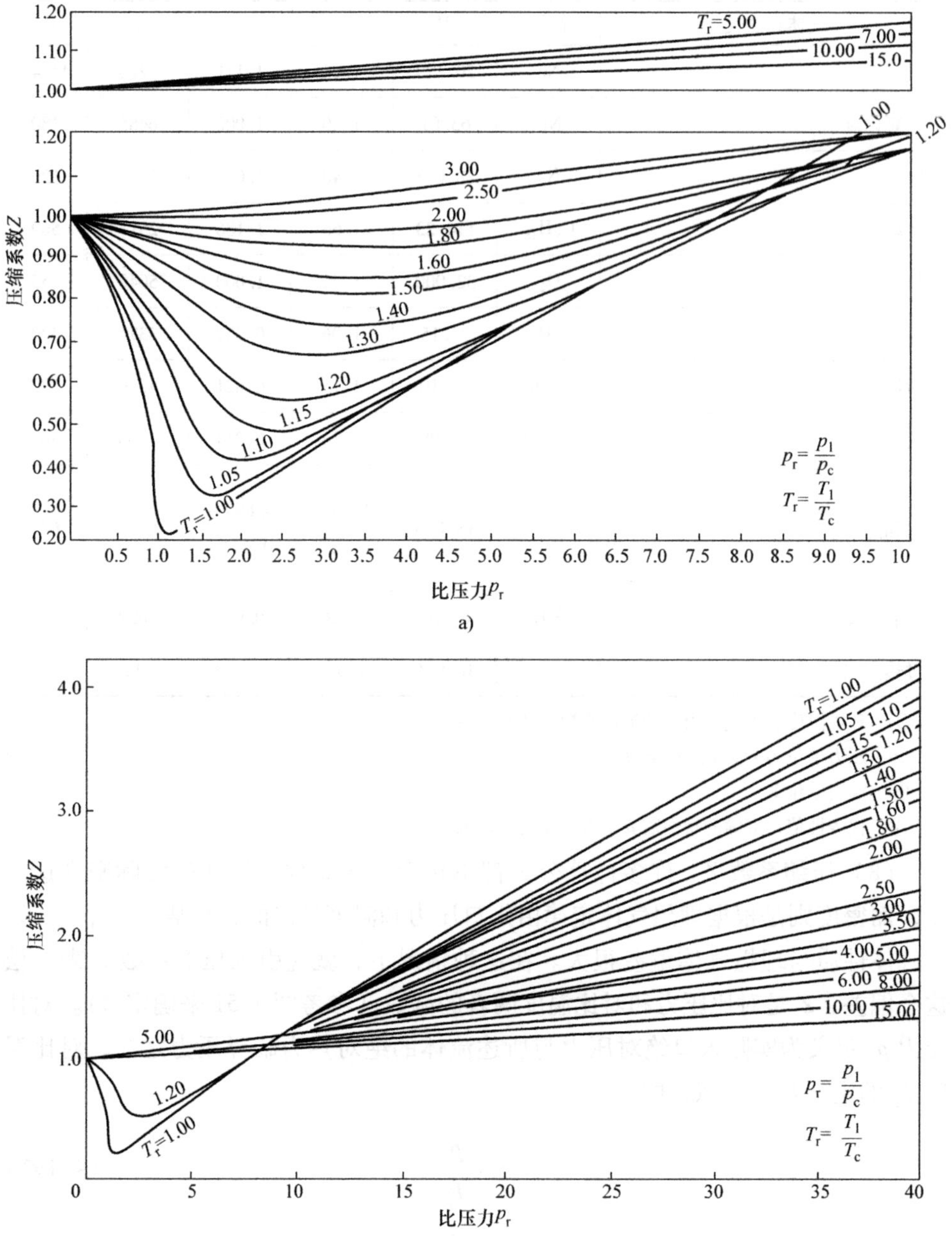

图4-51 压缩系数图

a）比压力 p_r 为0～10 b）比压力 p_r 为0～40

4. 控制阀流量计算流程图

1）不可压缩流体的控制阀流量计算流程图如图 4-52 所示。

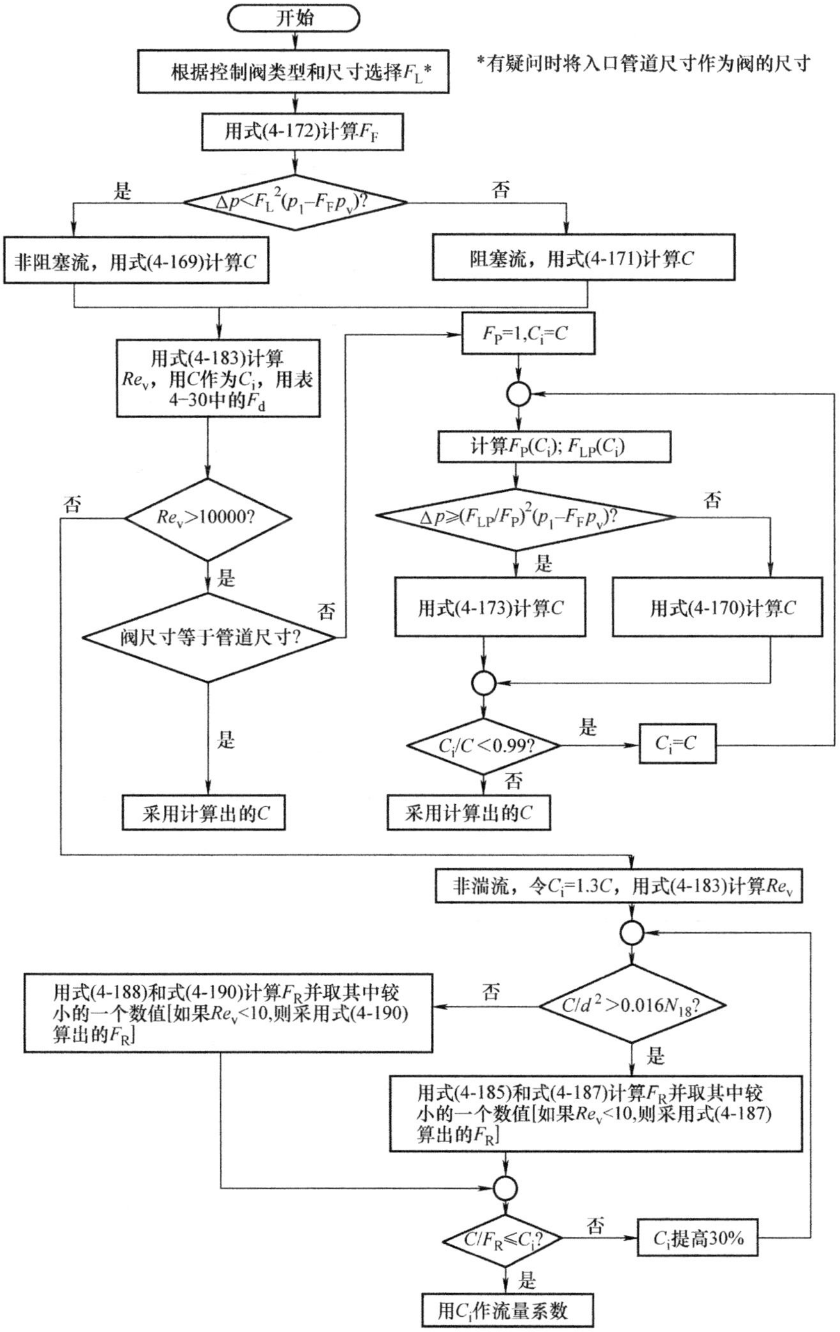

图 4-52　不可压缩流体的控制阀流量计算流程图

2）可压缩流体的控制阀流量计算流程图如图 4-53 所示。

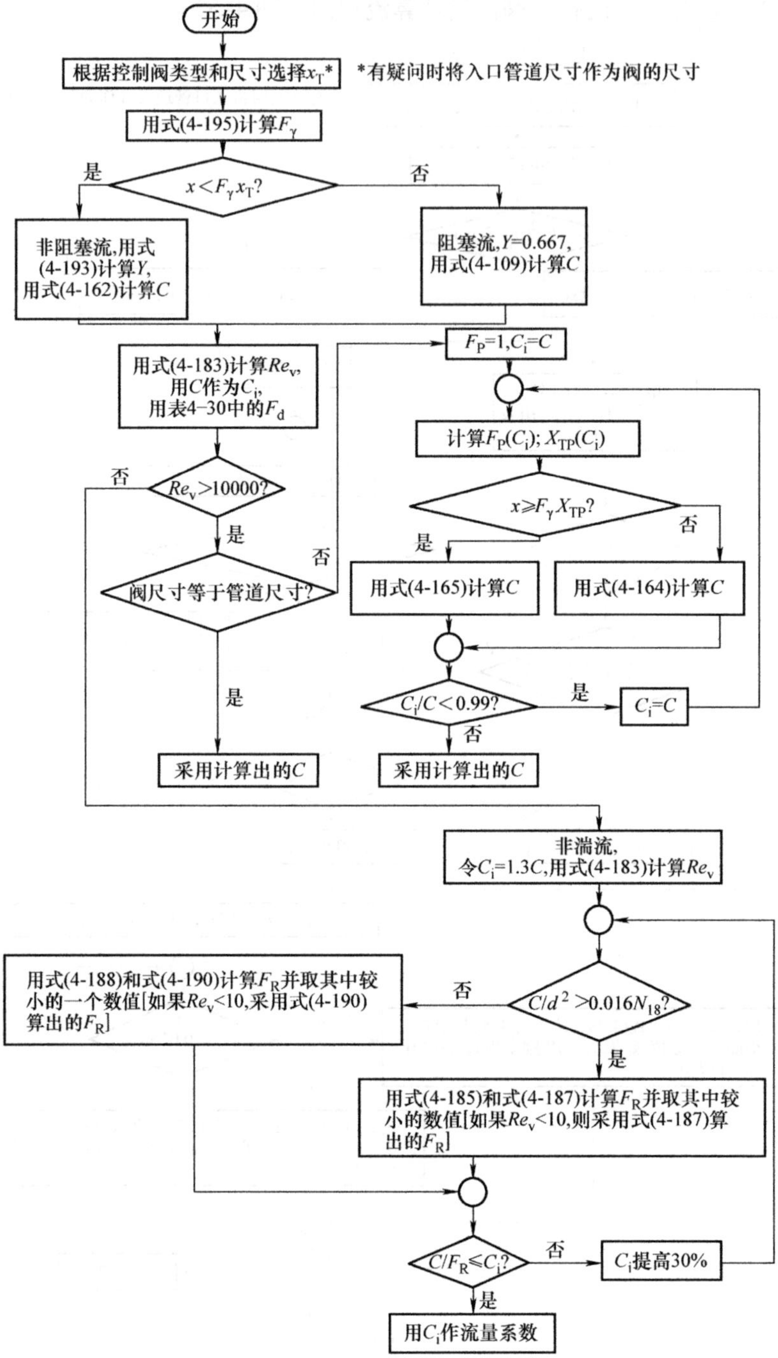

图 4-53 可压缩流体的控制阀流量计算流程图

4.3.2 调节阀的固有流量特性

调节阀的流量特性是指流体流过调节阀的相对流量与相对位移（调节阀的相对开度）之间的关系，数学表达式如下。

$$\frac{Q}{Q_{\max}}=f\left(\frac{l}{L}\right) \tag{4-198}$$

式中 $\frac{Q}{Q_{\max}}$——相对流量，调节阀在某一开度时的流量 Q 与全开时的流量 $Q_{\max}$ 之比；

$\frac{l}{L}$——相对位移，调节阀在某一开度时阀芯位移 l 与全开时的位移 L 之比。

一般来说，改变调节阀的阀芯与阀座之间的流通截面积，便可以控制流量，但实际上，由于多种因素的影响，如在节流面积变化的同时，还发生阀前、阀后的压差变化，而压差的变化又将引起流量的变化。为了便于分析，先假定阀前、阀后的压差不变，然后再引申到真实情况进行研究，前者称为理想流量特性，后者称为工作流量特性。

理想流量特性又称固有流量特性，它不同于阀的结构特性，阀的结构特性是指阀芯位移与流体通过的截面积之间的关系，不考虑压差的影响，纯粹由阀芯大小和几何形状所决定；而理想流量特性则是阀前、阀后压差保持不变的特性。

理想流量特性主要有直线、等百分比（对数）、抛物线及快开等。

1. 直线流量特性

直线流量特性是指调节阀的相对流量与相对位移成直线关系，即单位位移的变化所引起流量变化是常数，用数学表达式表示为

$$\frac{\mathrm{d}\left(\frac{Q}{Q_{\max}}\right)}{\mathrm{d}\left(\frac{l}{L}\right)}=K \tag{4-199}$$

式中 K——常数，即控制阀的放大系数。

将式（4-199）积分得

$$\frac{Q}{Q_{\max}}=K\frac{l}{L}+C \tag{4-200}$$

式中 C——积分常数。

已知边界条件：$l=0$ 时，$Q=Q_{\min}$；$l=L$ 时，$Q=Q_{\max}$。

将边界条件代入式（4-200），求得各常数项为

$$\frac{Q_{\min}}{Q_{\max}}=K\frac{0}{L}+C=C=\frac{1}{R}$$

$$\frac{Q_{\max}}{Q_{\max}}=K\frac{L}{L}+C=K+C$$

$$K=1-C=1-\frac{1}{R}$$

将上述常数项值代入式（4-200）得

$$\frac{Q}{Q_{\max}}=K\frac{l}{K}+C=\left(1-\frac{1}{R}\right)\frac{l}{L}+\frac{1}{R}$$

$$=\frac{1}{R}\left[1+(R-1)\frac{l}{L}\right] \tag{4-201}$$

式（4-201）表明，$\frac{Q}{Q_{\max}}$与$\frac{l}{L}$之间呈直线关系，以不同的$\frac{l}{L}$代入式（4-201），求出$\frac{Q}{Q_{\max}}$的对应值，在直角坐标系上可得到一直线。

直线流量特性调节阀的曲线斜率是常数，即放大系数是一个常数。

可调比 R 不同，表示最大流量系数与最小流量系数之比不同，从相对流量坐标看，表示为相对行程为零时的起点不同，起点的相对流量是 $1/R$，由于最大行程时获得最大流量，因此，相对行程为 1 时的相对流量为 1。

线性流量特性调节阀在不同的行程中，如果行程变化量相同，则流量的相对变化量不同。

不同相对行程时的相对流量见表 4-33。

表 4-33 线性流量特性调节阀相对行程和相对流量的关系（$R=30$）

相对行程（%）	0	10	20	30	40	50	60	70	80	90	100
相对流量（%）	3.33	13.0	22.67	32.33	42.0	51.67	61.33	71.00	80.67	90.33	100

试计算 $R=30$ 时的线性流量特性调节阀，当行程变化量为 10% 时，不同行程位置的相对流量变化量。

相对行程变化 10%，在相对行程 10% 处，相对流量的变化为

$$\frac{22.67-13.0}{13.0}\times100\%\approx74.38\%$$

相对行程变化 10%，在相对行程 50% 处，相对流量的变化为

$$\frac{61.33-51.67}{51.67}\times100\%\approx18.7\%$$

相对行程变化 10%，在相对行程 90% 处，相对流量的变化为

$$\frac{100-90.33}{90.33}\times100\%\approx10.71\%$$

以上计算结果说明，线性流量特性的调节阀在小开度时的流量小，但流量相对变化量大，灵敏度很高，行程稍有变化就会引起流量的较大变化，因此，在小开度时容易发生振荡。在大开度时的流量大，但流量相对变化量小，灵敏度很低，行程要有较大变化才能够使流量有所变化，因此，在大开度时控制呆滞，调节不及时容易超调，使过渡过程变慢。

2. 等百分比（对数）流量特性

等百分比流量特性也称对数流量特性，它是指单位相对位移变化所引起的相对流量变化与此点的相对流量成正比关系，即调节阀的放大系数是变化的，它随相对流量的增大而增大，用数学表达式表示为

$$\frac{\mathrm{d}\left(\frac{Q}{Q_{\max}}\right)}{\mathrm{d}\left(\frac{l}{L}\right)}=K\frac{Q}{Q_{\max}} \tag{4-202}$$

将式（4-202）积分得

$$\ln\frac{Q}{Q_{\max}}=K\frac{l}{L}+C \tag{4-203}$$

已知边界条件：$l=0$ 时，$Q=Q_{\min}$；$l=L$ 时，$Q=Q_{\max}$。

把边界条件代入式（4-203），求得常数项为

$$C=\ln\frac{Q_{\min}}{Q_{\max}}=\ln\frac{1}{R}=-\ln R$$

$$\ln\frac{Q_{\max}}{Q_{\max}}=K\frac{l}{L}+C$$

$$\ln 1=K+C$$

$$0=K+(-\ln R)$$

$$K=\ln R$$

将上述常数项值代入式（4-203），得

$$\ln\frac{Q}{Q_{\max}}=\ln R\frac{l}{L}-\ln R=\ln R\left(\frac{l}{L}-1\right)$$

$$\frac{Q}{Q_{\max}}=\mathrm{e}^{\left(\frac{l}{L}-1\right)\ln R} \tag{4-204}$$

或

$$\frac{Q}{Q_{\max}}=R^{\left(\frac{l}{L}-1\right)} \tag{4-205}$$

式（4-204）和式（4-205）表明，等百分比流量特性调节阀的相对行程与相对流量的对数成比例关系，即在半对数坐标上，流量特性曲线呈直线，或在直角坐标上流量特性曲线是一条对数曲线，由式（4-205）可知，$\ln\frac{Q}{Q_{\max}}\propto\frac{l}{L}$，即

相对流量的对数与相对行程成正比，因此等百分比流量特性也称为对数流量特性。

为了和直线流量特性进行比较，同样以行程的 10%、50%、80% 三点进行研究。行程变化量为 10% 时，不同行程位置的相对流量变化量见表 4-34。

表 4-34 等百分比流量特性调节阀相对行程和相对流量的关系（$R=30$）

相对行程（%）	0	10	20	30	40	50	60	70	80	90	100
相对流量（%）	3.33	4.683	6.58	9.25	12.99	18.26	25.65	36.05	50.65	71.17	100

试计算 $R=30$ 时的等百分比流量特性调节阀，当行程变化量为 10% 时，不同行程位置的相对流量变化量。

相对行程变化 10%，在相对行程 10% 处，相对流量的变化为

$$\frac{6.58-4.68}{4.68}\times100\%\approx40.5\%$$

相对行程变化 10%，在相对行程 50% 处，相对流量的变化为

$$\frac{26.65-18.26}{18.26}\times100\%\approx40.5\%$$

相对行程变化 10%，在相对行程 80% 处，相对流量的变化为

$$\frac{71.17-50.65}{50.65}\times100\%\approx40.5\%$$

以上计算结果说明等百分比流量特性的调节阀在不同开度下，相同的行程变化引起相对流量的变化是相等的。因此称为等百分比流量特性。等百分比流量特性调节阀在全行程范围内具有相同的控制精度。等百分比流量特性调节阀在小开度时，放大系数较小，因此调节平稳。在大开度时，放大系数较大，能有效进行调节，使调节及时。理想的等百分比流量特性曲线在线性流量特性曲线的下部，表示同样的相对行程时，等百分比流量特性调节阀流过的相对流量要比线性流量特性的调节阀少。反之，在同样的相对流量下，等百分比流量调节阀的开度要大些。因此，为满足相同的流通能力，通常选用等百分比流量特性调节阀的公称尺寸（DN）要比线性流量特性调节阀的公称尺寸（DN）要大些。

3. 抛物线流量特性

抛物线流量特性是指单位相对位移的变化所引起的相对流量变化与此点的相对流量值的平方根成正比关系，其数学表达式为

$$\frac{\mathrm{d}\left(\frac{Q}{Q_{\max}}\right)}{\mathrm{d}\left(\frac{l}{L}\right)}=K\sqrt{\frac{Q}{Q_{\max}}}\tag{4-206}$$

已知边界条件：$l=0$ 时，$Q=Q_{min}$；$l=L$ 时，$Q=Q_{max}$。

积分后代入边界条件再整理得

$$\frac{Q}{Q_{max}}=\frac{1}{R}\left[1+(\sqrt{R}-1)\frac{l}{L}\right]^2 \tag{4-207}$$

式（4-207）表明相对流量与相对位移之间为抛物线关系，在直角坐标系上为一条抛物线，它介于线性流量特性和等百分比流量特性曲线之间，抛物线流量特性调节阀相对行程和相对流量的关系见表 4-35。

表 4-35　抛物线流量特性调节阀相对行程和相对流量的关系（$R=30$）

相对行程（%）	0	10	20	30	40	50	60	70	80	90	100
相对流量（%）	3.33	6.99	11.98	18.30	25.96	34.96	45.30	56.97	69.98	84.32	100

4. 快开流量特性

快开流量特性在开度小时就有较大的相对流量。随相对开度的增大，相对流量很快就达到最大；此后再增加相对开度，相对流量变化则很小，故称快开流量特性，其数学表达式为

$$\frac{d\left(\frac{Q}{Q_{max}}\right)}{d\left(\frac{l}{L}\right)}=K\left(\frac{Q}{Q_{max}}\right)^{-1} \tag{4-208}$$

已知边界条件：$l=0$ 时，$Q=Q_{min}$；$l=L$ 时，$Q=Q_{max}$。

积分后代入边界条件再整理得

$$\frac{Q}{Q_{max}}=\frac{1}{R}\left[1+(R^2-1)\frac{l}{L}\right]^{\frac{1}{2}} \tag{4-209}$$

快开流量特性的阀芯形式是平板形的，它的有效位移一般为阀座直径的$\frac{1}{4}$，当位移再增大时，阀的流通面积就不再增大，失去调节作用，快开流量特性调节阀适用于快速启闭的切断阀或双位调节系统。

快开流量特性调节阀相对行程和相对流量关系见表 4-36。

表 4-36　快开流量特性调节阀相对行程和相对流量的关系（$R=30$）

相对行程（%）		0	10	20	30	40	50	60	70	80	90	100
相对流量（%）	理想快开	3.33	31.78	44.82	54.84	63.30	70.75	77.49	83.69	89.46	94.87	100
	实际快开	3.33	21.70	38.13	52.63	65.20	75.83	84.53	91.30	96.13	99.03	100

5. 调节阀理想流量特性曲线

调节阀理想流量特性曲线如图 4-54 所示。

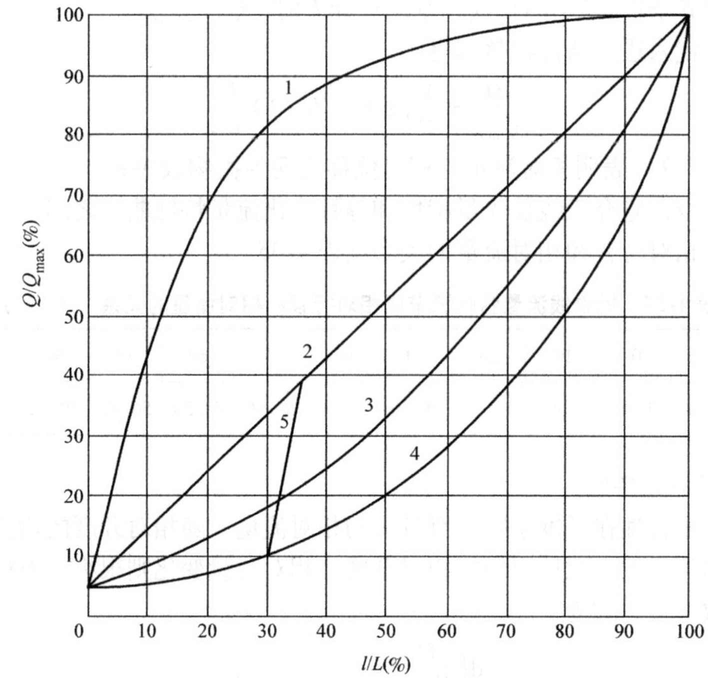

图 4-54　调节阀理想流量特性曲线

1—快开　2—直线　3—抛物线　4—等百分比　5—30%等百分比，35%以上直线

4.3.3　调节阀的节流原理和流量系数

调节阀和普通阀门一样，是一个局部阻力可以改变的节流元件。当流体通过调节阀时，由于阀芯、阀座所造成的流通面积的局部缩小，形成局部阻力，与孔板类似，它使流体的压力和速度产生变化，如图 4-55 所示。

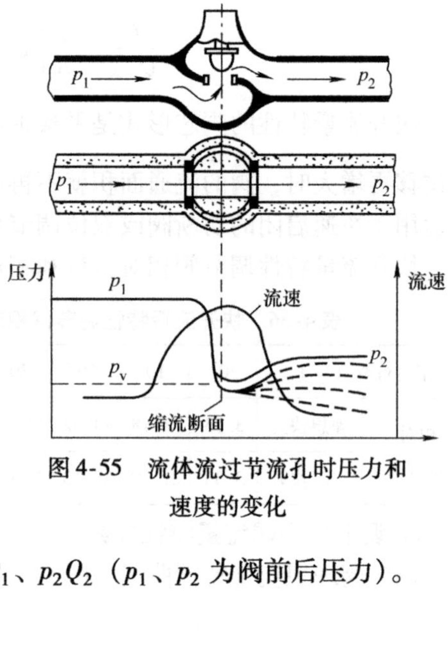

图 4-55　流体流过节流孔时压力和速度的变化

流体流过调节阀时产生能量损失，通常用阀前后的压力差来表示阻力损失的大小。

如果调节阀前后的管道直径一致，流量相同，根据流体的伯努利方程，不可压缩流体流经调节阀时：

$$Q = A_1 v_1 = A_2 v_2$$

单位时间内流过两断面的压能为 p_1Q_1、p_2Q_2（p_1、p_2 为阀前后压力）。

单位时间内流过两断面的动能为$\frac{\gamma Q v_1^2}{2g}$、$\frac{\gamma Q v_2^2}{2g}$（$\gamma$ 为重度）。

单位时间内流过两断面的位能为 $\gamma Q Z_1$、$\gamma Q Z_2$（Z 为流体高度）。

依据能量守恒法则

$$p_1 Q + \frac{\gamma Q v_1^2}{2g} + \gamma Q z_1 = p_2 Q + \frac{\gamma Q v_2^2}{2g} + \gamma Q Z_2$$

等式两边同除以 Q 得

$$p_1 + \frac{\gamma v_1^2}{2g} + \gamma Z_1 = p_2 + \frac{\gamma v_2^2}{2g} + \gamma Z_2$$

等式两边同除以 γ 得

$$\frac{p_1}{\gamma} + \frac{v_1^2}{2g} + Z_1 = \frac{p_2}{\gamma} + \frac{v_2^2}{2g} + Z_2$$

实际流体恒定流量方程为

$$Z_1 + \frac{p_1}{\gamma} + \frac{v_1^2}{2g} = Z_2 + \frac{p_2}{\gamma} + \frac{v_2^2}{2g} + h_j$$

式中　h_j——能量损失，$h_j = \frac{\zeta v^2}{2g}$。

则上式改写成

$$Z_1 + \frac{p_1}{\gamma} + \frac{v_1^2}{2g} = Z_2 + \frac{p_2}{\gamma} + \frac{v_2^2}{2g} + \frac{\zeta v^2}{2g}$$

当 $Z_1 = Z_2$（水平管道）

$$\frac{p_1}{\gamma} + \frac{v_1^2}{2g} = \frac{p_2}{\gamma} + \frac{v_2^2}{2g} + \frac{v^2}{2g}$$

等式两边同乘以重度 γ

$$p_1 + \frac{\gamma v_1^2}{2g} = p_2 + \frac{\gamma v_2^2}{2g} + \frac{\gamma v^2}{2g}$$

移项

$$p_1 - p_2 = \frac{\gamma v_2^2}{2g} - \frac{\gamma v_1^2}{2g} + \zeta \frac{\gamma v^2}{2g}$$

当阀前和阀后的流速相等时

$$p_1 - p_2 = \zeta \frac{\gamma v^2}{2g}，即\ \Delta p = \zeta \frac{\gamma v^2}{2g}$$

把速度转为体积流量 Q 和面积 A 之比得

$$\Delta p = \zeta \frac{\gamma Q^2}{2gA^2}$$

移项

$$\frac{\Delta p \cdot 2gA^2}{\gamma\zeta}=Q^2,\ Q=\sqrt{\frac{\Delta p}{\gamma}}\frac{A}{\sqrt{\zeta}}\sqrt{2g}$$

其中，A 的单位为 cm^2；Δp 的单位为 kgf/cm^2，1kgf = 1000gf；g 的单位为 981cm/s；γ 的单位为 gf/cm^3。因此，上式中 Q 的单位转变成 m^3/h。

$$Q=\sqrt{\frac{\Delta p}{\gamma}}\frac{A}{\sqrt{\zeta}}\times\sqrt{2\times981\times1000}\times\frac{3600}{10^6}=\frac{5.04A}{\sqrt{\zeta}}\sqrt{\frac{\Delta p}{\gamma}} \tag{4-210}$$

令 $C=\frac{5.04A}{\sqrt{\zeta}}$，则 $Q=C\sqrt{\frac{\Delta p}{\gamma}}$。

$$C=\frac{Q}{\sqrt{\frac{\Delta p}{\gamma}}}=Q\sqrt{\frac{\gamma}{\Delta p}}。 \tag{4-211}$$

式（4-210）是调节阀实际应用的流量方程。可见，当调节阀的公称尺寸 DN（NPS）一定，即调节阀接管的横截面积 A 一定，并且调节阀两端的压差（p_1-p_2）不变时，阻力系数 ζ 减小，流量 Q 增大；反之，ζ 增大，则流量 Q 减小。所以，调节阀的工作原理就是按照信号的大小，通过改变阀芯行程来改变流通截面积，从而改变阻力系数而达到调节流量的目的。

式（4-210）改写成式（4-211），C 为流量系数，它与阀芯和阀座的结构、调节阀前后的压差、流体性质等因素有关。因此，它表示调节阀的流通能力，但必须以一定的条件为前提。

为了便于用不同单位进行运算，可以把式（4-211）改写成一个基本类型公式，即

$$C=\frac{Q}{N}\sqrt{\frac{\gamma}{\Delta p}} \tag{4-212}$$

式（4-212）中的 N 是数字常数。

在采用国际单位制时，流量系数用 K_v 表示。K_v 的定义为：温度为 278 ~ 313K（5 ~ 40℃）的水，在 10^5Pa（1bar）的压差下，1h 内流过全开调节阀的体积流量，单位为 m^3/h。

流量系数也可用 C_v 表示，C_v 的定义为：温度为 15.6℃（60℉）的水，调节阀两端的压差为 1psi（$1lbf/in^2$），调节阀全开状态下每分钟流过的体积流量，单位为 US gallon/min。

K_v 和 C_v 的换算关系为

$$K_v=\frac{C_v}{1.156} \tag{4-213}$$

4.3.4 调节阀压力恢复和压力恢复系数

在建立流量系数的计算公式时，都是把流体假想为理想流体，根据理想流体的简单条件来推导公式，没有考虑到调节阀结构对流动的影响，也就是说，只把调节阀模拟为简单的结构形式。只考虑到调节阀前、后的压差，认为压差直接从 p_1 降到 p_2。而实际上，当流体流过调节阀时，其压力变化情况如图 4-55 和图 4-56 所示。根据流体的能量守恒定律可知，在阀芯、阀座处因节流作用而附近的下游处产生一个缩流（见图 4-55），其流体流速最大，但静压最小。在远离缩流处，随着阀内流通面积的增大，流体的流速减小，由于相应摩擦，部分能量转变为内能，大部分静压被恢复，形成了调节阀压差 Δp，也就是说，流体在节流处的压力急剧下降，并在节流通道的下游逐渐恢复，但已经不能恢复到 p_1 值。

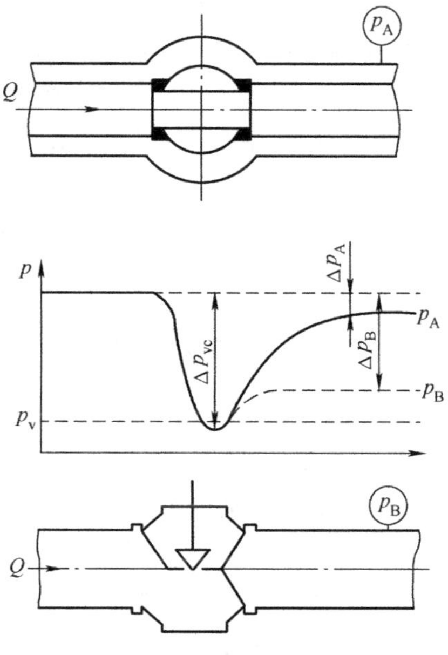

图 4-56　单座阀与球阀的压力恢复比较

当流体为气体时，由于它具有可压缩性，当调节阀的压差达到某一临界值时，通过调节阀的流量将达到极限。这时，即使进一步增加压差，流量也不会再增加。当流体为液体时，一旦压差增加到足以引起液体气化，即产生内蒸和空化作用时，也会出现这种极限的流量，这种极限流量称为阻塞流。由图 4-55 可知，阻差流产生于缩流处及其下游。产生阻塞流时的压差为 Δp_T。为了说明这一特性，可以用压力恢复系数 F_L 来描述。

$$F_L=\sqrt{\frac{p_1-p_2}{p_1-p_{vc}}} \tag{4-214}$$

$$\Delta p_T=F_L^2(p_1-p_{vc}) \tag{4-215}$$

式中　Δp_T——p_1-p_2，表示此时产生阻塞流；

p_1——调节阀前压力；

p_2——调节阀后压力；

p_{vc}——产生阻塞流时缩流断面的压力；

F_L——压力恢复系数。

F_L 值是调节阀阀体内部几何形状的函数，它表示调节阀内流体流经缩流处之后动能变为静压的恢复能力。一般，$F_L=0.5\sim0.98$。当 $F_L=1$ 时，$p_1-p_2=$

p_1-p_{vc}，可以想象为 p_1 直接下降为 p_2，与原来推导的假设一样，F_L 越小，Δp 比 p_1-p_{vc}小的越多，即压力恢复越大。

各种调节阀因结构不同，其压力恢复能力和压力恢复系数也不同。有的调节阀流路好，流动阻力小，具有高压力恢复能力，这类调节阀称为高压力恢复阀。如轴流式调节阀、球阀、蝶阀。有的调节阀流路复杂、流动阻力大、摩擦损失大，压力恢复能力差，这类调节阀称低压力恢复阀，如单座阀、双座阀、迷宫式套筒阀等。在图 4-56 中可以看出，球阀的压力损失 Δp_A 小于单座阀的压力损失 Δp_B。

F_L 值的大小取决于调节阀的结构形状，通过试验可以测定各种典型调节阀的 F_L 值。计算时可参照表 4-30 选取。

4.3.5 调节阀阻塞流对计算的影响

从上面的分析可知，阻塞流是指不可压缩流体或可压缩流体在流过调节阀时所达到的最大流量状态（即极限状态）。在固定的入口条件下，阀前压力 p_1 保持一定而逐步降低阀后压力 p_2 时，流经调节阀的流量会增大到一个最大极限值，再继续降低 p_2，流量不再增加，这个极限流量即为阻塞流。阻塞流出现之后，流量与 Δp（p_1-p_2）之间的关系已不再遵循式（4-210）的规律。

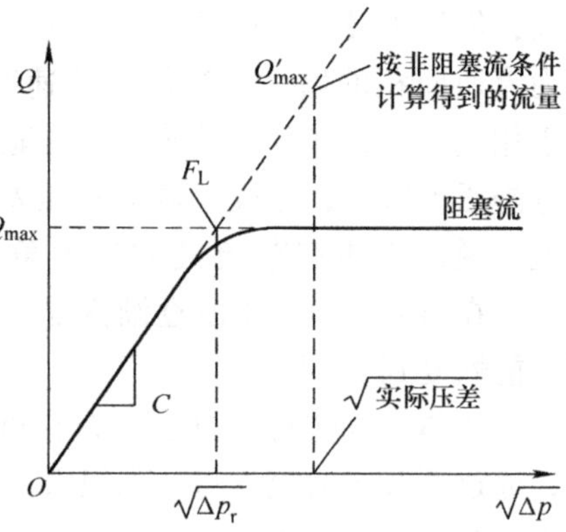

图 4-57 p_T 恒定时 Q 与 $\sqrt{\Delta p}$的关系曲线

从图 4-57 可以看出，当按实际压差计算时，Q'_{max}要比阻塞流量 Q_{max}大很多。因此，为了精确求得此时的 K_v 值，只能把开始产生阻塞流时的调节阀压降 $\sqrt{\Delta p_T}$ 作为计算用的压降。

液体是不可压缩流体，它在产生阻塞流时，p_{vc}值与液体介质的物理性质有关。即

$$p_{vc}=F_F p_v \tag{4-216}$$

式中 p_v——液体饱和蒸汽压力；

F_F——液体的临界压力比系数。

F_F 是阻塞流条件下缩流处压力与调节阀入口温度下的液体饱和蒸汽压力 p_v 之比，是 p_v 与液体临界压力 p_c 之比的函数，可以用图 4-58 查出 F_F 值，也可以用式（4-172）进行计算。对于水 $p_c=22.565\text{MPa}$。

从式（4-214）可见，只要能求得 p_{vc}值，便可得到不可压缩流体是否形成

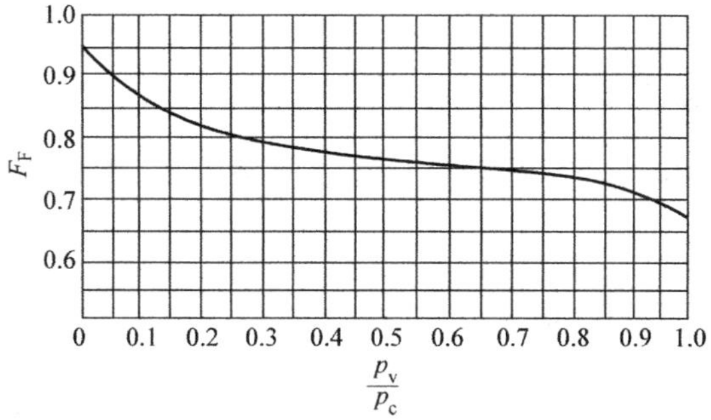

图 4-58　F_F 与 p_v/p_c 的关系

阻塞流的判断条件。显然，$F_L^2(p_1-p_{vc})$即为产生阻塞流时调节阀的压降。因此，当 $\Delta p \geqslant F_L^2(p_1-p_{vc})$，即 $\Delta p \geqslant F_L^2(p_1-F_F p_v)$时，为阻塞流情况；当 $\Delta p < F_L^2(p_1-p_{vc})$，即 $\Delta p < F_L^2(p_1-F_F p_v)$时，为非阻塞流情况。

对于可压缩流体，引入压差比 x 的系数，即

$$x=\frac{\Delta p}{p_1} \tag{4-217}$$

也就是说，调节阀压降 Δp 与入口压力 p_1 的称为压差比。试验表明，若以空气作为试验流体，对于一个特定的调节阀，当产生阻塞流时，其压差比是一个固定常数，称为临界压差比 x_T。对于别的可压缩流体，只要把 x_T 乘以一个比热容比系数 F_γ，即为产生阻塞流时的临界条件。x_T 的数值只决定与调节阀的流路情况及结构，可以用表 4-30 查出来。只要把 x 和 $F_\gamma \cdot x_T$ 两个值进行比较，就可以判定可压缩流体是否产生阻塞流。当 $x \geqslant F_\gamma \cdot x_T$ 时，为阻塞流情况；当 $x < F_\gamma \cdot x_T$时，为非阻塞流情况。

4.3.6　调节阀壳体最小壁厚计算

按图 4-27 和 4.1.2 小节中 1. 计算调节阀壳体最小壁厚。

4.3.7　调节阀阀杆的强度核算

按图 4-27 和 4.1.2 小节中 3.（4）中计算调节阀阀杆的强度核算。

4.3.8　调节阀推杆的强度核算

按图 4-28 和 4.1.2 小节中 3.（4）中计算调节阀推杆的强度核算。

4.3.9　轴流式调节阀斜齿条传动的强度计算

按图 4-31 和图 4-32 及 4.1.2 小节中 4. 计算轴流式调节阀斜齿条传动的强

度计算。

4.3.10 密封面上总作用力及计算比压

按图4-28、图4-29、图4-30和4.1.2小节中2. 计算调节阀密封面上的总作用力及计算比压。

4.3.11 调节阀的固有可调比

一个特定调节阀的规定固有可调比只与阀的截流件和节流孔之间的相互作用有关。调节阀安装后的固有可调比给定值可能会不适用。因此，在推导某一特定应用场合阀安装后的调节比时，应考虑诸如执行机构的定位精度、附接管道湍流阻力的影等因素。

在表4-37规定的极限流量系数范围内，流量系数偏差和斜率偏差均适用于确定固有可调比。在此范围外（见表4-37），只能采用斜率偏差确定固有可调比。

表4-37 流量系数极限值

流量系数	下限	上限
K_v	4.3	$(4.0\times10^{-2})d^2$
C_v	5	$(4.0\times10^{-2})d^2$

注：d = 阀的尺寸（mm），计算时其数值相当于公称尺寸DN。

1. 斜率偏差

当利用试验数据画出调节阀在规定行程增量上的固有流量特性时，其斜率应无较大的偏差。

根据定义可以看出，当连接两个相邻试验点的直线斜率数值超过制造商规定的相同行程位置的流量系数之间画出的直线斜率数值的1~2倍或0.5~1倍时，就会发生较大的偏差（见图4-59和图4-60）。

表4-37列出的流量系数极限值不适用于斜率偏差要求。

2. 流量系数偏差

在按照GB/T 17213.9—2005进行流量试验时，每个试验流量系数与制造商在流量特性中规定的值的偏差应不超过 $\pm10(1/\phi)^{0.2}$ (%)。

上述关系可用于计算相对流量系数 Φ 为0至1.0时的允许偏差。为方便起见，表4-38列出了按此关系计算出的允许偏差。

如果制造商规定的同一行程位置时的流量系数超出表4-37列出的上、下限值，则此偏差不适用于该指定行程位置流量系数。

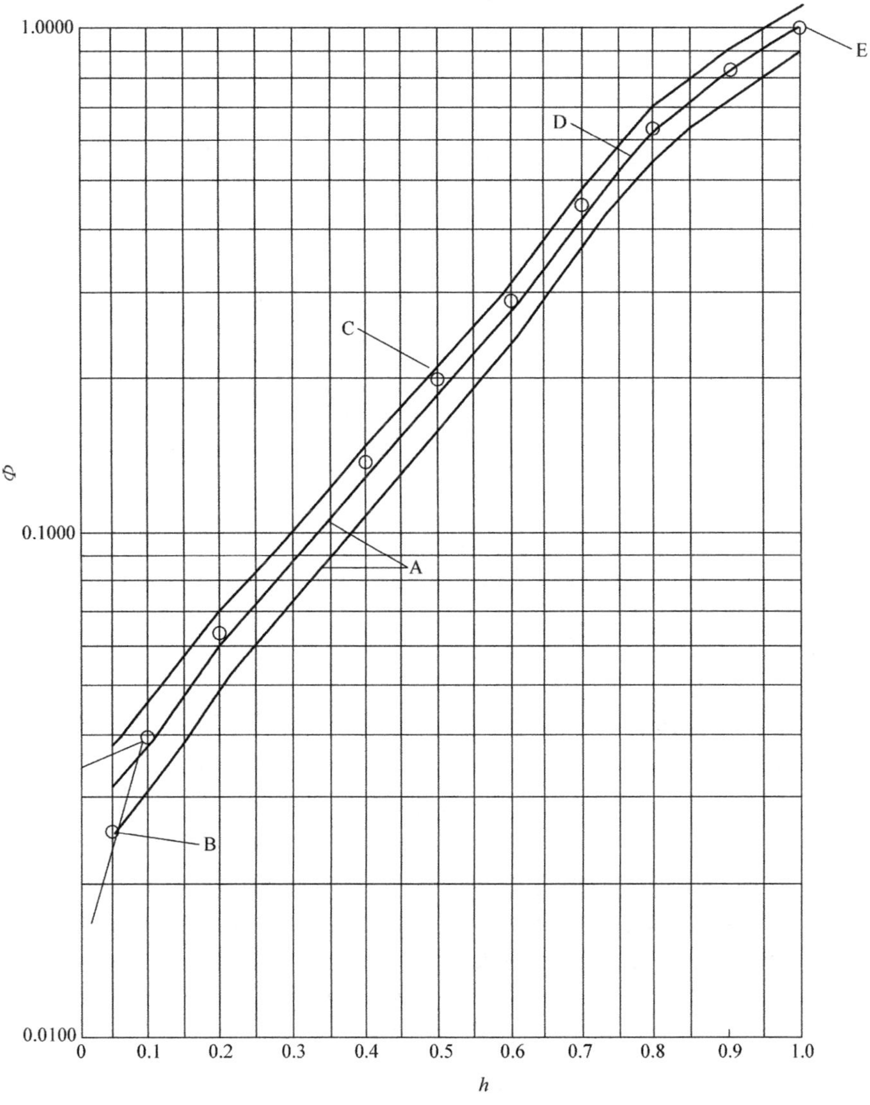

图 4-59　等百分比特性阀样品与制造商规定的流量特性比较的实例

A—允差带　B—允差带和斜率要求内的最小 Φ(0.0253)　C—样品调节阀的试验点

D—制造商规定的流量特性　E—斜率要求内的最大 Φ（1.0）　h—相对行程　Φ—相对流量系数

注：试验样品的固有可调比 $\frac{\Phi_{max}}{\Phi_{min}} \approx \frac{1.0000}{0.0253} \approx 39.5$

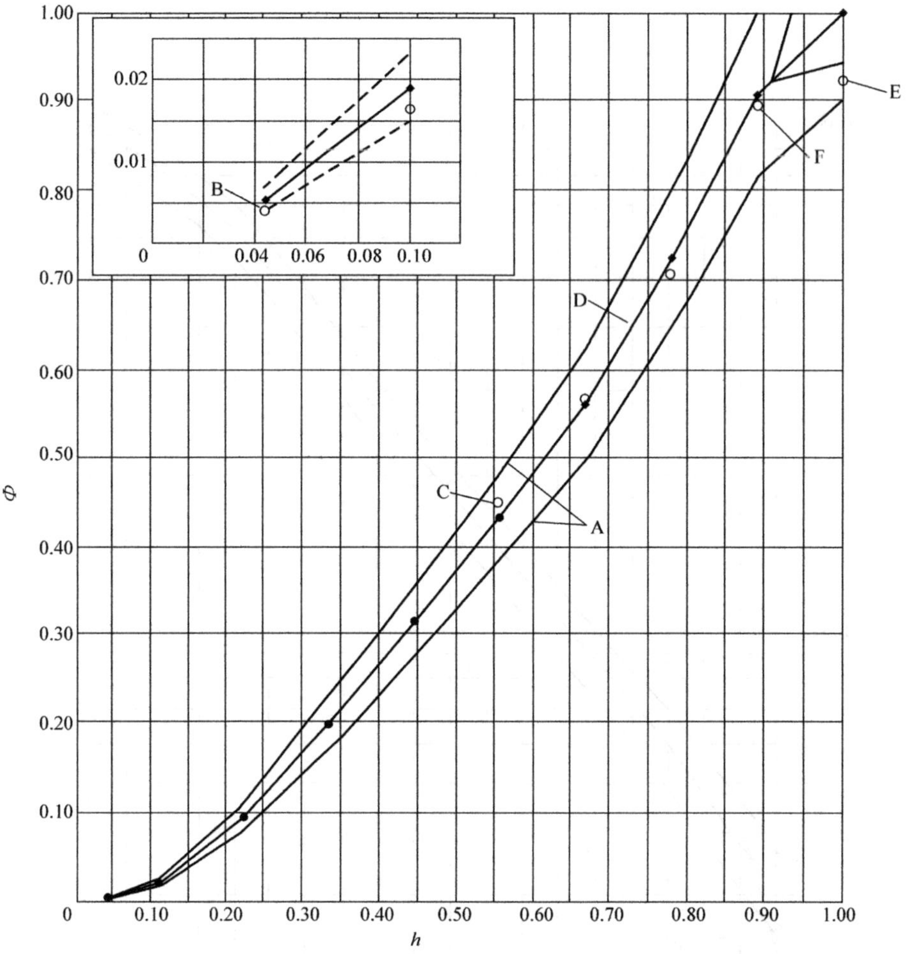

图 4-60 直线特性阀样品与制造商规定的流量特性比较的实例

A—允差带 B—允差带最小 Φ(0.0041) C—样品调节阀的试验点 D—制造商规定的流量特性

E—较大偏差 F—斜率要求内的最大 Φ(0.89) h—相对行程 Φ—相对流量系数

注：试验样品的固有可调比$\frac{\Phi_{max}}{\Phi_{min}}=\frac{0.89}{0.0041}\approx 217$

表 4-38 允许偏差

额定流量系数（%）	相对流量系数 Φ	允许偏差（%）（±）	Φ 的范围	
			下限	上限
5	0.05	18.2	0.0409	0.0591
10	0.1	15.8	0.0842	0.116
20	0.2	13.8	0.172	0.227

（续）

额定流量系数（%）	相对流量系数 Φ	允许偏差（%）（±）	Φ 的范围	
			下限	上限
30	0.3	12.7	0.262	0.338
40	0.4	12.0	0.352	0.448
50	0.5	11.5	0.443	0.557
60	0.6	11.1	0.533	0.667
70	0.7	10.7	0.625	0.775
80	0.8	10.4	0.717	0.883
90	0.9	10.2	0.808	0.992
100	1.0	10.0	0.900	1.10

4.3.12　调节阀的开度计算

1. 计算流量系数的圆整

1）调节阀制造商提供的额定流量系数与计算流量系数不可能一致，因此，需要对计算流量系数进行放大，并圆整到调节阀制造商能够提供的额定流量系数。

2）调节阀计算流量系数是最大流量工况下的计算值，没有考虑一定的操作裕度，因此，要进行必要的放大。

3）通常希望调节阀在最大流量时的开度为 85%，对不同流量特性的调节阀，在最大流量时的开度不同。例如，固有可调比为 30 的调节阀，直线流量特性调节阀的开度为 79.3%；等百分比流量特性调节阀的开度为 96.4%。因此，选用直线流量特性调节阀时，通常要放大一级。而选用等百分比流量特性调节阀时，需要放大二级。

4）不同压降比 S 下，最大流量调节阀开度也有变化，因此，需要考虑压降比的影响。

计算流量系数 K_v 圆整的经验方法是向上圆整一级或二级，圆整后的流量系数是调节阀额定流量系数 K_{v100}，也可按相对开度确定应放大的倍率 k，$K_{v100}=kK_v$。

2. 调节阀开度的计算

根据流量和压差计算得到 K_v 值，并按制造厂提供的各类调节阀的标准系列选取控制阀的公称尺寸 DN（NPS）。考虑到选用时要圆整，因此，对工作时调节阀的开度应该进行验算。

一般说来，最大流量时调节阀的开度应在 85% 左右。最大开度过小，说明调节阀选的公称尺寸 DN（NPS）过大，使它经常在小开度下工作，可调比缩小，造成调节性能下降和经济上的浪费。一般不希望最小开度小于 10%，否则阀芯和阀座由于开度小，受流体冲蚀严重，导致特性变坏，甚至失灵。

不同的流量特性其相对开度和相对流量的对应关系是不一样的，理想特性和工作特性又有差别，因此，计算开度时应按不同特性进行。

调节阀在串联管路的工作条件下，传统的开度验算公式如下：

$$\frac{Q}{Q_{100}}=f\left(\frac{l}{L}\right)\sqrt{\frac{1}{(1-S)f^2\left(\frac{l}{L}\right)+S}} \tag{4-218}$$

式中 Q——调节阀在某一开度时的流量；

Q_{100}——表示存在管道阻力时调节阀全开时的流量；

l——调节阀在某一开度时的阀芯的位移；

L——调节阀全开时阀芯的位移；

S——阀降比，调节阀全开时阀的压差 Δp_{v} 和系统的压力损失总和 Δp_{S} 之比。

$$S=\frac{\Delta p_{\mathrm{v}}}{\Delta p_{\mathrm{S}}} \tag{4-219}$$

一般不希望 S 值小于 0.3，常选 $S=0.3\sim0.5$。

由式(4-218)变换可得

$$f\left(\frac{l}{L}\right)=\sqrt{\frac{S}{S+\left(\frac{Q_{100}}{Q}\right)^2-1}} \tag{4-220}$$

当流过调节阀的流量 $Q=Q_{\mathrm{i}}$ 时，则

$$f\left(\frac{l}{L}\right)=\sqrt{\frac{S}{S+\frac{K_{\mathrm{v}}^2\Delta p}{Q_{\mathrm{i}}^2\gamma}-1}} \tag{4-221}$$

式中 K_{v}——所选用调节阀的流量系数；

Δp——调节阀全开时的压差，即计算压差（kPa）；

Q_{i}——被验算开度处的流量（$\mathrm{m^3/h}$）；

γ——介质重度（$\mathrm{g/cm^3}$）。

若理想流量特性为直线时，把可调比 $R=30$ 代入式（4-201）得

$$\frac{Q}{Q_{\max}}=\frac{1}{R}\left[1+(R-1)\frac{l}{L}\right]=\frac{1}{R}+\left(1-\frac{1}{R}\right)\frac{l}{L}$$

$$f\left(\frac{l}{L}\right)=\frac{1}{30}+\frac{29}{30}\frac{l}{L} \tag{4-222}$$

若理想流量特性为等百分比时，把可调比 $R=30$ 代入式（4-205）得

$$\frac{Q}{Q_{\min}}=R^{\left(\frac{l}{L}-1\right)}$$

$$f\left(\frac{l}{L}\right)=30^{\left(\frac{l}{L}-1\right)} \tag{4-223}$$

若理想流量特性为抛物线时，把可调比 $R=30$ 代入式（4-207）得

$$\frac{Q}{Q_{\max}}=\frac{1}{R}\left[1+(\sqrt{R}-1)\frac{l}{L}\right]^2$$

$$\frac{l}{L}=\frac{\sqrt{R\dfrac{Q}{Q_{\max}}}-1}{\sqrt{R}-1}$$

$$\frac{l}{L}=\frac{5.4772\sqrt{\dfrac{Q}{Q_{\max}}}-1}{4.4772} \tag{4-224}$$

若理想流量特性为快开时，则

$$\frac{Q}{Q_{\max}}=\frac{1}{R}\sqrt{1+(R^2-1)\frac{1}{L}} \tag{4-225}$$

当考虑压降比（阀阻比）S 时，调节阀开度的计算公式如下。

线性流量特性：

$$K\approx\left[\frac{R}{R-1}\sqrt{\frac{S}{S+\dfrac{K_v^2\Delta p}{100Q_i^2\dfrac{\rho}{\rho_0}}-1}}-\frac{1}{R-1}\right]\times 100\% \tag{4-226}$$

等百分比流量特性：

$$K\approx\left[\frac{1}{\lg R}\lg\sqrt{\frac{S}{S+\dfrac{K_v^2\Delta p}{100Q_i^2\dfrac{\rho}{\rho_0}}-1}}+1\right]\times 100\% \tag{4-227}$$

抛物线流量特性：

$$K\approx\frac{1-\sqrt{\dfrac{SR}{S+\dfrac{K_v^2\Delta p}{100Q_i^2\dfrac{\rho}{\rho_0}}-1}}}{\sqrt{R}-1}\times 100\% \tag{4-228}$$

实际工厂快开流量特性：

$$K \approx \left[1 - \sqrt{\frac{\sqrt{\frac{S}{S + \frac{K_v^2 \Delta p}{100 Q_i^2 \frac{\rho}{\rho_0}} - 1} - 1}}{1 - \frac{1}{R}}} \right] \times 100\% \tag{4-229}$$

式中 K——流量 Q_i 处的调节阀开度（%）；

S——控制全开时，阀两端的压降与系统总压降之比，无量纲；

K_v——最大流量时的调节阀流量系数（m^3/h）；

Δp——调节阀全开时阀两端的压降（kPa）；

Q_i——被计算处的流量（m^3/h）；

$\frac{\rho}{\rho_0}$——流体相对于水（15℃）的密度；

R——可调比。

《调节阀口径计算指南》（奚文群、谢海维编）提出利用调节阀放大系数 m 进行开度计算的方法。这里的调节阀放大系数 m 是指圆整后选定的 K_v 值与计算的 $K_{v计}$ 值的比值，即

$$m = \frac{K_v}{K_{v计}} \tag{4-230}$$

m 值的取定由多种因素决定。根据所给的计算条件、采用的流量特性、选择的工作开度及考虑扩大生产等因素，可以取不同的 m 值。

可以推导出放大系数 m 值的计算式，它是调节阀固有流量特性表达式 $f\left(\frac{l}{L}\right)$ 的倒数，m 值的计算式如下。

直线流量特性：

$$m = \frac{R}{\left(\frac{l}{L}\right)(R-1)+1} \tag{4-231}$$

等百分比流量特性：

$$m = R^{\left(1-\frac{l}{L}\right)} \tag{4-232}$$

抛物线流量特性：

$$m = \frac{R}{\left[1+(\sqrt{R}-1)\frac{l}{L}\right]^2} \tag{4-233}$$

快开特性：

$$m = \frac{1}{1-\frac{1}{R}(R-1)\left(1-\frac{l}{L}\right)^2} \tag{4-234}$$

根据不同开度$\left(\frac{l}{L}\right)$计算的 m 值见表 4-39。

按 m 值法进行开度计算的计算式如下。

直线流量特性：

$$K=\frac{l}{L}=\frac{R-m}{(R-1)m} \tag{4-235}$$

等百分比流量特性：

$$K=\frac{l}{L}=1-\frac{\lg m}{\lg R} \tag{4-236}$$

抛物线流量特性：

$$K=\frac{l}{L}=\frac{\sqrt{\frac{R}{m}}-1}{\sqrt{R}-1} \tag{4-237}$$

快开特性：

$$K=\frac{l}{L}=1-\sqrt{\frac{R(m-1)}{m(R-1)}} \tag{4-238}$$

如果用正常流量计算 K_v 值，先要确定调节阀正常工作开度，并根据所选用阀的流量特性从式（4-231）~式（4-234）中选择合适的公式计算 m 值，或从表 4-39 中查出 m 值，得到放大后的流量系数值（$=mK_{v计}$）；然后按所选用的阀系数 K_v 值圆整，设圆整后的流量系数为 K'_v，则实际放大系数为 $m'\left(m'=\frac{K'_v}{K_{v计}}\right)$。根据所选用的阀流量特性，从式（4-235）~式（4-238）中选择合适的进行开度验算。

表 4-39　控制阀计算流量系数与相对开度关系

R	流量特性	相对行程（%）													
		10	20	30	40	50	60	65	70	75	80	85	90	95	100
		m													
30	直线	7.692	4.412	3.093	2.381	1.935	1.630	1.511	1.409	1.319	1.240	1.170	1.107	1.051	1
	等百分比	21.35	15.19	10.81	7.696	5.477	3.898	3.289	2.774	2.340	1.974	1.666	1.405	1.185	1
	抛物线	14.31	8.35	5.464	3.852	2.860	2.208	1.962	1.755	1.580	1.429	1.299	1.186	1.087	1
	实际快开	3.147	2.231	1.823	1.580	1.413	1.291	1.240	1.195	1.155	1.118	1.085	1.054	1.026	1
50	直线	8.47	4.63	3.18	2.43	1.96	1.64	1.53	1.42	1.33	1.24	1.17	1.11	1.055	1
	等百分比	33.8	22.9	15.5	10.4	7.07	4.78	4.01	3.23	2.71	2.19	1.84	1.48	1.24	1
	抛物线	19.4	10.2	6.28	4.25	3.07	2.32	2.065	1.81	1.635	1.46	1.33	1.20	1.1	1
	实际快开	4.85	2.68	1.92	1.54	1.32	1.18	1.14	1.10	1.07	1.04	1.025	1.01	1.005	1

3. 可调比计算

调节阀固有可调比在出厂时已经确定，它由调节阀的结构和所选的流量特性确定，通常国产调节阀的固有可调比 $R=30$。可调比计算是确定实际运行时调节阀可达到的可调比，即实际可调比，计算目的是验证是否满足工艺操作要求。

根据实际可调比 $R'=R\sqrt{S}$，实际可调比 R'与压降比 S 有关，当 S 减小时，R'也减小。

实际应用中，通常对最小开度有限制，例如，最小开度不小于 10%，则线性流量特性调节阀在相对行程 10% 的流量为 13% Q_{max}，从而使可调比下降到 7.7。当压降比 S 较小时，如 $S=0.3$ 时，实际可调比 R'只有 4.2。一旦工艺过程要求的最大与最小流量的比值大于调节阀可提供的可调比，就需要采用到下列措施来提高实际可调比。

（1）采用分程控制　采用一个大阀和一个小阀并联安装，大阀与小阀可通过调节阀弹簧范围的调整或安装阀的定位器等方法使其工作在不同的信号范围。例如，小阀工作在 20～60kPa，大阀工作在 60～100kPa，在 pH 控制系统中，为了精确控制 pH，满足大阀的可调比控制要求，通常采用分程控制。

（2）提高压降比　实际可调比的下降是由于压降比低，因此，各种提高压降比的方法都可提高实际可调比。工艺设计改进，如改进工艺配管，减少弯头和阀门；提高系统入口压力，选用出口压力高的泵等；控制方案改进，如泵出口压力控制系统可采用旁路控制，而不采用直接节流来控制压力。

4.3.13　层流、湍流及雷诺数

19 世纪初期，水利学家们便发现，在不同的条件下，流体质点的运动情况可能表现为两种不同状态：一种状态是流体质点做有规则的运动，在运动过程中质点之间互不混杂，互不干扰；另一种状态是液流中流体质点的运动是非常混乱的。关于黏性流体存在的这样两种运动状态，一直到 1883 年英国科学家雷诺进行了负有盛名的雷诺试验，才得到科学的说明。

1. 层流和湍流

雷诺试验装置如图 4-61 所示，在尺寸足够大的水箱 G 中充满着研究的液体，有一玻璃管 T 与它相连。T 管断面积为 A，末端装一个阀门 K，用以调节管中流量的大小，流量用量桶 M 来测量。

为了减少 T 管中液流的扰动，在玻璃管的进口处做成圆滑的入口。在大水箱 G 的上方装设一个小水箱 C，其中盛有某种有色液体，其重度接近于大水箱中的液体重度，使两种液体不会混合。在小水箱下方引出一根极细的水管 T_1，其下端弯曲，出口尖端略微插进大玻璃管进口端，小管中的流量由小阀门 P 来调节，在试验过程中要注意经常保持水箱中水位恒定不变及液体温度不变。

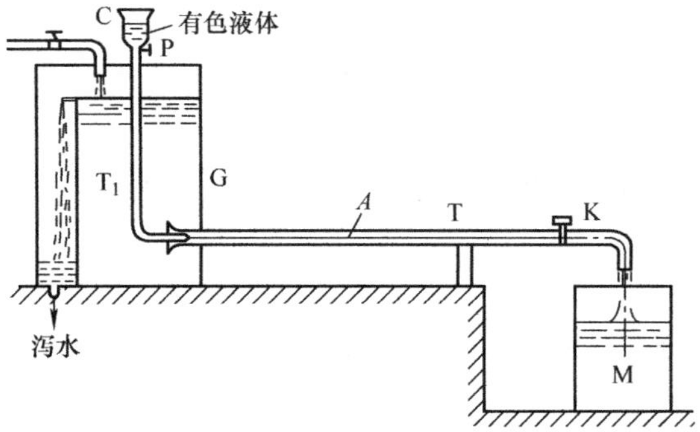

图 4-61　雷诺试验装置

在开始试验之前，首先稍微开启大玻管上的阀门 K，液体便开始缓慢的由水箱 G 流出，此时如果将细管 T_1 上的阀门 P 稍微开启，则有色液体将由细管 T_1 流入大管 T 中，而且在 T 管中形成一条细直而又鲜明的染色流束，如图 4-62a 所示，可以看到从细管中所流出的一条染色流束在管中流动着，其形状成一直线，且极为稳定。

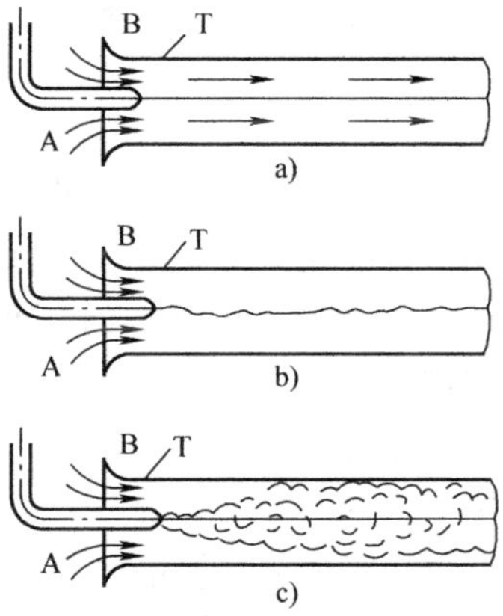

图 4-62　层流和湍流
a）层流状态　b）过渡状态
c）湍流状态

随后如果将阀门 K 再稍微开大一些，则玻璃管中的流速随之增大，但玻璃管中的现象仍不变，染色流束仍保持稳定状态。但阀门开启到某一较大的程度时，即管路流速增加到某较大的确定数值时，就会发现染色流束不再是直线，而是突然开始弯曲，或者如一般所说的成为脉动状态，而它的流线就成为弯曲的、不规则的，如图 4-62b 所示。随着流速继续加快，染色流束的个别部分出现了破裂，并失掉了原来清晰的形状，以后就完全被它周围的液体所冲毁，使得玻璃管内的液体都被染色，如图 4-62c 所示，说明此时流体质点的运动是非常混乱的。

以上的试验证明，当流体流动速度不同时，流体质点的运动就可能存在两种完全不同的情况：一种是当流动速度小于某一确定值时，液体是做有规则的层状或流束状的运动，流体质点互不干扰地前进（流体的这种运动，称为层流运动）；另一种情况是当流动的速度大于该确定的数值时，流体质点除了主要的纵向运动以外，还有附加的横向运动存在（流体的这种运动称为湍流运动）。流体由层流转变为湍流时的平均流速称为上临界速度，以 v_c' 表示。

上述试验也可以用相反的程序进行，即首先开足阀门，然后再逐渐关小，这样在玻璃管中将以相反的程序重演上述现象，即管中的液流首先作湍流运动，当管中的速度降低到某一确定值时，则液体的运动由湍流转变为层流，以后逐渐降低流速，管中液流将始终保持为层流状态。此时由湍流转变为层流时的平均流速，称为下临界速度，以 v_c 表示。

由湍流状态过渡到层流时的下临界速度 v_c 总是要小于由层流过渡到湍流时的上临界速度 v'_c，即

$$v_c < v'_c$$

对于由层流过渡到湍流的上临界速度和由湍流过渡到层流的下临界速度，这两个临界点并不相等。

综合试验结果，就可以得出判别管路中流动状态的初步结论：

① 当管路中流速 $v < v_c$ 时，则管路中流动一定是层流状态。

② 当管路中流速 $v > v'_c$时，则管路中流动一定是湍流状态。

③ 当管路中流速介于上、下临界速度之间，即 $v_c < v < v'_c$时，则管路中流动可能是层流状态，也可能是湍流状态，这主要取决于管路中流速的变化规律。如果开始时是做层流运动，那么当速度逐渐增加到超过 v_c 但不及 v'_c时，其层流状态仍有可能保持，如果开始时是做湍流运动，那么当速度减小到低于 v'_c但仍大于 v_c 时，则其湍流状态仍有可能保持。但是应该指出，在上述条件下两种流动状态都是不稳定的，都可能被任何偶然因素所破坏。

可以看出，层流运动和湍流运动的性质是不相同的，那么很显然，在这两种情况下，它们的流动阻力、速度分布情况以及水头损失也将不同。

再来看伯努利能量方程式中，速度水头 $v^2/2g$ 这一项的 v 是理想流体的平均速度，但在实际流体中在流过断面上各点速度分布并不是完全均匀的，而且各点速度分布规律也是不易得到的。如果以 u 代表实际流体的速度，则它的速度水头 $u^2/2g$ 并不等于 $v^2/2g$，但是我们可以用 $\alpha v^2/2g$ 来代替 $u^2/2g$，这样引入的 α 称为动能修正系数。很明显，如果在流过断面上流速是均匀分布的，那么 $\alpha = 1$；如果流速分布越不均匀，则 α 值越大，α 也可以理解为断面上各质点实有的平均单位功能与以平均流速表示的单位功能的比值。在应用能量方程时，由于具体的流速分布不知道，α 的确切数值也不能确定，只能根据一般的流速分布情况选取一个 α 值。湍流时可取 α 值为 1.05 ~ 1.10，层流时为 2.0。

测压管如图 4-63 所示，在一根断面不变的直管壁上，相距为 l 处打上两个小孔，并分别装上两根测压管，由于所取直管断面不变，因而断面平均速度沿流程不变，平均速度水头 $\alpha v^2/2g$ 也是常数。这样，测压管中的液面差就等于发生在长度为 l 的管段内液体水头损失 h_f。当改变管中的平均速度时，测压管内的液面差也将随之改变。由此，可以得出对应于一系列平均速度时的水头损失，也可以得到如图 4-64 所示的试验曲线。

当管中速度逐渐由小增大时，水头损失也逐渐增加，试验点沿着 ab 线上升。

在对数坐标上，取 $\lg v$ 和 $\lg h_f$ 为同一比例值，则这一线段和水平线间的夹角 $\theta_1 = 45°$，$\tan\theta_1 = 1$。在管路中速度超过上临界速度 v'_c 以后，如果速度继续增加，试验点就脱离了 ab 线，经 bc 线进入了 cd 线。cd 线与水平线的夹角 θ_2 不再等于 45°，接近 c 点的一段斜率是在改变着，$\tan\theta_2$ 从 1.75 逐渐变化到 2。

当管路中速度逐渐由大减小时，水头损失相应减小，试验点沿着 dc 线下降，但是在达到 c 点以后，如果速度继续减小，试验点并不进入 cd 线，而是沿着 dc 的延长线 ce 下降，一直降到和 ab 线相交的 e 点以后（这时相应的速度为下临界速度 v_c）再进入 ea 线。

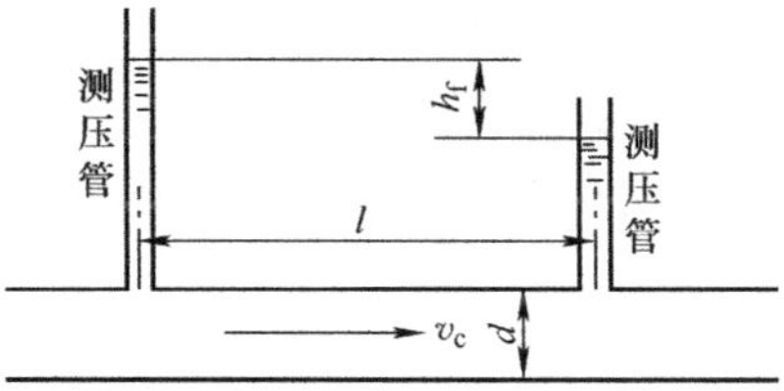

图 4-63　测压管

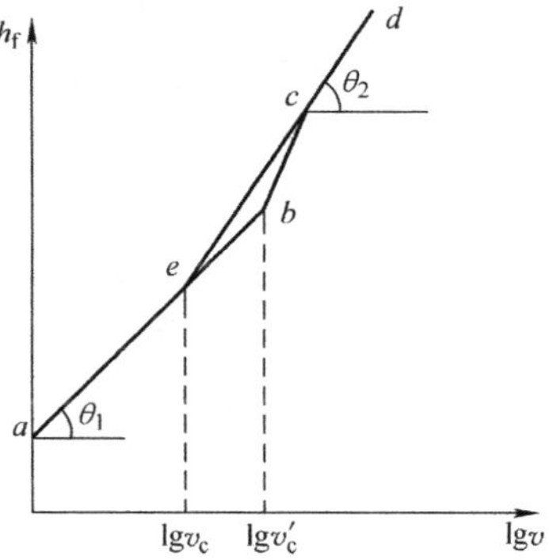

图 4-64　试验曲线

从图 4-64 所示的试验曲线可以看到：

① 当 $v < v_c$ 时，相应为层流状态，试验点落在 ae 线的范围内，而 ae 线的斜率 $\tan\theta_1 = 1$。这就表示，在层流区域内的水头损失 h_f 和平均速度的一次方成正比，即

$$h_f \propto v \tag{4-239}$$

② 当 $v > v'_c$ 时，相应为湍流状态，试验点落在 bcd 线的范围内，而 bcd 线的斜率 $\tan\theta_2 = 1.75 \sim 2$。这就表示在湍流区域，水头损失 h_f 和平均速度的 1.75 ~ 2 次方成正比，即

$$h_f \propto v^{1.75\sim2} \tag{4-240}$$

③ 当 $v_c < v < v'_c$ 时，相应为层流与湍流的过渡区域，试验点落在 e 点与 c 点之间，这时水头损失和平均速度的关系就要看管路中的速度是自小增大，还是由大减小而定，前者成一次方关系，后者成 1.75 次方关系。

上面讨论的内容，非常形象地表明，在层流与湍流运动状态时，流体的水头损失与速度之间的关系是大不相同的。这就是为什么要讨论流体的流动状态的原因。很显然，在计算每一个具体流动的水头损失时，首先必须要判别该流体的流动状态。于是对流体流动状态的判别，就成为我们计算水头损失中首先要解决的

问题，也就是说，需要找出一个判别流体是层流运动还是湍流运动的准则来，这就引出了雷诺数的问题。

2. 雷诺数

根据雷诺试验的结果，初看起来，似乎利用临界速度作为判别层流或湍流的准则是非常简单的，但是这种简单的判别准则在实际应用上的优势不大，因为临界速度本身并不是一个独立不变的量，它与流体的性质及流过断面的几何形状等因素有关。对于不同的流体或者不同大小的管道，就会有不同的临界速度。如果用临界速度作为判别流态的准则，那么对每一具体流动都需要用试验的办法来确定其临界速度。很显然，这样做不仅麻烦而且常常是很困难的。

根据试验研究的结果，临界速度主要与流体的黏度以及流过断面的几何形状有关，它与流体的运动黏度系数 ν 成正比，即

$$v_{kp} \propto \nu$$

这一点是不难理解的，如果流体黏度大，当流体流动时，其摩擦阻力也大。因此流体质点的运动更加混乱，也就是说它的临界速度要增大。此外，对于几何形状相似的过流断面，临界速度与过流断面的大小成反比，对于圆形管道，即可以表示为

$$v_c \propto \frac{1}{d}$$

d 为管道内径，这也是不难理解的，因为管壁总是要限制流体混乱运动的自由的。过流断面越大，这种限制作用就越小，因而流体质点的运动也就更容易混乱，即流动的临界速度减小了。

如果把影响临界速度的两个主要因素综合起来，可以表示为

$$v_c \propto \frac{\nu}{d}$$

引进一个比例常数 Re_c，建立等式，则得

$$v_c = \frac{Re_c \nu}{d}$$

ν/d 的量纲为 $[L^2/(T/L)] = [L/T] =$ [长度/时间]，它与速度具有相同的量纲，由此可见，上式中的 Re_c 应该是一个无量纲的比例系数，称它为雷诺数。这个关系式的正确性已经完全被试验所证实。

同理

$$v'_c = \frac{Re'_c \nu}{d}$$

也可以将管路中的任一平均流速 v 写成相似的表达式：

$$v = \frac{Re \nu}{d}$$

在非圆管中，d 代表水力直径。

由于 ν 和 d 值对于每一个具体流体而言是一个固定值，因此，根据上面的关系式，对于这一流动的每一平均速度都相应于一个无量纲的雷诺数。

$$Re = v\frac{d}{\nu} \tag{4-241}$$

对应于下临界速度有一个相应的下临界雷诺数

$$Re_c = v_c\frac{d}{\nu} \tag{4-242}$$

对应于上临界速度有一个相应的上临界雷诺数

$$Re'_c = v'_c\frac{d}{\nu} \tag{4-243}$$

由上面这三个关系式，可以清楚地看出，对于流动平均流速 v 与其临界速度 v_c 及 v'_c 之间的比较，可以完全用相应于这些速度的雷诺数之间的比较来代替。而且特别有意义的是，由于雷诺数是综合地概括了影响流体流动状态的各种因素，因此，对于过流断面几何相似的流动而言，不管过流断面的尺寸大小如何，也不管液体的性质如何，在实用上可以认为其临界雷诺数 Re_c 及 Re'_c 值始终保持为一个常数。因为当管径 d 增大时，其 v_c 必然减小，因而在 Re_c 表达式的分子中，一项增大，另一项减小，所以对 Re_c 的值影响不大；另外，当流体的运动黏度系数 ν 增大，则 v_c 也增大，在 Re_c 的表达式中，分子、分母同时增大，所以对 Re_c 的值也不会影响。

根据前面的讨论，既然流体平均速度与临界速度之间的比较，可以用相应于这些速度的雷诺数之间的比较来代替，而且，对于过流断面几何相似的流动而言，其临界雷诺数都是不变的，因此就没有必要根据前面所讨论的那样，利用速度与临界速度之间的比较来判断流体流动的状态，而且可以代之以根据相应于这些速度的雷诺数之间的比较来判断流动的状态，也即临界雷诺数成为判别流态的准则，即 $Re < Re_c$，定为层流流动；$Re > Re'_c$，定为湍流流动；$Re_c < Re < Re'_c$ 时，层流与湍流两种状态都有可能，但都不稳定，称为过渡状态。根据试验结果，对于圆管中的液流：$Re_c = v_c d/\nu \approx 2000$；$Re_c = v'_c d/\nu \approx 8000$（大致的平均数）。对于无压流动：$Re_c = v_c R/\nu \approx 300$（$R$ 为水力半径）；$Re'_c = v'_c R/\nu = 1000 \sim 1200$。

应该注意，对于圆管中的有压流动，其临界雷诺数值是完全不固定的。它往往取决于进行试验的情况，同时，在实际计算中，Re'_c 也没有多大意义，在两种流态都可能存在的情况下，一般都应按湍流来进行计算。因为湍流时的阻力较层流大，按湍流计算偏于安全。因此，在实际计算中应把下临界雷诺数作为层流与湍流的分界点，而把过渡区当作湍流情况来处理，即 $Re < Re_c$ 按层流计算；$Re > Re_c$ 按湍流计算。

最后补充说明一点，前面是以圆管为对象进行讨论的，其断面的大小是用直径 d 来加以表示，实际上，上面所得出的结论对于过流断面为任一形状的均匀液流来讲都是适用的。同时对于断面为任一形状的液流，其雷诺数的一般形式为：

$$Re = v\frac{L}{\nu} \tag{4-244}$$

式（4-244）与圆管的雷诺数公式基本相同，式中 L 为表征过流断面大小的任意线性长度。很显然，如果选用不同的线性长度 L，那么相应于同一平均速度的雷诺数值也将是不同的。但是必须注意的是，如果用两个相比较的雷诺数的计算公式中，一定要选用同一个线性长度 L（如要么都用水力半径 R，要么都用湿周 x）。因此，在应用雷诺数时，经常要指明所选用的线性长度。为此，或者是完整的写出雷诺数的公式，或者在雷诺数的符号旁边加上附标，指明所选用的线性长度，如 Re_{d}、Re_{R} 等。

4.3.14　空气动力流经调节阀产生噪声的预测方法

1. 压力与压力比

噪声预测过程中需要知道几个压力和压力比，下面给出了这些数据。

缩流断面是流速最大，压力最小的区域。其最小压力不能低于绝对零压，可用式（4-245）计算：

$$p_{\mathrm{vc}} = p_1 - \frac{p_1 - p_2}{F_{\mathrm{L}}^2} \tag{4-245}$$

在临流条件下，缩流断面压力用式（4-246）计算：

$$p_{\mathrm{vcc}} = p_1\left(\frac{2}{\gamma+1}\right)^{\frac{\gamma}{\gamma-1}} \tag{4-246}$$

缩流断面声速流开始时的下游临界压力由式（4-247）计算：

$$p_{2\mathrm{C}} = p_1 - F_{\mathrm{L}}^2(p_1 - p_{\mathrm{vcc}}) \tag{4-247}$$

修正系数 α 是两个压力比的比值：一个是临界流条件下入口压力与出口压力之比；另一个是临界流条件下入口压力与缩流断面压力之比。

修正系数可由式（4-248）计算：

$$\alpha = \frac{\left(\dfrac{p_1}{p_{2\mathrm{C}}}\right)}{\left(\dfrac{p_1}{p_{\mathrm{vcc}}}\right)} = \frac{p_{\mathrm{vcc}}}{p_{2\mathrm{C}}} \tag{4-248}$$

激波湍流作用（Ⅳ态）开始超越剪切湍流作用（Ⅲ态）影响噪声频谱的那一点称为断点。各流态断点处下游压力可用式（4-249）计算：

$$p_{2\mathrm{B}} = \frac{p_1}{\alpha}\left(\frac{1}{\gamma}\right)^{\frac{\gamma}{\gamma-1}} \tag{4-249}$$

声效系数为常数的区域（V态）开始时的下游压力由式（4-250）计算：

$$p_{2CE}=\frac{p_1}{22\alpha} \tag{4-250}$$

几点说明如下：

1）式（4-245）是亚声速条件下 F_L 的定义。

2）当阀带有附接管件时，用 F_{LP}/F_P 代替 F_L。

3）在计算缩流断面压力时需知道参数 F_L，由缩流断面压力可计算出速度，并由此确定声效系数。

2. 各状态的定义

调节阀通过把势（压力）能转换成湍流来控制流体。调节阀中的噪声是由这种转换能量中的一小部分产生的，大部分能量都变成热能。产生噪声的不同状态是各种声学现象或气体分子与激波相互作用的结果。状态Ⅰ时，流体以亚声速流动，气体被部分再压缩，这与 F_L 有关。此类噪声主要由偶极子声源引起。

状态Ⅱ时，噪声主要由激波之间相互作用和湍流阻塞流产生。当Ⅱ态接近极限时，再压缩量减小。

状态Ⅲ时，不存在等熵再压缩，流体为超声速流动，剪动湍流占主导地位。

状态Ⅳ时，马赫面形成，分子碰撞减少，激波湍流作用占主要因素。

状态Ⅴ时，声效系数为常数。p_2 的进一步降低将不会使噪声增加。

对于一组给定的工作条件，各状态确定如下：

当 $p_2 \geqslant p_{2C}$ 时，为状态Ⅰ；当 $p_{2C}>p_2 \geqslant p_{vcc}$ 时，为状态Ⅱ；当 $p_{vcc}>p_2 \geqslant p_{2B}$ 时，为状态Ⅲ；当 $p_{2B}>p_2 \geqslant p_{2CE}$ 时，为状态Ⅳ；当 $p_{2CE}>p_2$ 时，为状态Ⅴ。

3. 初步计算

（1）阀门类型修正系数 F_d　对多级阀，F_d 仅适用于最后一级。

阀门类型修正系数 F_d 可用式（4-251）计算：

$$F_d=\frac{d_H}{d_0} \tag{4-251}$$

单流路水力直径 d_H 可用式（4-252）计算：

$$d_H=\frac{4A}{l_w} \tag{4-252}$$

总流路面积的等效直径 d_0：

$$d_0=\sqrt{\frac{4N_0A}{\pi}} \tag{4-253}$$

F_d 的典型值见表 4-40。

表 4-40 阀门类型修正系数 F_d 典型值（全口径阀内件）

阀类型	流动方向	相对流量系数 Φ					
		0.10	0.20	0.40	0.60	0.80	1.00
球形阀，抛物线阀芯	流开	0.10	0.15	0.25	0.31	0.39	0.46
	流关	0.20	0.30	0.50	0.60	0.80	1.00
球形阀，3 个 V 形开口阀芯	任意方向①	0.29	0.40	0.42	0.43	0.45	0.48
球形阀，4 个 V 形开口阀芯	任意方向①	0.25	0.35	0.36	0.37	0.39	0.41
球形阀，6 个 V 形开口阀芯	任意方向①	0.17	0.23	0.24	0.26	0.28	0.30
球形阀，钻60个等径孔的套筒	任意方向①	0.40	0.29	0.20	0.17	0.14	0.13
球形阀，钻 120 个等径孔的套筒	任意方向①	0.29	0.20	0.14	0.12	0.10	0.09
蝶阀，绕中心轴回转70°	任意方向	0.26	0.34	0.42	0.50	0.53	0.57
阀板上带凹槽的 70°翼形蝶阀	任意方向	0.08	0.10	0.15	0.20	0.24	0.30
60°平板蝶阀	任意方向	—	—	—	—	—	0.50
偏心旋转阀	任意方向	0.12	0.18	0.22	0.30	0.36	0.42
90°扇形球阀	任意方向	0.60	0.65	0.70	0.75	0.78	0.98

注：这只是一些典型值，实际值由制造商标明。

① 流关时限定压力 p_1-p_2。

（2）射流直径 D_j 射流直径 D_j 用式（4-254）计算：

$$D_j = N_{14} F_d \sqrt{C F_L} \tag{4-254}$$

几点说明如下：

1）N_{14}是数字常数，其值与所用的特定流量系数（K_v 或 C_v）有关，其数值可从表 4-41 中获取。

2）使用所需的是 C，而不是阀的额定 C 值。

3）当阀带有附接管件时，用 F_{LP}/F_P 代替 F_L。

表 4-41　数字常数 N

常数	流量系数	
	K_v	C_v
N_{14}	4.9×10^{-3}	4.6×10^{-3}
N_{16}	4.23×10^{4}	4.89×10^{4}

（3）声功率比 r_w　声功率比表示向下游管道辐射的声功率部分。阀及管件的系数见表 4-42。

表 4-42　声功率比 r_w

阀或管件	r_w
球形阀，抛物线阀芯	0.25
球形阀，3 个 V 形开口阀芯	0.25
球形阀，4 个 V 形开口阀芯	0.25
球形阀，6 个 V 形开口阀芯	0.25
球形阀，钻 60 个等径孔的套筒	0.25
球形阀，钻 120 个等径孔的套筒	0.25
绕中心轴回转 70°的蝶阀	0.5
阀板上带凹槽的 70°翼形蝶阀	0.5
60°平板蝶阀	0.5
偏心旋转阀	0.25
90°扇形球阀	0.25
渐扩管	1

4. 状态 I（亚声流速）

缩流断面中气体速度用式（4-255）计算：

$$U_{vc}=\sqrt{2\left(\frac{\gamma}{\gamma-1}\right)\left[1-\left(\frac{p_{vc}}{p_1}\right)^{\frac{(\gamma-1)}{\gamma}}\right]\frac{p_1}{\rho_1}} \tag{4-255}$$

质量流量流动功率由式（4-256）计算：

$$W_m=\frac{\dot{m}(U_{vc})^2}{2} \tag{4-256}$$

亚声速流下缩流断面温度用式（4-257）计算：

$$T_{vc}=T_1\left(\frac{p_{vc}}{p_1}\right)^{\frac{\gamma-1}{\gamma}} \tag{4-257}$$

缩流断面中的声速用式（4-258）计算：

$$C_{vc}=\sqrt{\frac{\gamma RT_{vc}}{M}} \tag{4-258}$$

缩流断面马赫数：

$$M_{vc}=\frac{U_{vc}}{C_{vc}} \tag{4-259}$$

状态Ⅰ时，声效系数由式（4-260）计算：

$$\eta_1=(1\times10^{-4})M_{vc}^{3.6} \tag{4-260}$$

在状态Ⅰ时产生并向下游管道辐射的声功率：

$$W_a=\eta_1 r_w W_m F_L^2 \tag{4-261}$$

当阀带有附接管件时，用 F_{LP}/F_P 代替 F_L。

虽然本方法中没有要求，但可以用式（4-262）计算出总的内部声功率级：

$$L_{wi}=10\lg\frac{W_a}{W_0} \tag{4-262}$$

要计算管道内部声功率，把 L_{wi} 减去 6dB。

产生噪声的峰频率用式（4-263）计算：

$$f_p=\frac{0.2U_{vc}}{D_j} \tag{4-263}$$

5. 状态Ⅱ到状态Ⅴ（通用计算）

在声速或高于声速时，从状态Ⅱ到状态Ⅴ通用下列计算式。

声速流或临界流，缩流断面温度：

$$T_{vcc}=\frac{2T_1}{\gamma+1} \tag{4-264}$$

缩流断面声速由式（4-265）计算：

$$C_{vcc}=\sqrt{\frac{\gamma RT_{vcc}}{M}} \tag{4-265}$$

流体流动功率由式（4-266）计算：

$$W_{ms}=\frac{\dot{m}C_{vcc}^2}{2} \tag{4-266}$$

虽然本方法中没有要求，但内部声功率级也可以用式（4-262）、式（4-269）、式（4-272）、式（4-274）或式（4-278）计算。

对自由渐扩管射流，在状态Ⅱ到状态Ⅳ的马赫数由式（4-267）计算：

$$M_j=\sqrt{\frac{2}{\gamma-1}\left[\left(\frac{p_1}{\alpha p_2}\right)^{\frac{\gamma-1}{\gamma}}-1\right]} \tag{4-267}$$

（1）状态Ⅱ　状态Ⅱ时声效系数由式（4-268）计算：

$$\eta_2=(1\times10^{-4})M_j^{6.6}F_L^2 \tag{4-268}$$

当阀带有附接管件时，用 F_{LP}/F_P 代替 F_L。

在状态Ⅱ时产生并向下游管道辐射的声功率：

$$W_a = \eta_2 r_w W_{ms}\left(\frac{p_1 - p_2}{p_1 - p_{vcc}}\right) \tag{4-269}$$

峰频率由式（4-270）计算：

$$f_p = \frac{0.2 M_j C_{vcc}}{D_j} \tag{4-270}$$

（2）状态Ⅲ 状态Ⅲ时声效系数由式（4-271）计算：

$$\eta_3 = (1 \times 10^{-4}) M_j^{6.6} F_L^2 \tag{4-271}$$

当阀带有附接管件时，用 F_{LP}/F_P 代替 F_L。

在状态Ⅲ时产生并向下游管道辐射的声功率：

$$W_a = \eta_3 r_w W_{ms} \tag{4-272}$$

峰频率用式（4-270）计算。

（3）状态Ⅳ 状态Ⅳ时声效系数由式（4-273）计算：

$$\eta_4 = (1 \times 10^{-4})\left(\frac{M_j^2}{2}\right)(\sqrt{2})^{6.6} F_L^2 \tag{4-273}$$

当阀带有附接管件时，用 F_{LP}/F_P 代替 F_L。

在状态Ⅳ时产生并向下游管道辐射的声功率：

$$W_a = \eta_4 r_w W_{ms} \tag{4-274}$$

在状态Ⅳ时的峰频率由式（4-275）计算：

$$f_p = \frac{0.35 C_{vcc}}{1.25 D_j \sqrt{M_j^2 - 1}} \tag{4-275}$$

（4）状态Ⅴ 状态Ⅴ时射流马赫数由式（4-276）计算：

$$M_{j5} = \sqrt{\frac{2}{\gamma - 1}\left[(22)^{\frac{\gamma-1}{\gamma}} - 1\right]} \tag{4-276}$$

状态Ⅴ时声效系数由式（4-277）计算：

$$\eta_5 = (1 \times 10^{-4})\left(\frac{M_{j5}^2}{2}\right)(\sqrt{2})^{6.6} F_L^2 \tag{4-277}$$

当阀带有附接管件时，用 F_{LP}/F_P 代替 F_L。

在状态Ⅴ时产生并向下游管道辐射的声功率：

$$W_a = \eta_5 r_w W_{ms} \tag{4-278}$$

用式（4-275）计算状态Ⅴ时的峰频率用 M_{j5} 替代 M_j。

6. 噪声计算

下游流体质量密度由式（4-279）计算：

$$\rho_2 = \rho_1\left(\frac{p_2}{p_1}\right) \tag{4-279}$$

如果已知必要的流体特性，则下游温度 T_2 可由热力学等焓关系得出；如未知，T_2 可近似等于 T_1。

下游声速由式（4-280）计算：

$$C_2 = \sqrt{\frac{\gamma R T_2}{M}} \tag{4-280}$$

阀出口处马赫数由式（4-281）计算：

$$M_0 = \frac{4\dot{m}}{\pi D^2 \rho_2 C_2} \tag{4-281}$$

参照 P_0 去计算内部声压级，则可用：

$$L_{pi} = 10\lg\left[\frac{(3.2\times10^9)W_a\rho_2 C_2}{D_i^2}\right] \tag{4-282}$$

透过管壁的传播损失由式（4-282）计算：

$$TL = 10\lg\left[(7.6\times10^{-7})\left(\frac{C_2^2}{t_p f_p}\right)^2 \frac{G_X}{\left(\frac{\rho_2 C_2}{415G_Y}+1\right)}\left(\frac{p_a}{p_S}\right)\right] \tag{4-283}$$

频率 f_r、f_0 和 f_g 可由式（4-284）~式（4-286）得出：

$$f_r = \frac{5000}{\pi D_i} \tag{4-284}$$

$$f_0 = \frac{f_r}{4}\left(\frac{C_2}{343}\right) \tag{4-285}$$

$$f_g = \frac{\sqrt{3}\ (343)^2}{\pi t_p\ (5000)} \tag{4-286}$$

下游管道速度修正值可用式（4-287）近似求得

$$L_g = 16\lg\left(\frac{1}{1-M_2}\right) \tag{4-287}$$

$$M_2 = \frac{4\dot{m}}{\pi D_i^2 \rho_2 C_2} \tag{4-288}$$

管道外径处辐射出的 A 加权声压级可用式（4-289）计算：

$$L_{pAe} = 5 + L_{pi} + TL + L_g \tag{4-289}$$

最后，管壁外 1m 处 A 加权声压级按式（4-290）计算：

$$L_{pAe,1m} = L_{pAe} - 10\lg\left(\frac{D_i + 2t_p + 2}{D_i + 2t_p}\right) \tag{4-290}$$

几点说明如下：

1）M_0 不宜超过 0.3，如果 M_0 超过 0.3，则精确度就不能保证，宜采用出口处马赫数较高的阀的计算程序。

2）G_X、G_Y 在表 4-43 中有规定。

3）p_a/p_S 比值是当地大气压力修正值。

4）传播损失模型建立在一个内部频率分布 6dB/倍频程的基础上。

5）式（4-285）和式（4-286）中，常数 343 是空气中的声速（m/s）。

6）式（4-284）和式（4-286）中，常数 5000 是声音在钢制管道中的名义速度（m/s）。

7）注意最小的传播损失出现在第一管道重合频率时。

8）为计算 L_g，M_2 不能超过 0.3。

9）式（4-289）中，第一项的 5dB 是跟所有峰频率有关的一个平均修正值。

表 4-43　频率系数 G_X、G_Y

<table>
<tr><td colspan="2">$f_p < f_0$</td><td colspan="2">$f_p \geqslant f_0$</td></tr>
<tr><td colspan="2" rowspan="2">$G_X = \left(\frac{f_0}{f_r}\right)^{\frac{2}{3}}\left(\frac{f_p}{f_0}\right)^4$</td><td>$f_p < f_r$</td><td>$G_X = \left(\frac{f_p}{f_r}\right)^{\frac{2}{3}}$</td></tr>
<tr><td>$f_p \geqslant f_r$</td><td>$G_X = 1$</td></tr>
<tr><td>$f_0 < f_g$</td><td>$G_X = \left(\frac{f_0}{f_g}\right)$</td><td>$f_p < f_g$</td><td>$G_Y = \left(\frac{f_p}{f_g}\right)$</td></tr>
<tr><td>$f_0 \geqslant f_g$</td><td>$G_Y = 1$</td><td>$f_p \geqslant f_g$</td><td>$G_Y = 1$</td></tr>
</table>

7. 计算示例—轴流式多级阀

（1）给定数据

1）阀数据：轴流式多级阀内件套筒，阀公称尺寸，DN250；阀的出口直径，$D = 0.250\text{m}$；入口管道公称尺寸，DN250；出口管道公称尺寸，DN250；管道内径，$D_i = 0.250\text{m}$；管壁厚度，$t_p = 0.0197\text{m}$；互相独立且完全相同的流路数，$N_0 = 432$；最后一级总流路面积，$A_n = 9.88 \times 10^{-3}\text{m}^2$；水力直径，$d_H = 0.0051\text{m}$；计算出的流量系数，$C_v = 101.9$；最后一级液体压力恢复系数，$F_{ln} = 0.96$。

2）流体数据：流体形式，天然气（气体）；质量流量，$\dot{m} = 1.76\text{kg/s}$；比热容比，$\gamma = 1.27$；入口绝对压力，$p_1 = 101\text{bar} = 10.1 \times 10^6\text{Pa}$；出口绝对压力，$p_2 = 41\text{bar} = 4.1 \times 10^6\text{Pa}$；入口温度，$T_1 = 288\text{K}$；入口密度，$\rho_1 = 0.7174\text{kg/m}^3$；分子质量，$M = 17.74\text{kg/kmoL}$。

3）其他数据：实测大气压力，$p_a = 1.01325\text{bar} = 1.01325 \times 10^5\text{Pa}$；标准大气压力，$p_S = 1.01325\text{bar} = 1.01325 \times 10^5\text{Pa}$。

（2）根据给定数据计算

$$p_{vc}=p_1-\frac{p_1-p_2}{F_L^2}=10.1\times10^6-\frac{10.1\times10^6-4.1\times10^6}{0.9^2}\text{Pa}=5.24\times10^6\text{Pa}$$

其中，因为无附接管件，$F_L=0.9$。

$$p_{vcc}=p_1\left(\frac{2}{r+1}\right)^{\frac{\gamma}{\gamma-1}}=2.54\times10^6\text{Pa}$$

$$p_{2C}=p_1-F_L^2(p_1-p_{vcc})=3.98\times10^6\text{Pa}$$

$$\alpha=\frac{p_{vcc}}{p_{2C}}=0.64$$

$$p_{2B}=\frac{p_1}{\alpha}\left(\frac{1}{r}\right)^{\frac{\gamma}{\gamma-1}}=4.73\times10^6\text{Pa}$$

$$p_{2CE}=\frac{p_1}{22\alpha}=7.17\times10^5\text{Pa}$$

如果 $p_2\geqslant p_{2C}$，则为状态Ⅰ。$4.1\times10^6\text{Pa}>3.98\times10^6\text{Pa}$，故为状态Ⅰ。

用 C_n 代替 C_0

$$C_n=N_{16}A_n=4.89\times10^4\times9.88\times10^{-3}=483$$

其中，$N_{16}=4.89\times10^4$（见表4-41）；$A_n=9.88\times10^{-3}\text{m}^3$。

应用最后一级滞止压力 p_n 取代 p_1。

如果 $p_1/p_2\geqslant2$，则首先假设 $p_n/p_2<2$。

$p_1/p_2=2.46$，故假设 $p_n/p_2<2$。

如果 $p_1/p_2\geqslant2$ 且 $p_n/p_2<2$，用式（4-291）计算。

$$p_n=\sqrt{\left(\frac{p_1C}{1.155C_n}\right)^2+p_2^2}=2.021\times10^6\text{Pa}\tag{4-291}$$

其中，$p_1=10.1\times10^6\text{Pa}$；$C=C_v=101.9$；$C_n=483$；$p_2=4.1\times10^6\text{Pa}$；

$p_n<2p_2$，所以用式（4-291）计算是合理的。

$$p_{vcc}=2.54\times10^6\text{Pa}$$

$$p_{2C}=3.98\times10^6\text{Pa}$$

$$\alpha=0.64$$

$$p_{2B}=4.73\times10^6\text{Pa}$$

$$p_{2CE}=7.17\times10^5\text{Pa}$$

如果 $p_2\geqslant p_{2C}$，则为状态Ⅰ。$4.1\times10^6\text{Pa}>3.98\times10^6\text{Pa}$，故为状态Ⅰ。

$$d_H=\frac{4A}{L_w}=0.0051\text{m}$$

$$A=\frac{A_{\mathrm{n}}}{N_0}=2.29\times10^{-5}\mathrm{m}^2$$

$$d_0=\sqrt{\frac{4N_0A}{\pi}}=0.112\mathrm{m}$$

$$F_{\mathrm{d}}=0.09$$

$$D_{\mathrm{j}}=N_{14}F_{\mathrm{d}}\sqrt{C_{\mathrm{n}}F_{\mathrm{L}}}=0.0086\mathrm{m}$$

其中，$N_{14}=4.6\times10^{-3}$（见表4-41）。

$$U_{\mathrm{vc}}=\sqrt{2\left(\frac{\gamma}{\gamma-1}\right)\left[1-\left(\frac{p_{\mathrm{vc}}}{p_1}\right)^{(\gamma-1)/\gamma}\right]\frac{p_1}{\rho_1}}=318.6\mathrm{m/s}$$

$$W_{\mathrm{m}}=\frac{\dot{m}(U_{\mathrm{vc}})^2}{2}=0.98\times10^5\mathrm{W}$$

$$T_{\mathrm{vc}}=T_1\left(\frac{p_{\mathrm{vc}}}{p_1}\right)^{\frac{\gamma-1}{\gamma}}=149.4\mathrm{K}$$

$$C_{\mathrm{vc}}=\sqrt{\frac{\gamma RT_{\mathrm{vc}}}{M}}=298.2\mathrm{m/s}$$

$$M_{\mathrm{vc}}=\frac{U_{\mathrm{vc}}}{C_{\mathrm{vc}}}=1.06$$

$$\eta_1=(1\times10^{-4})\times M_{\mathrm{vc}}^{36}=12.7\times10^{-5}$$

$$W_{\mathrm{a}}=\eta_1 r_{\mathrm{w}}F_{\mathrm{L}}^2-25.2W_{\mathrm{m}}$$

$$f_{\mathrm{p}}=\frac{0.2U_{\mathrm{vc}}}{D_{\mathrm{j}}}=7410\mathrm{Hz}$$

$$\rho_2=\rho_1\left(\frac{p_2}{p_1}\right)=0.29\mathrm{kg/m^2}$$

$$C_2=\sqrt{\frac{\gamma RT_2}{M}}=414\mathrm{m/s}$$

$$M_0=\frac{4\dot{m}}{\pi D^2\rho_2C_2}=0.298$$

注：M_0 不超过0.3，所以该计算是合理的。

$$L_{\mathrm{pi}}=10\lg\left[\frac{(3.2\times10^9)W_{\mathrm{a}}\rho_2C_2}{D_{\mathrm{i}}^2}\right]=137\mathrm{dB}$$

$$f_{\mathrm{r}}=\frac{5000}{\pi D_{\mathrm{i}}}=6370\mathrm{Hz}$$

$$f_0=\frac{f_{\mathrm{r}}}{4}\left(\frac{C_2}{343}\right)=1920\mathrm{Hz}$$

$$f_g = \frac{\sqrt{3}(343)^2}{\pi t_p(5000)} = 660\text{Hz}$$

$$TL = 10\lg\left[(7.6\times10^{-7})\left(\frac{C_2}{t_p f_p}\right)^2 \frac{G_X}{\left(\frac{\rho_2 C_2}{415G_Y}\right)+1}\left(\frac{p_a}{p_s}\right)\right] = -51\text{dB}$$

$$M_2 = \frac{4\dot{m}}{\pi D_i^2 \rho_2 C_2} = 0.3\text{m}$$

$$L_g = 16\lg\left(\frac{1}{1-M_2}\right) = 2.5\text{dB}$$

$$L_{pAe} = 5 + L_{pi} + TL + L_g = 93.5\text{dB}$$

$$L_{pAe,1m} = L_{pAe} - 10\lg\left(\frac{D_i + 2t_p + 2}{D_i + 2t_p}\right) = 84.5\text{dB}$$

结论是该阀的噪声为84.5dB（A）。

4.3.14小节以上计算式中符号的意义和单位见表4-44。

表4-44 计算式中符号的意义和单位

符号	说明	单位
A	单流路面积	m^2
A_n	给定行程下几级的多级阀内体最后一级的总流路面积	m^2
C	流量系数（K_v和C_v）	各不相同（见GB/T 17213.1—2015）
C_n	n级的多级阀的件最后一级的流量系数	各不相同（见GB/T 17213.1—2015）
C_{vc}	亚声速条件下缩流断面的声速	m/s
C_{vcc}	临界流条件下缩流断面的声速	m/s
C_2	下游声速	m/s
D	阀出口直径	m
d	流路直径（若非圆形截面则用d_H）	m
d_H	单流路水力直径	m
d_i	阀出口内径或渐扩管进口内径的较小值	m
D_i	下游管道内径	m
D_j	缩流断面射流直径	m
d_0	圆节流孔直径，其面积等于给定行程下所有流路面积之和	m
F_d	阀门类型修正系数	—
F_L	无附接管件调节阀的液体压力恢复系数	—
F_{Ln}	低噪声阀内件最后一级的液体压力恢复系数	—
F_{LP}	带附接管件调节阀的液体压力恢复系数和管道几何形状系数的复合系数	—
F_P	管道几何形状系数	—

（续）

符号	说明	单位
f_g	外部重合频率	Hz
f_0	内部管道重合频率	Hz
f_p	产生的峰频率	Hz
f_{PR}	在阀出口处或渐扩管缩径处产生的峰频率	Hz
f_r	环形频率	Hz
G_X、G_Y	频率系数（见表4-43）	—
l	径向流路的长度	m
l_w	单流路长度	m
L_{peR}	由管道渐扩管导致气体湍流引起的距管壁1m处A加权声压级	dB（A）（参比p_0）
L_g	马赫数修正值	dB（参比p_0）
L_{pAe}	管道外A加权声压级	dB（A）（参比p_0）
$L_{pAe \cdot 1m}$	管壁1m处A加权声压级	dB（A）（参比p_0）
L_{pi}	管壁上内部声压级（GB/T 17213.15—2017中5.6）	dB（参比p_0）
L_{piR}	下游管道内部声压级（GB/T 17213.15—2017中7.2）	dB（A）（参比p_0）
L_{pS}	由阀内件和渐扩管引起的距管壁1m处组合A加权声压级	dB（A）（参比p_0）
L_{wi}	总内部声功率级	dB（参比w_0）
M	流体分子质量	kg/kmol
M_j	状态Ⅱ到状态Ⅳ时的自由膨胀射流马赫数	—
M_{jn}	几级的多级阀内件最后一级的自由膨胀射流马赫数	—
M_{j5}	状态Ⅴ时的自由膨胀射流马赫数	—
M_0	阀出口马赫数	—
M_R	渐扩管入口马赫数	—
M_{vc}	缩流断面马赫数	—
M_2	下游管道马赫数	—
$\dot{m}$	质量流量	kg/s
$\dot{m}_s$	声速时的质量流量	kg/s
N	数字常数（见表4-41）	各不相同
N_0	阀内件上互相独立且完全相同的流路数	—
p_a	管道外实际大气压	Pa
p_n	n级的多级阀件最后一级的绝对滞止压力	Pa
p_0	参比声压 $=2\times10^{-5}$	Pa
p_S	标准大气压	Pa
p_{vc}	亚声速流条件下缩流断面绝对压力	Pa
p_{vcc}	临界流条件下缩流断面绝对压力	Pa
p_1	阀入口绝对压力	Pa

（续）

符号	说明	单位
p_2	阀出口绝对压力	Pa
p_{2B}	断点处阀出口绝对压力	Pa
p_{2C}	缩流条件下阀出口绝对压力	Pa
p_{2CE}	声效系数开始为常数时阀出口绝对压力	Pa
R	通用气体常数 = 8314	J/(kmol·K)
r_w	声功率比（见表4-42）	—
T_m	n 级的多级阀内件最后一级入口绝对温度	K
T_{vc}	亚声速流条件下缩流断面绝对温度	K
T_{vcc}	临界流条件下缩流断面绝对温度	K
T_1	入口绝对温度	K
T_2	出口绝对温度	K
TL	传播损失	dB
TL_R	下游管道传播损失	dB
t_p	管壁厚度	m
U_p	下游管道气体速度	m/s
U_R	渐扩管进口气体速度	m/s
U_{vc}	亚声速流条件下缩流断面速度	m/s
W_a	声功率	W
W_{aR}	阀出口或渐扩管缩径延声功率	W
W_m	质量流量流动功率	W
W_{mR}	阀出口或渐扩管缩径处质量流量的流动功率	W
W_{ms}	声速下质量流量流动功率	W
W_0	参比声功率 = 10^{-12}	W
α	恢复修正系数	—
β	阀出口或渐扩管入口收缩系数	—
γ	比热容比	—
η	声效系数	—
ρ_1	p_1 和 T_1 时的流体密度	kg/m³
ρ_2	p_2 和 T_2 时的流体密度	kg/m³
ρ_n	p_n 和 T_n 时的 n 级的多级阀内件最后一级的流体密度	kg/m³
Φ	相对流量系数	—

注：1. 标准大气压是 101.325kPa 或 1.01325bar。

2. 下标 1、2、3、4 和 5 相应表示流态Ⅰ、Ⅱ、Ⅲ、Ⅳ、Ⅴ。

3. 1bar = 10^2kPa = 10^5Pa。

4. 为计算缩流断面压力及速度，本部分中假定气体压力恢复情况与液体相同。

5. 声功率与声压一般经过对数换算以分贝形示表示，它们与参比标准有一定的对数关系，声压为：2×10^{-5}Pa，声功率为：10^{-12}W。

第 5 章　天然气调压装置关键阀门的试验与检验

5.1　天然气调压装置关键阀门的检查和试验项目

5.1.1　安全切断阀的检查和试验项目

安全切断阀的检查和试验通常分为出厂试验和型式试验两大类，具体项目见表 5-1。零部件的检查主要在产品生产过程中由质检部门检查。

表 5-1　安全切断阀的检查和试验项目①

序号	项目名称	检查和试验	
		出厂试验	型式试验
1	外观和结构	√	√
2	壳体试验	√	√
3	密封性试验	√	√
4	切断压力精度	√	√
5	响应时间	—	√
6	复位压差	—	√
7	流量系数 K_v	—	√
8	耐用性	—	√
9	膜片耐压试验	—	√
10	膜片耐城镇燃气性能试验	—	√

①　表中“√”表示需做检查和试验，“—”表示不需做检查和试验。

5.1.2　监控调压阀（自力式调节阀）的检查和试验项目

监控调压阀（自力式调节阀）的检查和试验通常分为出厂试验和型式试验两大类，具体项目见表 5-2。零部件的检查主要在产品生产过程中由质检部门检查。

5.1.3　工作调压阀（轴流式调节阀）的检查和试验项目

工作调压阀（轴流式调节阀）的检查和试验通常分为出厂试验和型式试验两大类，具体项目见表 5-3。零部件的检查主要在产品生产过程中由质检部门检查。

表 5-2 监控调压阀的检查和试验项目①

序号	项目名称	检查和试验	
		出厂试验	型式试验
1	外观	√	√
2	壳体试验②	√	√
3	外密封	√	√
4	内密封	√	√
5	稳压精度等级 AC	√	√
6	压力回差	—	√
7	静态	—	√
8	关闭压力等级 SG	√	√
9	关闭压力区等级 SZ	—	√
10	静特性线旋关阀压力区等级 SI_{P2}	—	√
11	流量系数 K_v	—	√
12	极限温度下的适应性	—	√
13	耐久性	—	√
14	膜片耐压试验	—	√
15	膜片耐城镇燃气性能试验	—	√
16	膜片耐低温试验	—	√

① 表中“√”表示需做检查和试验，“—”表示不需做检查和试验。

② 壳体试验允许在零部件检验中进行。

表 5-3 工作调压阀的检查和试验项目①

序号	项目名称	检查和试验		备注
		出厂试验	型式试验	
1	外观	√	√	
2	壳体试验	√	√	
3	密封试验	√	√	
4	填料及其连接处密封性	√	√	
5	基本误差	√	√	
6	回差	√	√	
7	死区	√	√	
8	始终点偏差	√	√	
9	额定行程偏差	√	√	
10	额定流量系数 K_v	—	√	大于 DN300 免试

（续）

序号	项目名称	检查和试验		备注
		出厂试验	型式试验	
11	固有流量特性	—	√	
12	耐工作振动性能	—	√	质量 > 50kg 时免试
13	动作寿命	—	√	

① 表中“√”表示需做检查和试验，“—”表示不需做检查和试验。

5.2 调压装置关键阀门的检查

5.2.1 外观检查

1. 调压装置关键阀门的标志

（1）中国标准

1）GB/T 17213.5—2008《工业过程控制阀　第 5 部分：标志》。

2）GB/T 12220—2015《工业阀门　标志》。

3）JB/T 106—2004《阀门的标志和涂漆》。

（2）国际标准

1）IEC 60534－5：2004《工业过程控制阀　第 5 部分：标志》。

2）EN 19：2016《工业阀门—金属阀门的标志》。

3）MSS SP－25－2018《阀门、管件、法兰和管接头的标准标记方法》。

2. 调压装置关键阀门铸钢件外观检查

（1）中国标准　JB/T 7927—2014《阀门铸钢件外观质量要求》。

（2）美国阀门及配件制造商工业协会标准　MSS SP－55－2011《阀门、法兰、管件和其他管道元件用铸钢件和锻钢件质量标准——表面缺陷评定的目视检验方法》。

5.2.2 尺寸检查

1. 调压装置关键阀门结构长度

（1）中国标准

1）GB/T 12221—2005《金属阀门　结构长度》。

2）GB/T 17213.3—2005《工业过程控制阀　第 3－1 部分：尺寸　两通球形直通控制阀法兰端面距和两通球形角形控制阀法兰中心至法兰端面的间距》。

3）GB/T 17213.11—2005《工业过程控制阀　第 3－2 部分：尺寸　角行程控制阀（蝶阀除外）的端面距》。

4）GB/T 17213.12—2005《工业过程控制阀　第 3－3 部分：尺寸　对焊式

两通球形直通控制阀的端距》。

5）GB/T 19672—2021《管线阀门　技术条件》。

6）GB/T 20173—2013《石油天然气工业　管道输送系统　管道阀门》。

7）GB 27790—2020《城镇燃气调压器》。

8）JB/T 11049—2010《自力式压力调节阀》。

9）JB/T 13885—2020《气体调压装置用安全切断阀》。

10）CJ/T 335—2010《城镇燃气切断阀和放散阀》。

（2）国际电工委员会标准

1）IEC 60534-3-1：2019《工业过程控制阀　第3-1部分：法兰连接两通球形直通控制阀和两通角式法兰中心至端面的结构长度》。

2）IEC 60534-3-2：2001《工业过程控制阀　第3-2部分：除蝶阀外角行程控制阀结构长度》。

3）IEC 60534-3-3：1998《工业过程控制阀　第3-3部分：对焊两通球形控制阀结构长度》。

（3）美国机械工程师学会标　ASME B16.10—2022《阀门的结构长度》。

（4）美国石油学会标准　API 6D—2021《阀门规范》。

（5）欧洲标准

1）EN 558：2017《工业阀门　法兰管路系统使用的金属阀门结构长度》。

2）EN 334：2019《进口压力≤100bar的气体调压阀》。

3）EN 14382：2019《气体调压站和设施用安全装置—进口压力达10MPa（100bar）的气体安全切断装置》。

4）EN 13942：2009《石油和天然气管道输送系统　管线阀门》。

2. 法兰

（1）中国标准

1）GB/T 9124.1—2019《钢制管法兰　第1部分：PN系列》；GB/T 9124.2—2019《钢制管法兰　第2部分：Class系列》。

2）JB/T 79—2015《整体钢制管法兰》。

3）HG/T 20592—2009《钢制管法兰（PN系列）》。

4）HG/T 20615—2009《钢制管法兰（Class系列）》。

5）HG/T 20623—2009《大直径钢制管法兰（Class系列）》。

6）GB/T 13402—2019《大直径碳钢管法兰》。

（2）美国标准

1）ASME B16.5—2020《管法兰和法兰管件（NPS1/2～NPS24 m制/in制标准）》。

2）ASME B16.47—2020《大直径钢制法兰A型、B型》。

（3）欧洲标准

1）EN 1092－1：2018《法兰及其连接件　PN 标识的圆法兰、阀门、管件和附件　第 1 部件：钢法兰》。

2）EN 1759－1：2004《法兰及其连接件 Class 标识的管道、阀门、管件和附件用圆形法兰　第 1 部分：钢法兰 NPS1/2 ~ NPS24》。

3. 焊接端

（1）中国标准　GB/T 12224—2015《钢制阀门　一般要求》。

（2）美国标准　ASME B16. 25—2017《对接焊端》。

4. 最小壁厚

（1）中国标准　GB/T 26640—2011《阀门壳体最小壁厚尺寸要求规范》。

（2）美国标准　ASME B16. 34—2020《法兰、螺纹和焊接端阀门》。

（3）欧洲标准

1）EN 12516－1：2014＋A1：2018《工业阀门、壳体强度设计　第 1 部分：钢制阀门壳体强度的列表法》。

2）EN 12516－2：2014＋A1：2021《工业阀门、壳体强度设计　第 2 部分：钢制阀门壳体强度的计算方法》。

5.2.3　材料检查

1. 材料的化学成分和力学性能

（1）中国标准

1）GB/T 699—2015《优质碳素结构钢》。

2）GB/T 3077—2015《合金结构钢》。

3）GB/T 12228—2006《通用阀门　碳素钢锻件技术条件》。

4）GB/T 12229—2005《通用阀门　碳素钢铸件技术条件》。

5）JB/T 7248—2024《阀门用低温钢铸件技术规范》。

（2）美国材料试验协会标准

1）ASTM A29/A29M—2023《热轧碳素钢和合金钢棒》。

2）ASTM A105/A105M—2023《管道部件用碳素钢锻件》。

3）ASTM A193/A193M—2023《高温高压设备用合金钢和不锈钢螺栓材料》。

4）ASTM A194/A194M—2022《高温高压设备用碳素钢与合金钢螺母》。

5）ASTM A216/A216M—2021《高温可熔焊碳钢铸件》。

6）ASTM A276/A276M—2023《不锈钢棒材和型材》。

7）ASTM A320/A320M—2022a《低温用合金钢、不锈钢螺栓材料》。

8）ASTM A350/A350M—2023《要求进行缺口韧性试验的管道部件用碳素钢

与低合金钢锻件》。

9）ASTM A352/A352M—2021《低温承压件用铁素体和马氏体钢铸件》。

（3）欧洲标准

1）EN 1503－1：2000《阀体和阀盖用材料　第1部分：欧洲标准中规定的钢材》。

2）EN 1503－2：2000《阀体和阀盖用材料　第2部分：欧洲标准中未规定的钢材》。

3）EN 10213：2016《承压铸钢件的交货技术条件》。

2. 阀门铸钢件内在质量

（1）中国标准

1）JB/T 6439—2008《阀门受压件磁粉探伤检验》。

2）JB/T 6440—2008《阀门受压铸钢件射线照相检验》。

3）JB/T 6902—2008《阀门液体渗透检测》。

4）JB/T 6903—2008《阀门锻钢件超声波检查方法》。

（2）美国标准

1）ASME B16.34—2020《法兰、螺纹和焊接端阀门》强制性附录Ⅰ　射线检验程序和验收标准。

2）ASME B16.34—2020《法兰、螺纹和焊接端阀门》强制性附录Ⅱ　磁粉检验程序和验收标准。

3）ASME B16.34—2020《法兰、螺纹和焊接端阀门》强制性附录Ⅲ　液体渗透检验程序和验收标准。

4）ASME B16.34—2020《法兰、螺纹和焊接端阀门》强制性附录Ⅳ　超声波检验程序和验收标准。

3. 用于含硫介质的承压件、控压件、螺栓的硬度检验

（1）中国标准

1）GB/T 20972.1—2007《石油天然气工业　油气开采中用于含硫化氢环境的材料　第1部分：选择抗裂纹材料的一般原则》（对应ISO 15156－1：2001）。

2）GB/T 20972.2—2008《石油天然气工业　油气开采中用于含硫化氢环境的材料　第2部分：抗开裂碳钢、低合金钢和铸件（对应ISO 15156－2：2003，MOD）。

（2）美国标准

1）ANSI/NACE MR0175/ISO 15156－1：2020《油田设备用抗硫化应力裂纹的金属材料　第1篇：抗裂材料选用的一般原则》。

2）ANSI/NACE MR0175/ISO 15156－2：2020《油田设备用抗硫化应力裂纹的金属材料　第2篇：抗开裂的碳钢和合金钢及铸铁的使用》。

5.3　调压装置关键阀门的压力试验

5.3.1　壳体的压力试验

1. 试验要求

壳体压力试验的具体要求如下。

（1）安全提示　进行压力试验，需要对试验用气体或液体压力的安全性进行评估。

（2）试验地点　每台调压装置关键阀门出厂前均应进行压力试验，压力试验应在阀门制造厂内进行。

（3）试验设备　进行压力试验的设备，不应有施加影响调压装置关键阀门的外力。使用端部夹紧试验装置时，阀门制造厂应能保证该试验装置不影响被试阀门的密封性。

（4）压力测量装置　用于测量试验介质压力的测量仪表的精度不应低于 1.6 级，并校验合格。压力表的量程宜为试验压力的 2 ~3 倍。

（5）阀门壳体表面

1）在壳体压力试验前，不允许对阀门表面涂漆和使用其他可以防止渗漏的涂层；允许无密封作用的化学防腐处理。

2）买方要求进行再次压力试验时，对已涂过漆的阀门，则可以不去除涂漆。

（6）试验介质　温度在 5 ~50℃的清洁水，水中可以加入防锈剂。

（7）试验压力　应按设计压力 p 的 1.5 倍且不低于 $p+0.2$MPa。卸载后，试件上任意两点间的残留变形不大于以下数值中的较大者：① 0.2% 乘该两点间距离；② 0.1mm。

（8）试验持续时间

1）安全切断阀，不应小于 3min。

2）监控调压阀（自力式调节阀），不应小于 3min。

3）工作调压阀（轴流式调节阀），保持试验压力的持续时间见表 5-4。

表 5-4　保持试验压力的持续时间

公称尺寸	试验持续时间/s
≤DN50	15
DN65 ~ DN200	60
≥DN250	180

2. 试验方法和步骤

1）封闭调压装置关键阀门的进出口各端，阀门部分开启，向阀体腔内充入试验介质，排净阀体腔内的空气，逐渐加压到壳体的试验压力，按试验持续时间要求保持试验压力，然后检查阀门壳体各处的情况（包括阀体、阀盖连接法兰、填料函等各处连接）。

2）壳体试验时，对可调阀杆密封结构的阀门，试验期间阀杆密封应保持阀门的试验压力；对于不可调阀杆密封（如O形密封圈等），试验期间不允许有可见的泄漏。

3. 试验结果要求

壳体试验时，不应有结构损伤，不允许有可见渗漏通过阀门壳壁和任何固定的阀体连接处（如中法兰）流出，若试验介质为液体，则不得有明显可见的液滴或表面潮湿。

5.3.2 密封试验

1. 安全切断阀

1）试验介质：氮气或干燥空气。

2）试验室温度：试验室的温度应为5～35℃，试验过程中室温波动应小于±5℃。

3）试验压力：应按设计压力的1.1倍，且不低于0.2MPa。

4）试验持续时间：应不小于1min。

5）试验系统：如图5-1所示。

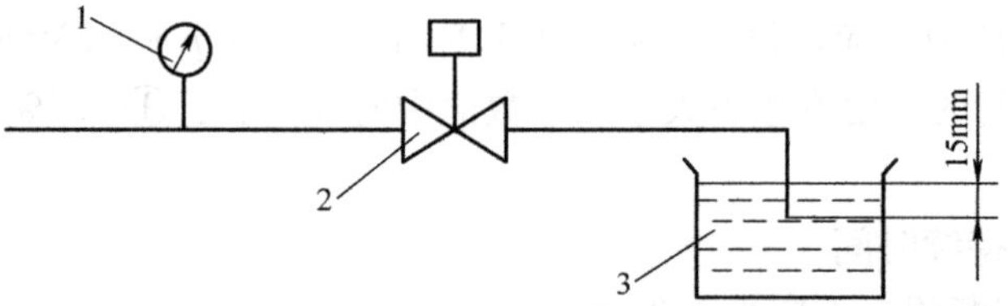

图5-1 阀座密封试验系统

1—压力表 2—被测安全切断阀 3—容水池

6）试验方法：安全切断阀及其附加装置（指挥器）组成一体后进行密封试验。

① 试验时应向各承压件腔室缓慢增加至所规定的试验压力（对膜片应采取保护措施）。

② 试验压力在试验持续时间内应保持不变。

③ 将试件浸入水中，或用检漏液进行检查。

7）判定：安全切断阀切断后关闭元件与阀座之间的泄漏量不应大于表 5-5 的规定。

表 5-5　阀座泄漏量

公称尺寸	标准工况空气泄漏量/(cm^3/h)，(气泡数/min)
DN25/NPS1	15，(2)
DN40/NPS1 1/2 ~ DN80/NPS3	25，(3)
DN100/NPS4 ~ DN150/NPS6	40，(5)
DN200/NPS8 ~ DN250/NPS10	60，(7)
DN300/NPS12 ~ DN400/NPS16	100，(11)
DN500/NPS20 ~ DN600/NPS24	162，(18)

2. 监控调压阀（自力式调节阀）

1）试验介质：洁净的、露点低于 -20℃的空气。

2）实验室温度：实验室的温度为 5 ~ 35℃，试验过程中室温波动应小于 ±5℃。

3）试验压力：最大进口压力的 1.0 倍。

4）试验持续时间：应不小于 2min。

5）试验方法：在最大进口压力下作静态试验时，在监控调压阀（自力式调节阀）关闭 2min 后测量两次出口压力，两次测量间隔应保证当泄漏量为表 5-6 所示值时测压仪表能判读压力变化，根据两次测得的出口压力计算泄漏量不应大于表 5-6 所列值（考虑到测量精度及温度修正）。

6）判定：总的泄漏量不应超过表 5-6 的规定值。

表 5-6　最大泄漏量

公称尺寸	基准状态的最大泄漏量/(m^3/h)
DN15/NPS1/2 ~ DN25/NPS1	1.5×10^{-5}
DN40/NPS1 $\frac{1}{2}$ ~ DN80/NPS3	2.5×10^{-5}
DN100/NPS4 ~ DN150/NPS6	4×10^{-5}
DN200/NPS8 ~ DN250/NPS10	6×10^{-5}
DN300/NPS12	1×10^{-4}

3. 工作调压阀（轴流式调节阀）

（1）总则　制造商应提出可达到的最低泄漏等级。

泄漏量应用下列代号来表示（如ⅢL1）：

×	×	×
↓	↓	↓
泄漏等级	试验介质	试验程序
见表5-7	G：空气或氮气	1或2
Ⅰ～Ⅵ	L：水	

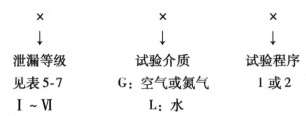

每台调节阀均应按本节的规定进行阀座泄漏试验。这些阀座泄漏的相关条款不适用于额定流量系数小于下列数据的调节阀：①K_v=0.086；②C_v=0.1。Ⅵ级仅适用于弹性阀座调节阀。

（2）试验介质　按每项试验说明中的规定，试验介质可以是常温下的液体或气体。

1）液体：温度在5～50℃的水；水中可含有水溶油或防锈剂。

2）气体：温度在5～50℃的清洁空气或氮气。

（3）执行机构的调整　执行机构应调整到符合规定工作条件。施加由空气压力、弹簧或其他装置提供的所需关闭推力或转矩。当试验压差小于阀的最大工作压差时，不允许修正或调整施加在阀座上的负载。

对于试验时不带执行机构的阀体组件，试验时应利用一个装置施加净阀座负载，该负载不超过制造商规定的最大使用条件下的正常预计负载。

（4）试验程序　试验介质应施加在阀体的正常或规定入口。阀体出口可通大气或连接一个低压头损失流量测量装置，测量装置的出口通大气。应采取措施避免由于被试调节阀无意中打开而使测量装置承受的压力高于安全工作压力。

在使用液体时，调节阀应打开，阀体组件包括出口部和下游连接管道均应充满介质，然后将阀关闭。应注意消除阀体和管道内的气穴。

当泄漏量稳定后，应在足够的时间周期内测取泄漏量值在阀座泄漏量的仪表的不准确度应不超过满标度的±10%，并且应该在标度范围的20%～80%。

使用规定的试验程序，各等级规定的阀座允许最大泄漏量应不超过表5-7中的值。

1）试验程序1：试验介质的压力应在300～400kPa（3～4bar）表压之间，如果买方规定的最大工作压差低于350kPa（3.5bar），则试验压差应取规定工作压差，其偏差应在±5%以内。

2）试验程序2：试验压差应取买方规定的调节阀前后最大工作压差，其偏差应在±5%以内。

（5）泄漏规范　泄漏等级、试验介质、试验程序和阀座最大允许泄漏量应符合表5-7的规定。

表 5-7　各泄漏等级的阀座最大允许泄漏量

泄漏等级	试验介质	试验程序	阀座最大允许泄漏量
Ⅰ	由买方和制造商商定		
Ⅱ	L 或 G	1	5×10^{-3} × 阀额定容量
Ⅲ	L 或 G	1	10^{-3} × 阀额定容量
Ⅳ	L	1 或 2	10^{-4} × 阀额定容量
	G	1	10^{-4} × 阀额定容量
Ⅳ-S1	L	1 或 2	5×10^{-6} × 阀额定容量
	G	1	5×10^{-6} × 阀额定容量
Ⅴ	L	2	$1.8\times10^{-7}\Delta pD$，L/h
	G	1	$10.8\times10^{-6}D$，m^3/h $11.1\times10^{-6}D$，m^3/h
Ⅵ（见注 2）	G	1	$3\times10^{-3}\Delta p$ 泄漏率系数

注：1. Δp（kPa）；D = 阀座直径（mm）；L = 液体；G = 气体。

2. 对于可压缩流体体积流量，是在绝对压力为 101.325kPa（1013.25mbar）和 15.6℃的标准状态或绝对压力为 101.325kPa（1013.25mbar）和 0℃的正常状态下的测定值。

3. Ⅵ级的允许泄漏率系数如下：

阀座直径	允许泄漏率系数	
mm	mL/min	气泡数/min
25	0.15	1
40	0.30	2
50	0.45	3
65	0.60	4
80	0.90	6
100	1.70	11
150	4.00	27
200	6.75	45
250	11.1	—
300	16.0	—
350	21.6	—
400	28.4	—

表中列出的每分钟气泡数是根据一台经校验的适当测量装置提出的替代方案，这里是用一根外径 6mm、壁厚 1mm 的管子（管端表面应平整光滑，无斜口和毛刺，管子轴线应与水平面垂直）浸入水中 5～10mm 深度。如果阀座直径与表列值相差 2mm 以上，则可在假定泄漏率系数与阀座直径的平方成正比的情况下，通过插值法（内推法）取得泄漏率系数。

4. 入口压力为 350kPa（3.5bar）。如果需要不同的试验压力，例如，在试验程序 2 中，如果制造商和买方双方同意，那么在试验介质为空气或氮气的情况下，最大允许泄漏量（m^3/h）为 $10.8\times10^{-6}\times[(p_1-101)/350]\times(p_1/552+0.2)\times D$，其中 p_1 为入口压力（kPa）；或 $11.1\times10^{-6}\times[(p_1-1.01)/3.5]\times(p_1/5.52+0.2)\times D$，其中 p_1 为入口压力（bar）。这种换算假定为层流情况下，且仅适用于大气入口压力以及试验温度在 10～30℃。此换算不可用于实际工作条件下进行流量预测。

阀额定容量和阀座最大允许泄漏量见表 5-8。

表 5-8 阀额定容量和阀座最大允许泄漏量

公称尺寸	泄漏等级	试验介质	试验程序	阀座最大允许泄漏量
DN25	Ⅰ	由用户与制造商协商而定		
	Ⅱ	水	1	0. 086875m³/h = 1. 44375L/min
		空气	1	3. 9125kg/h 3. 025m³/h = 50. 375L/min
	Ⅲ	水	1	0. 0173125m³/h = 0. 28875L/min
		空气	1	0. 78125kg/h 0. 604375m³/h = 10. 075L/min
	Ⅳ	水	1	0. 001736m³/h = 0. 028875L/min
			2	0. 0054m³/h = 0. 09L/min
		空气	1	0. 0783125kg/h 0. 06m³/h = 1. 00625L/min
	Ⅳ - S1	水	1	0. 000086875m³/h = 0. 0014375L/min
		空气	2	0. 00027m³/h = 0. 0045L/min
			1	0. 0039125kg/h 0. 003025m³/h = 0. 050375L/min
	Ⅴ	水	2	0. 0039375L/h = 6. 5625 × 10⁻⁵L/min
		空气	1	0. 00006875m³/h = 1. 5625 × 10⁻³L/min
	Ⅵ	空气	1	0. 095625mL/min = 0. 095625 × 10⁻³L/min
DN40	Ⅰ	由用户与制造商协商而定		
	Ⅱ	水	1	0. 2224m³/h = 3. 696L/min
		空气	1	10. 016kg/h 7. 44m³/h = 128. 96L/min
	Ⅲ	水	1	0. 04432m³/h = 0. 7392L/min
		空气	1	2kg/h 14. 96m³/h = 25. 792L/min
	Ⅳ	水	1	0. 0044432m³/h = 0. 07392L/min
			2	0. 013824m³/h = 0. 2304L/min
		空气	1	0. 2kg/h 0. 15472m³/h = 2. 576L/min
	Ⅳ - S1	水	1	0. 0002224m³/h = 0. 00368L/min
		空气	2	0. 0006912m³/h = 0. 01152L/min
			1	0. 00992kg/h 0. 007744m³/h = 0. 12896L/min
	Ⅴ	水	2	0. 01L/h = 0. 168 × 10⁻³L/min
		空气	1	0. 000176m³/h = 0. 00296L/min
	Ⅵ	空气	1	0. 2448mL/min = 0. 2448 × 10⁻³L/min

（续）

公称尺寸	泄漏等级	试验介质	试验程序	阀座最大允许泄漏量
DN50	Ⅰ	由用户与制造商协商而定		
	Ⅱ	水	1	0. 3475m^3/h =5. 775L/min
		空气	1	15. 65kg/h 12. 1m^3/h =201. 5L/min
	Ⅲ	水	1	0. 06925m^3/h =1. 156L/min
		空气	1	3. 125kg/h 2. 4175m^3/h =40. 3L/min
	Ⅳ	水	1	0. 0069425m^3/h =0. 1156L/min
			2	0. 0216m^3/h =0. 36L/min
		空气	1	0. 31325kg/h 0. 24175m^3/h =4. 025L/min
	Ⅳ - S1	水	1	0. 0003475m^3/h =0. 005775L/min
		空气	2	0. 00108m^3/h =0. 018L/min
			1	0. 01565kg/h 0. 0121m^3/h =0. 2015L/min
	Ⅴ	水	2	0. 01575L/h =0. 2625 ×10^{-3}L/min
		空气	1	0. 000275m^3/h =0. 004625L/min
	Ⅵ	空气	1	0. 3825mL/min =0. 3825 ×10^{-3}L/min
DN65	Ⅰ	由用户与制造商协商而定		
	Ⅱ	水	1	0. 587275m^3/h =9. 75975L/min
		空气	1	26. 4485kg/h 20. 449m^3/h =340. 535L/min
	Ⅲ	水	1	0. 117m^3/h =1. 95195L/min
		空气	1	5. 28125kg/h 4. 085575m^3/h =68. 107L/min
	Ⅳ	水	1	0. 11732825m^3/h =0. 195195L/min
			2	0. 0365m^3/h =0. 6884L/min
		空气	1	0. 5294kg/h 0. 4086m^3/h =6. 80225L/min
	Ⅳ - S1	水	1	0. 000587m^3/h =0. 0097175L/min
		空气	2	0. 001825m^3/h =0. 03042L/min
			1	0. 0264485kg/h 0. 02045m^3/h =0. 34L/min
	Ⅴ	水	2	0. 266L/h =0. 4436 ×10^{-3}L/min
		空气	1	0. 000465m^3/h =0. 0078L/min
	Ⅵ	空气	1	0. 6464mL/min =0. 6464 ×10^{-3}L/min

（续）

公称尺寸	泄漏等级	试验介质	试验程序	阀座最大允许泄漏量
DN80	Ⅰ	由用户与制造商协商而定		
	Ⅱ	水	1	1.237m^3/h = 14.784L/min
		空气	1	40.064kg/h 30.976m^3/h = 515.84L/min
	Ⅲ	水	1	0.17728m^3/h = 2.9568L/min
		空气	1	8kg/h 6.1888m^3/h = 103.168L/min
	Ⅳ	水	1	0.0177728m^3/h = 0.29568L/min
			2	0.055296m^3/h = 0.9216L/min
		空气	1	0.80192kg/h 0.61888m^3/h = 10.304L/min
	Ⅳ - S1	水	1	0.0008896m^3/h = 0.1472L/min
		空气	2	0.0027648m^3/h = 0.046L/min
			1	0.04kg/h 0.031m^3/h = 0.51584L/min
	Ⅴ	水	2	0.04032L/h = 0.672 × 10^{-3}L/min
		空气	1	0.000704m^3/h = 0.01184L/min
	Ⅵ	空气	1	0.9792mL/min = 0.9792 × 10^{-3}L/min
DN100	Ⅰ	由用户与制造商协商而定		
	Ⅱ	水	1	1.39m^3/h = 23.1L/min
		空气	1	62.6kg/h 48.4m^3/h = 806L/min
	Ⅲ	水	1	0.277m^3/h = 4.62L/min
		空气	1	12.5kg/h 9.67m^3/h = 161.2L/min
	Ⅳ	水	1	0.02777m^3/h = 0.462L/min
			2	0.0864m^3/h = 1.44L/min
		空气	1	1.253kg/h 0.967m^3/h = 16.1L/min
	Ⅳ - S1	水	1	0.00139m^3/h = 0.023L/min
		空气	2	0.00432m^3/h = 0.072L/min
			1	0.0626kg/h 0.0484m^3/h = 0.806L/min
	Ⅴ	水	2	0.063L/h = 1.05 × 10^{-3}L/min
		空气	1	0.0011m^3/h = 0.0185L/min
	Ⅵ	空气	1	1.53mL/min = 1.53 × 10^{-3}L/min

（续）

公称尺寸	泄漏等级	试验介质	试验程序	阀座最大允许泄漏量
DN150	Ⅰ	由用户与制造商协商而定		
	Ⅱ	水	1	5.175m^3/h = 51.975L/min
		空气	1	140.85kg/h 108.9m^3/h = 1813.5L/min
	Ⅲ	水	1	0.62325m^3/h = 10.395L/min
		空气	1	28.125kg/h 21.7575m^3/h = 362.7L/min
	Ⅳ	水	1	0.0624825m^3/h = 1.0395L/min
			2	0.1944m^3/h = 3.24L/min
		空气	1	2.81925kg/h 2.17575m^3/h = 36.225L/min
	Ⅳ-S1	水	1	0.0031275m^3/h = 0.05175L/min
		空气	2	0.00972m^3/h = 0.162L/min
			1	0.14085kg/h 0.1089m^3/h = 1.8135L/min
	Ⅴ	水	2	0.14175L/h = 2.3625 × 10^{-3}L/min
		空气	1	0.002475m^3/h = 0.041625L/min
	Ⅵ	空气	1	3.4425mL/min = 3.4425 × 10^{-3}L/min
DN200	Ⅰ	由用户与制造商协商而定		
	Ⅱ	水	1	5.56m^3/h = 92.4L/min
		空气	1	250.4kg/h 193.6m^3/h = 3224L/min
	Ⅲ	水	1	1.108m^3/h = 18.48L/min
		空气	1	50kg/h 38.68m^3/h = 644.8L/min
	Ⅳ	水	1	0.11108m^3/h = 1.848L/min
			2	0.3456m^3/h = 5.76L/min
		空气	1	5.012kg/h 3.868m^3/h = 64.4L/min
	Ⅳ-S1	水	1	0.00556m^3/h = 0.092L/min
		空气	2	0.001728m^3/h = 0.288L/min
			1	0.2504kg/h 0.1936m^3/h = 3.224L/min
	Ⅴ	水	2	0.252L/h = 4.2 × 10^{-3}L/min
		空气	1	0.0044m^3/h = 0.074L/min
	Ⅵ	空气	1	6.12mL/min = 6.12 × 10^{-3}L/min

（续）

公称尺寸	泄漏等级	试验介质	试验程序	阀座最大允许泄漏量
DN250	Ⅰ	由用户与制造商协商而定		
	Ⅱ	水	1	8.6875m³/h = 144.375L/min
		空气	1	391.25kg/h 302.5m³/h = 5037.5L/min
	Ⅲ	水	1	1.73125m³/h = 28.875L/min
		空气	1	78.125kg/h 60.4375m³/h = 1007.5L/min
	Ⅳ	水	1	0.1735625m³/h = 2.8875L/min
			2	0.54m³/h = 9L/min
		空气	1	7.83125kg/h 6.04375m³/h = 100.625L/min
	Ⅳ-S1	水	1	0.0086875m³/h = 0.14375L/min
		空气	2	0.027m³/h = 0.45L/min
			1	0.39125kg/h 0.014641m³/h = 5.0375L/min
	Ⅴ	水	2	0.39375L/h = 6.5625×10⁻³L/min
		空气	1	0.006875m³/h = 0.115625L/min
	Ⅵ	空气	1	9.5625mL/min = 9.5625×10⁻³L/min
DN300	Ⅰ	由用户与制造商协商而定		
	Ⅱ	水	1	12.51m³/h = 207.9L/min
		空气	1	563.4kg/h 435.6m³/h = 7254L/min
	Ⅲ	水	1	2.493m³/h = 41.58L/min
		空气	1	112.5kg/h 87.03m³/h = 1450.8L/min
	Ⅳ	水	1	0.25m³/h = 4.158L/min
			2	0.7776m³/h = 12.96L/min
		空气	1	11.277kg/h 8.703m³/h = 144.9L/min
	Ⅳ-S1	水	1	0.01251m³/h = 0.207L/min
		空气	2	0.03888m³/h = 0.648L/min
			1	0.5634kg/h 0.4356m³/h = 7.254L/min
	Ⅴ	水	2	0.567L/h = 9.45×10⁻³L/min
		空气	1	0.0099m³/h = 0.1665L/min
	Ⅵ	空气	1	13.77mL/min = 13.77×10⁻³L/min

（续）

公称尺寸	泄漏等级	试验介质	试验程序	阀座最大允许泄漏量
DN350	Ⅰ	由用户与制造商协商而定		
	Ⅱ	水	1	17.0275m^3/h = 282.975L/min
		空气	1	766.85kg/h 592.9m^3/h = 9873.5L/min
	Ⅲ	水	1	3.39325m^3/h = 56.595L/min
		空气	1	153.125kg/h 118.4575m^3/h = 1974.7L/min
	Ⅳ	水	1	0.34m^3/h = 5.6595L/min
			2	1.0584m^3/h = 17.64L/min
		空气	1	15.35kg/h 11.84575m^3/h = 197.225L/min
	Ⅳ-S1	水	1	0.017m^3/h = 0.28175L/min
		空气	2	0.05292m^3/h = 0.882L/min
			1	0.76685kg/h 0.5929m^3/h = 9.8735L/min
	Ⅴ	水	2	0.77175L/h = 12.8625 × 10^{-3}L/min
		空气	1	0.013475m^3/h = 0.226625L/min
	Ⅵ	空气	1	18.7425mL/min = 18.7425 × 10^{-3}L/min
DN400	Ⅰ	由用户与制造商协商而定		
	Ⅱ	水	1	22.24m^3/h = 369.6L/min
		空气	1	1001.6kg/h 774.4m^3/h = 12896L/min
	Ⅲ	水	1	4.432m^3/h = 73.92L/min
		空气	1	200kg/h 154.72m^3/h = 2579.2L/min
	Ⅳ	水	1	0.44432m^3/h = 7.392L/min
			2	1.3824m^3/h = 23.04L/min
		空气	1	20.048kg/h 15.472m^3/h = 257.6L/min
	Ⅳ-S1	水	1	0.02224m^3/h = 0.368L/min
		空气	2	0.06912m^3/h = 1.152L/min
			1	1.0016kg/h 0.7744m^3/h = 12.896L/min
	Ⅴ	水	2	1.008L/h = 16.8 × 10^{-3}L/min
		空气	1	0.0176m^3/h = 0.296L/min
	Ⅵ	空气	1	24.48mL/min = 24.48 × 10^{-3}L/min

（续）

公称尺寸	泄漏等级	试验介质	试验程序	阀座最大允许泄漏量
DN450	Ⅰ	由用户与制造商协商而定		
	Ⅱ	水	1	28. 1475m³/h = 467. 775L/min
		空气	1	1267. 65kg/h 980. 1m³/h = 16321. 5L/min
	Ⅲ	水	1	5. 60925m³/h = 93. 555L/min
		空气	1	253. 125kg/h 195. 8175m³/h = 3264. 3L/min
	Ⅳ	水	1	0. 5623425m³/h = 9. 3555L/min
			2	1. 7496m³/h = 29. 16L/min
		空气	1	25. 37325kg/h 19. 58175m³/h = 326. 025L/min
	Ⅳ-S1	水	1	0. 0281475m³/h = 0. 46575L/min
		空气	2	0. 08748m³/h = 1. 458L/min
			1	1. 26765kg/h 0. 9801m³/h = 16. 3215L/min
	Ⅴ	水	2	1. 27575L/h = 21. 2625 × 10^{-3} L/min
		空气	1	0. 022275m³/h = 0. 374625L/min
	Ⅵ	空气	1	30. 9825mL/min = 30. 9825 × 10^{-3} L/min
DN500	Ⅰ	由用户与制造商协商而定		
	Ⅱ	水	1	34. 75m³/h = 577. 5L/min
		空气	1	1565kg/h 1210m³/h = 20150L/min
	Ⅲ	水	1	6. 925m³/h = 115. 5L/min
		空气	1	312. 5kg/h 241. 75m³/h = 4030L/min
	Ⅳ	水	1	0. 69425m³/h = 11. 55L/min
			2	2. 16m³/h = 36L/min
		空气	1	31. 325kg/h 24. 175m³/h = 402. 5L/min
	Ⅳ-S1	水	1	0. 03475m³/h = 0. 575L/min
		空气	2	0. 108m³/h = 1. 8L/min
			1	1. 565kg/h 1. 21m³/h = 20. 15L/min
	Ⅴ	水	2	1. 575L/h = 26. 25 × 10^{-3} L/min
		空气	1	0. 0275m³/h = 0. 4625L/min
	Ⅵ	空气	1	38. 25mL/min = 38. 25 × 10^{-3} L/min

（续）

公称尺寸	泄漏等级	试验介质	试验程序	阀座最大允许泄漏量
DN550	Ⅰ	由用户与制造商协商而定		
	Ⅱ	水	1	42.0475m^3/h = 698.775L/min
		空气	1	1893.65kg/h 1464.1m^3/h = 24381.5L/min
	Ⅲ	水	1	8.37925m^3/h = 139.7551L/min
		空气	1	378.125kg/h 292.5175m^3/h = 4876.3L/min
	Ⅳ	水	1	0.84m^3/h = 13.9755L/min
			2	2.6136m^3/h = 43.56L/min
		空气	1	37.9kg/h 29.25m^3/h = 487.025L/min
	Ⅳ－S1	水	1	0.042m^3/h = 0.69575L/min
		空气	2	0.13068m^3/h = 2.178L/min
			1	1.89365kg/h 1.4641m^3/h = 24.3815L/min
	Ⅴ	水	2	1.90575L/h = 31.7625 $\times 10^{-3}$ L/min
		空气	1	0.033275m^3/h = 0.559625L/min
	Ⅵ	空气	1	46.2825mL/min = 46.2825 $\times 10^{-3}$ L/min
DN600	Ⅰ	由用户与制造商协商而定		
	Ⅱ	水	1	50.04m^3/h = 831.6L/min
		空气	1	2253.6kg/h 1742.4m^3/h = 29016L/min
	Ⅲ	水	1	9.972m^3/h = 166.32L/min
		空气	1	450kg/h 348.12m^3/h = 5803.2L/min
	Ⅳ	水	1	0.99972m^3/h = 16.632L/min
			2	3.11m^3/h = 51.84L/min
		空气	1	45.108kg/h 34.812m^3/h = 579.6L/min
	Ⅳ－S1	水	1	0.05m^3/h = 0.828L/min
		空气	2	0.15552m^3/h = 2.592L/min
			1	2.2536kg/h 1.7424m^3/h = 29.016L/min
	Ⅴ	水	2	2.268L/h = 37.8 $\times 10^{-3}$ L/min
		空气	1	0.0396m^3/h = 0.666L/min
	Ⅵ	空气	1	55.08mL/min = 55.08 $\times 10^{-3}$ L/min

5.4 调压装置关键阀门的性能试验

5.4.1 安全切断阀的性能试验

1. 一般规定

(1) 实验室温度　实验室的温度应为5～35℃，试验过程中室温波动应小于±5℃。

(2) 试验介质

1) 承压件强度试验用介质：温度高于5℃的洁净水（可以加入防锈剂）。

2) 承压件密封性试验用介质：干燥空气。

(3) 试验设备　切断特性试验系统如图5-2～图5-4所示。

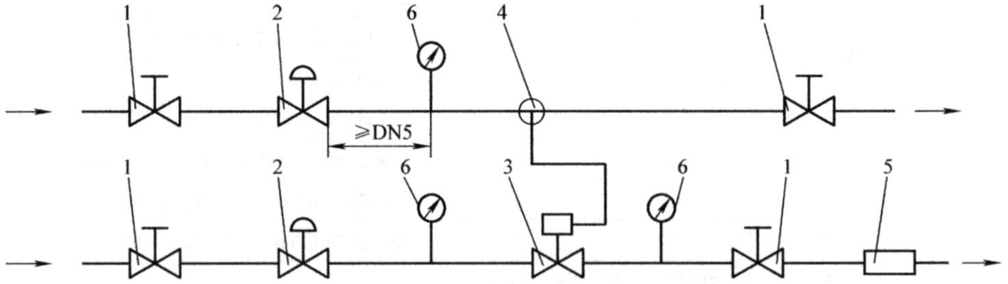

图5-2　切断特性试验系统原理图

1—截断阀门　2—调压稳压器　3—被测安全切断阀

4—安全切断阀控制器取压点　5—流量计　6—压力表

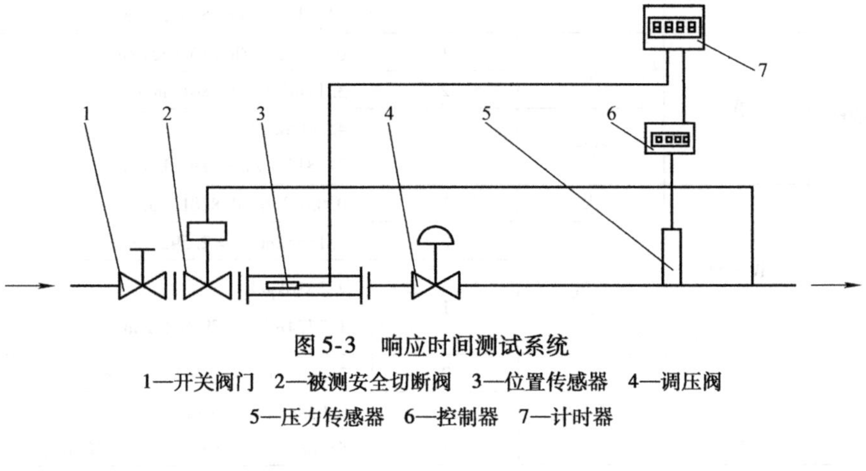

图5-3　响应时间测试系统

1—开关阀门　2—被测安全切断阀　3—位置传感器　4—调压阀

5—压力传感器　6—控制器　7—计时器

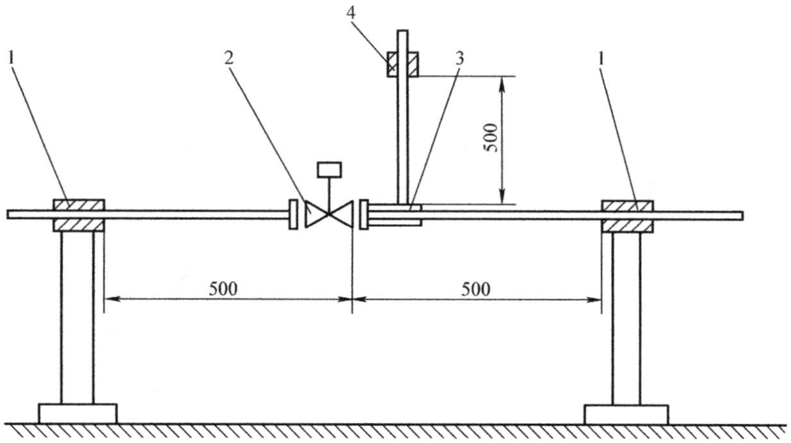

图 5-4　复位稳定性试验系统

1—刚性箍位　2—被测安全切断阀　3—冲击吸收板　4—冲击重块

2. 切断压力精度

（1）实验室温度条件下测试

1）超压切断压力精度。

① 安全切断阀安装在如图 5-2 所示的系统上，阀体处于大气压状态。

② 安全调节切断压力至设定范围的下限。

③ 安全切断阀保持打开状态，从 0.8 倍选择的切断压力开始，逐渐增加系统内压力，增加的速度不大于每秒钟 1.5% 倍选择的切断压力，直至切断发生。

④ 重复上述步骤 5 次，设定值为 6 次读数的算数平均值。

⑤ 使阀体处于最大进口压力状态，重复步骤② ~ ④。

⑥ 安全切断阀切断压力设定值为步骤④、⑤的平均值。

⑦ 测试结果处理：如果步骤③、④、⑤中的切断压力在 $p_{ts}\left(1-\frac{AQ}{100}\right)$ ~ $p_{ts}\left(1+\frac{AQ}{100}\right)$之内（$p_{ts}$为切断压力设定值，AQ 为切断压力精度等级），切断压力合格。

⑧ 调节切断压力至设定范围的上限，重复步骤① ~ ⑦。

⑨ 出厂检验只进行步骤① ~ ⑦。

2）欠压切断压力精度。测试步骤与超压切断相同，只是步骤③的起始压力为 1.2 倍选择的切断压力，然后逐渐降压。

（2）极限温度条件测试

1）超压切断测试。测试在恒温室（箱）内进行，测试介质为干燥空气，切断压力保持常温测试条件下设定的极限值状态，测试步骤如下：

① 安全切断阀处于打开状态，阀体承压10kPa。

② 调节室内温度至极限温度（-20℃或者-10℃，60℃），当安全切断阀各部分温度一致后（允许有±2℃的误差）开始测试。

③ 从0.8倍选择的切断压力开始，逐渐增加系统内压力，增加的速度不大于每秒钟1.5%倍选择的切断压力，直至切断发生。

④ 检查阀座密封性。

⑤ 测试结果处理：如果阀座密封性符合表5-5的要求，同时步骤③读取的切断压力在$p_{ts}\left(1-\frac{2AQ}{100}\right)\sim p_{ts}\left(1+\frac{2AQ}{100}\right)$之内，极限温度测试合格。

2）欠压切断测试。测试步骤与超压切断相同，只是步骤③的起始压力为1.2倍选择的切断压力，然后逐渐降压。

3. 响应时间

安全切断阀按照图5-3安装在系统中，使用调压阀调节系统压力，当系统压力达到切断压力设定值极限时，通过位置传感器3、控制器6向计时器7发出一个开关量信号，计时器开始计时；当被测安全切断阀2切断至完全关闭时，位置传感器3向计时器7发生一个开关量信号，计时器停止计时，此时间即为安全切断阀的响应时间。测试步骤如下：

（1）超压切断

1）调节调压阀4出口压力为切断压力设定值的0.5倍左右，然后缓慢增加压力，增压速度不大于每秒钟1.5%倍切断压力设定值，系统内压力增至切断压力下限值时，开始计时，同时急速（时间在0.2s之内）增压直至安全切断阀切断。

2）记录计时器显示的时间值。

3）进行三次独立测试，每次数值均小于2s，取算术平均值作为响应时间测试值。

（2）欠压切断

1）调节调压阀4出口压力为切断压力设定值的1.5倍左右，然后缓慢降低压力，降压速度不大于每秒钟1.5%倍切断压力设定值，系统内压力降至切断压力上限值时，开始计时，同时急速（时间在0.2s之内）降压直至安全切断阀切断。

2）记录计时器显示的时间值。

3）进行三次独立测试，每次数值均小于2s，取算术平均值作为响应时间测试值。

4. 复位压差

（1）超压切断　按照图5-4安装安全切断阀，使安全切断阀处于切断状态，阀体处于最大工作压力，系统压力调整在超过设定切断压力，然后将系统压力降至产品标识的复位压差值，此时安全切断阀能被复位，对于公称尺寸≤DN150 的安全切断阀，按照表 5-9 参数进行冲击试验 10 次，每次应使重块在要求高度自由落下，如果安全切断阀不切断为合格。

（2）欠压切断　测试方法同超压切断。

表 5-9　冲击试验载荷

公称尺寸	冲击重块质量/kg	
	工作压力≤1.6MPa	工作压力 >1.6MPa
≤DN50	0.2	0.3
DN65 ~ DN150	0.4	0.6
DN200 ~ DN600	0.6	0.9

5. 流量系数 K_v

被测试安全切断阀需提供以下参数：使用气质、安装条件、切断阀类型、公称尺寸、公称压力。

按照图 5-2 安装安全切断阀，选取三种不同压差进行流量测试，取三次的算术平均值作为切断阀的流量系数，流量系数可按式（5-1）计算：

$$K_v = \frac{Q}{4.96}\sqrt{\frac{dT_1}{p_1 \Delta p}} \tag{5-1}$$

式中　K_v——切断阀的流量系数；

Q——15℃、101.325kPa 时的体积流量（m^3/h）；

d——相对密度（空气 =1）；

T_1——切断阀进口处绝对温度（K）；

Δp——切断阀进出口压差（kPa）；

p_1——切断阀进口绝对压力（kPa）。

6. 耐用性

1）设定安全切断阀的切断压力为切断压力范围的中间值。

2）在实验室温度下进行 100 次切断动作。

3）按阀座密封性和切断压力精度的试验方法检查阀座密封性、实验室温度的切断压力精度，应符合表 5-5 和 CJ/T 335—2010 中表 6 的要求。

4）在最低极限温度条件下进行 50 次切断动作。

5）待温度恢复到实验室温度后，按阀座密封性能和切断压力精度的试验方法检查阀座密封性、实验室温度的切断压力精度，应符合表 5-5 和 CJ/T 335—2010 中表 6 的要求。

7. 膜片成品检验

（1）膜片耐压试验。膜片应和托盘（或相应的工装）组合在一起后在试验工装内进行试验，试验工装应使膜片处于最大有效面积的位置，且膜片露出托盘（或相应的工装）和工装部分的运动不应受试验工装限制。试验应向膜片的高压侧缓慢增压至所规定的试验压力，保压时间不应小于 10min，试验结果应符合 CJ/T 335—2010 中 6. 1. 11. 1 小节的要求。

（2）膜片耐天然气性能试验　膜片耐天然气性能试验应符合表 5-10 的规定。

表 5-10　膜片耐天然气性能试验

燃气种类	试验项目	指标（%）	
天然气	在 23℃ ±2℃的室温下，在 70%（体积分数）异辛烷与 30%（体积分数）甲苯混合液中浸泡 72h，取出后 5min 内	体积变化（最大）	±30
		质量变化（最大）	±20
	在干燥空气中放置 24h	体积变化（最大）	±15
		质量变化（最大）	±10

5. 4. 2　监控调压阀（自力式调节阀）性能试验

1. 一般规定

（1）实验室温度　实验室的温度应为 5～35℃，试验过程中室温波动应小于 ±5℃。

（2）试验介质　试验用介质为洁净的、露点低于 －20℃的空气。调压阀进口介质温度不应高于 35℃，其出口不应低于 5℃（极限温度下的适应性试验除外）。

（3）试验设备

1）静特性的型式试验和流量系数试验用的试验系统原理应符合图 5-5 所示之任一系统原理图。调压阀前管道的公称尺寸不应小于调压阀的公称尺寸；调压阀后管道的公称尺寸不应小于调压阀出口的公称尺寸。当管道内压力大于或等于 0. 05MPa 时，介质流速不应大于 50m/s；当管道内压力小于 0. 05MPa 时，介质流速不应大于 25m/s。关闭压力试验时，调压阀下游管道长度按图 5-5 规定的最小值选取，下游应无附加的容积。

2）静特性的抽样检验和出厂检验用的试验台系统原理可参考图 5-5 所示之任一系统原理图。调压阀下游管道长度不应大于图 5-5 规定的最小值，下游应无附加的容积。

（4）测量精度

1）膜片耐压试验用压力表的选用应符合下列要求：

① 压力表的量程不应低于 1. 5 倍且不高于 3 倍的试验压力。

② 压力表的精度不应低于 1.6 级，应检定合格并在有效期内。

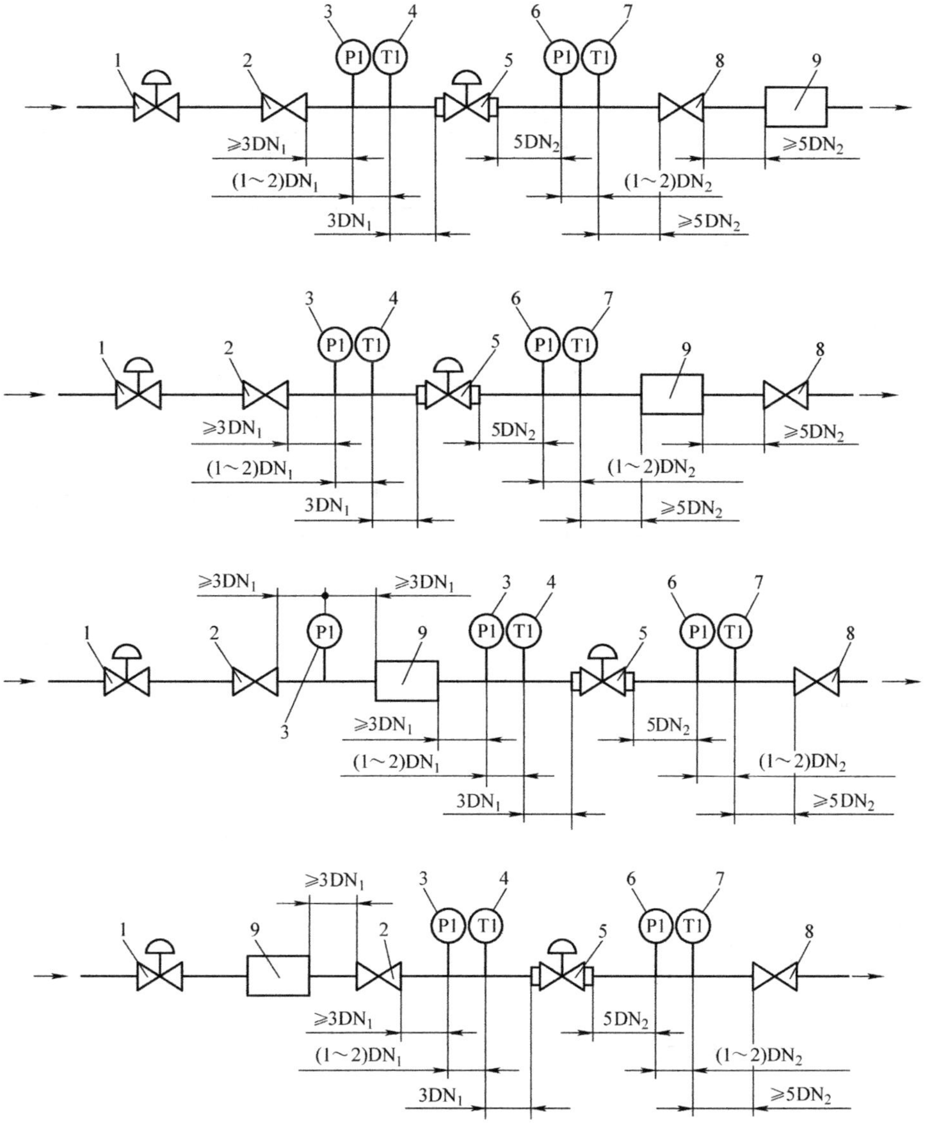

图 5-5　四种不同形式的试验系统原理示意图

1—调压阀　2—进口截断阀　3—进口压力表　4—进口温度计　5—被试调压阀

6—出口压力表　7—出口温度计　8—流量调节阀　9—流量计

注：DN_1 = 与所试调压阀相接的上游管道的公称尺寸；DN_2 = 与所试调压阀相接的下游管道的公称尺寸。

2）静特性和流量系数试验用仪器、仪表应符合表5-11的规定。

表5-11　静特性和流量系数试验用仪器、仪表

检测项目	仪表名称	规格	精度要求
进、出口压力	压力表	根据试验压力规范确定	0.4级
	压力传感器		0.1级
	水柱压力计		10Pa
大气压力	大气压力计	81～107kPa	10Pa
流量	流量计（带修正仪）	根据试验流量范围确定	1.5%
介质温度	温度计、温度传感器	0～50℃	0.5℃

2. 膜片成品检验

（1）膜片耐压检验　膜片应和膜盘（或相应的工装）组合在一起在试验工装内进行试验，试验工装应使膜片处于最大有效面积的位置，且膜片露出膜盘（或相应的工装）和工装部分的运动不应受试验工装限制。试验时应向膜片的高压侧缓慢增压至所规定的试验压力，保压时间不应小于10min，试验结果应符合试验压力为设计压力的1.5倍，保压期间不应漏气。

（2）膜片耐天然气性能试验　膜片应按GB/T 1690—2010《硫化橡胶或热塑性橡胶　耐液体试验方法》规定的方法进行耐天然气性能试验，试验结果应符合表5-12的要求。

表5-12　橡胶材料物理力学性能

项　　目		单位	指标
拉伸强度（最小）		MPa	7.0
断后伸长率（最小）		%	300
压缩永久变形（常温）		%	20
国际硬度或邵尔A硬度		1RHD或度	由制造单位确定
回弹性（最小）		%	30
屈挠龟裂（最小）		万次	2
热空气老化70℃×72h强度变化（最大）		%	-15
脆性温度（最大）		℃	-30
标准室温下液体[①]浸泡72h，取出5min内	体积变化（最大）	%	±15
	质量变化（最大）	%	±15
在干燥空气中放置24h	体积变化（最大）	%	±10
	质量变化（最大）	%	±10

①　对工作介质为天然气、管道液化石油气和液化石油气混空气的调压阀，用正戊烷浸泡。

（3）膜片耐低温试验　将膜片放入-20℃的低温箱中保温1h后，其柔性不应降低。

3. 静特性

调压阀在制造单位规定的所有安装状态下的性能应符合 GB 27790—2020、JB/T 13885—2020、EN 334：2019 标准规定。

（1）静特性的型式试验

1）静特性的型式试验所需试验参数如下。

① 由制造单位明示进口压力范围 Δp_1 和出口压力范围 Δp_2 内的性能指标为稳压精度 AC、关闭压力等级 SG，每一出口压力下的 SZ_{p_2}，每一进口压力和出口压力下的 SZ 和 Q_{min}、Q_{max}，应满足 $Q_{min}/Q_{max} \leqslant SZ/100$ 和 $Q_{min,p_{1max}}/Q_{max,p_{1min}} \leqslant SZ_{p_2}/100$。AC、SG 和 SZ（$SZ_{p_2}$）应分别符合表 5-13、表 5-14、表 5-15、表 5-16的要求。

表 5-13　稳压精度等级

稳压精度等级	最大允许相对正、负偏差
AC1	±1%
AC2. 5	±2. 5%
AC5	±5%
AC10	±10%
AC15	±15%

表 5-14　关闭压力等级

关闭压力等级	最大允许相对增量
SG2. 5	2. 5%
SG5	5%
SG10	10%
SG15	15%
SG20	20%
SG25	25%

表 5-15　关闭压力区等级

关闭压力区等级	$Q_{min,p_1}/Q_{max,p_1}$ 极限值
SZ2. 5	2. 5%
SZ5	5%
SZ10	10%
SZ20	20%

表 5-16 静特性线族关闭压力区等级

关闭压力区等级	$Q_{min,p_{1max}}/Q_{max,p_{1min}}$ 极限值
$SZ_{p_2}2.5$	2.5%
$SZ_{p_2}5$	5%
$SZ_{p_2}10$	10%
$SZ_{p_2}20$	20%

② 在调压阀进口压力范围 Δp_1 内取三点，在出口压力范围 Δp_2 内取三点进行静特性测定。每一出口压力在三个进口压力下作测定，即绘出一族三条静特性线。初设出口压力 p_{2c} 和进口压力 p_1 的取值应符合下列要求：

a）初设出口压力 p_{2c} 分别为 p_{2min}、p_{2max} 和 $p_{2int}=p_{2min}+\dfrac{p_{2max}-p_{2min}}{3}$。

b）进口压力 p_1 的取值分别为 p_{1min}、p_{1max} 和 $p_{1av}=p_{1min}+\dfrac{p_{1max}-p_{1min}}{2}$。

c）当按上述规定确定的进口压力 p_{1min} 小于该族的 $p_{2c}+\Delta p$ 时应选 $p_{1min}=p_{2c}+\Delta p$。Δp 为调压阀尚能保证稳压精度等级的最小进出口压差，由制造单位明示。

2）静特性型式试验试验步骤如下。

① 首先在进口压力等于 p_{1av}、流量为（1.15～1.2）$Q_{min,p_{1av}}$ 的情况下，将调压阀出口压力调整至初设出口压力 p_{2int}（见图 5-6 所示初始点）；或采用制造单位明示的初始状态设定方法。

② 完成初设后进行始下操作，测定一条静特性线。

a）利用流量调节阀改变流量，先逐步增加至最大试验流量 Q_L，然后逐步降低至零，最后再增加至初始点。Q_L 为一条特性线的最大试验流量；Q_R 为试验台能提供的最大流量。

试验台应满足 $Q_R>Q_{max,p_{1min}}$，若对某条特性线，$Q_{max,p_1}\geqslant Q_R$，则应试验至 $Q_L=Q_R$；若对某条特性线，$Q_{max,p_1}<Q_R$，则应试验至 $Q_R\geqslant Q_L\geqslant Q_{max,p_1}$。

b）在 $Q=0$ 至 Q_L 间至少分布 11 个测量点，分别为 1 个初始点、5 个流量增加点、4 个流量降低点、1 个零流量点，如图 5-6 所示。4 个流量降低点中，流量最小的一点应小于制造单位明示的相应的 Q_{min,p_1}。

c）流量调节阀的操作应缓慢。

d）$Q=0$ 时的调压阀出口压力应在调压阀关闭后 5min 和 30min 时分别测量

两次。

e）试验过程中应注意发现不稳定区（若存在）。

③ 将进口压力分别调整至 $p_{1\min}$ 及 $p_{1\max}$，重复②的操作。如此可得 $p_{2\text{int}}$ 下的一族静特性线。

④ 在进口压力为 $p_{1\max}$ 时，当流量回至初始点后，利用流量调节阀再次将流量缓慢地降低至零，并在调压阀关闭 5min 后测量两次出口压力，两次测量间隔时间应保证当泄漏量为表 5-6 所示值时测压仪表能判读压力变化。

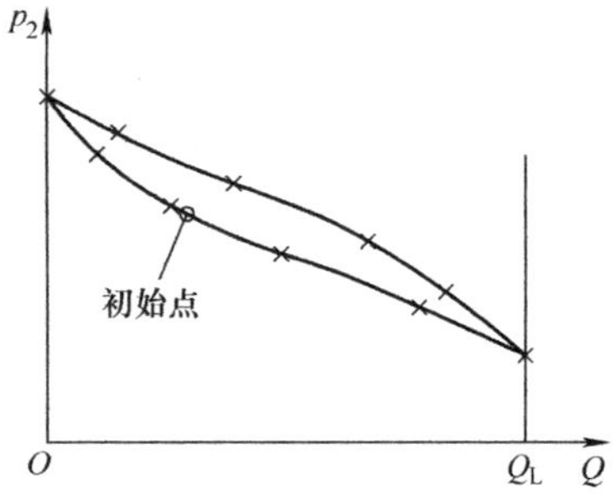

图 5-6　测点分布示意图

⑤ 再在各自的 $p_{1\text{av}}$ 及流量为（1.15～1.2）$Q_{\min,p_{1\text{av}}}$ 的情况下，将调压阀出口压力调整至初设出口压力 $p_{2\max}$ 及 $p_{2\min}$；或按制造单位声明的初始六态设定方法操作。重复②～④的操作；如此重复操作可得上述初设出口压力 p_{2c} 和进口压力 p_1 下的三族静特性线。

⑥ 在各族静特性线的测试过程中不应变更调压阀的调整状态。

⑦ 实际试验所测得的流量 Q_m 应按式（5-2）按算至调压阀在进口温度为 15℃的情况下试验得到的流量 Q：

$$Q = Q_m \sqrt{\frac{d(273 + t_1)}{273 + 15}} \tag{5-2}$$

式中　Q——流量（m^3/h）；

Q_m——调压阀进口温度为 t_1 时试验测得的流量（m^3/h）；

d——试验介质的相对密度，对于空气 $d=1$；

t_1——调压阀前试验介质温度（℃）。

⑧ 第二次测得的关闭压力 p'_{b2} 应进行温度修正，按式（5-3）计算可得到修正后的关闭压力 p_{b2}，与第一次测得的关闭压力 p_{b1} 作比较。

$$p_{b2} = \frac{t_{21} + 273}{t_{22} + 273}(p'_{b2} + p_a) - p_a \tag{5-3}$$

式中　p_{b2}——第二次测量测得的关闭压力经温度修正后的压力（MPa）；

t_{21}——第一次测量测得的调压阀出口温度（℃）；

t_{22}——第二次测量测得的调压阀出口温度（℃）；

p'_{b2}——第二次测量测得的关闭压力（MPa）；

p_a——大气压力（MPa）。

关闭压力 p_b 取 p_{b1} 和 p_{b2} 中的最大值。

3）结果判定。对每个 p_{2c}，分别将其静特性线族画至 $Q-p_2$ 坐标图上（见

图 5-7)，并按如下方法对每族静特性线进行评定。

① 在各图上以各静特性线的 Q_{max}（或 Q_L）和 Q_{min} 作垂线分别与相应的静特性线相交并得到交点，以交点间静特性线上的最高点分别绘制虚线 1 和虚线 2，并以虚线 1 和虚线 2 纵坐标的中间值绘制虚线 3。

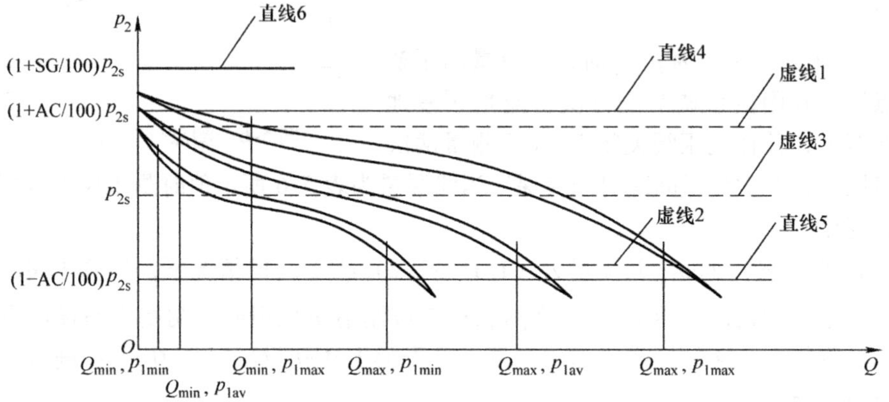

图 5-7　静特性参数判定示意图

② 基于虚线 3 再做三条平行线，即直线 4、直线 5 和直线 6，其纵坐标分别为$\left(1+\frac{AC}{100}\right)p_{2s}$、$\left(1-\frac{AC}{100}\right)p_{2s}$、和$\left(1+\frac{SG}{100}\right)p_{2s}$。

③ 各 Q_{max}（或 Q_L）和 Q_{min} 间的静特性线均应在直线 4 和直线 5 包含的范围内。

④ 各关闭压力 p_b 均不应大于$\left(1+\frac{SG}{100}\right)p_{2s}$。

⑤ Q_{max}（或 Q_L）和 Q_{min} 之间压力回差 Δp_h 的最大值应符合式（5-4）的计算值:

$$\Delta p_h \leqslant \frac{AC}{100}p_{2s} \tag{5-4}$$

式中　Δp_h——压力回差（MPa）；

AC——稳压精度等级；

p_{2s}——设定压力（MPa）。

⑥ 在各 Q_{max}（或 Q_2）和 Q_{min} 之间的静特性线上，调压阀应处于静态工作状态，并符合式（5-5）或 0. 1kPa 中的较大值:

$$\frac{20\%\, AC p_{2s}}{100} \tag{5-5}$$

⑦ 静特性线族关闭压力区等级 SZ_{p_2} 应符合表 5-16 的要求。

⑧ 用上述 2）④中两次测得的出口压力计算泄漏量，应符合表 5-6 的要求。

4）当试验台能提供的最大流量不能满足调压阀系列中所有公称尺寸的调压阀的试验要求时，在符合下列条件下，可按制造单位提供的替代方法进行试验。

① 调压阀系列中试验台未能满足试验要求的部分调压阀不应按替代方法进行试验。

② 对特定公称尺寸调压阀，将替代方法的结果在图 5-5 规定的试验台上做的全部工况下的试验结果进行对比，证实所用替代方法是可靠的。

③ 替代方法仅限用于同一调压阀系列中的较大公称尺寸的调压阀上。

（2）静特性的抽样检验

1）应在进口压力范围 Δp_1 的两个极限值下对出口压力范围 Δp_2 的两个极限值作此项试验，当 $p_{1\min} < p_{2\max} + \Delta p$ 时，应选 $p_{1\min} = p_{2\max} + \Delta p$。

2）试验步骤如下（见图 5-8，图 5-8 中仅画出了①～⑥的步骤）：

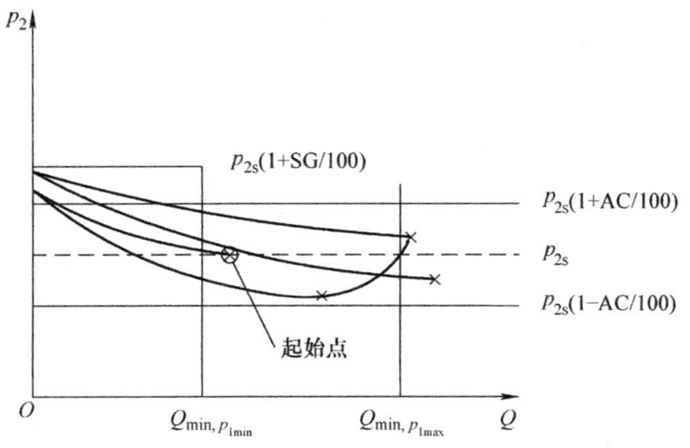

图 5-8　静特性抽样检验示意图

① 在 $Q=0$ 的情况下，使 $p_1=p_{1\min}$，然后增加流量至 $Q>Q_{\min,p_{1\min}}$，将调压阀出口压力调至 $p_{2\max}$。

② 降低流量至调压阀关闭，降低的时间不应小于调压阀的响应时间，在关闭后两次记录关闭压力 $p_{b(p_{1\min},p_{2\max})}$，两次记录的时间间隔不应小于 30s（第一次记录时间为调压阀关闭 5s 后）。

③ 增加流量 $Q>Q_{\min,p_{1\min}}$，记录此时的 p_2。

④ 调整进口压力至 $p_{1\max}$，增加流量至 $Q>Q_{\min,p_{1\max}}$，记录此时的 p_2。

⑤ 降低流量至调压阀关闭，降低的时间不应小于调压阀的响应时间，在关闭后两次记录关闭压力 $p_{b(p_{1\max},p_{2\max})}$，两次记录的时间同②。

⑥ 增加流量至 $Q>Q_{\min,p_{1\max}}$，记录此时的 p_2。

⑦ 降低流量至调压阀关闭，降低的时间不应小于调压阀的响应时间，在关

闭 2min 后测量两次出口压力，两次测量间隔时间应保证当泄漏量为表 5-6 所示值时测压仪表能判读压力变化。

⑧ 使 $p_1 = p_{1\min}$，在 $Q > Q_{\min,p_{1\min}}$ 的情况下，将调压阀调至 $p_{2\min}$。

⑨ 缓慢降低流量至调压阀关闭，降低的时间不应小于调压阀的响应时间，在关闭后两次记录关闭压力 $p_{b(p_{1\min}、p_{2\min})}$，两次记录的时间同②。

⑩ 增加流量至 $Q > Q_{\min,p_{1\min}}$，记录此时的 p_2。

⑪ 调整进口压力至 $p_{1\max}$，增加流量至 $Q > Q_{\min,p_{1\max}}$，记录此时的 p_2。

⑫ 降低流量至调至阀关闭，降低的时间不应小于调压阀的响应时间，在关闭后两次记录关闭压力 $p_{b(p_{1\max}、p_{2\min})}$，两次记录的时间同②。

⑬ 增加流量至 $Q > Q_{\min,p_{1\max}}$，记录此时的 p_2。

⑭ 降低流量至调压阀关闭，降低的时间不应小于调压阀的响应时间，在关闭 2min 后测量两次出口压力，两次测量间隔时间应保证当泄漏量为表 5-6 所示值时测压仪表能判读压力变化。

3）关闭压力［见 2）中②、⑤、⑨、⑫］等于上述经温度修正后两次读数的最大值，由此算得的 SG 应符合表 5-14 的要求。而由 $p_{2\max}$［见 2）中①］及之后的两次流量增加所得的出口压力值［见 2）中③、⑥］以及 $p_{2\min}$［见 2）中⑧］及之后的两次流量增加所得的出口压力值［见 2）中⑩、⑬］得出的稳压精度等级 AC 应符合表 5-13 的要求。

4）用 2）的⑦和⑭中两次测得的出口压力分别计算泄漏量，应符合表 5-6 的要求。

5）当试验台不能提供所需流量时，可使用经验证可靠的替代试验方法。

（3）静特性的出厂检测

1）应在进口压力范围 Δp_1 的两个极限值下对出口压力范围 Δp_2 的两个极限值（当 $p_{2\min} > 0.6 \times p_{2\max}$ 时，可仅按 p_{2s} 进行试验）做此项试验。当 $p_{1\min} < p_{2\max} + \Delta p$ 时，应选 $p_{1\min} = p_{2\max} + \Delta p$。

2）试验步骤如下（仅描述一个出口压力下的试验步骤）：

① 在 $Q = 0$ 的情况下，使 $p_1 = p_{1\min}$，然后增加流量至 $Q > Q_{\min,p_{1\min}}$，将调压阀调至所需出口压力（或按厂家的其他设定方法）。

② 调整进口压力至 $p_{1\max}$，增加流量至 $Q > Q_{\min,p_{1\max}}$，记录此时的 p_2，应在稳压精度范围内。

③ 降低流量至调压阀关闭，降低的时间不应小于调压阀的响应时间，在关闭 2min 后测量两次出口压力，两次测量间隔时间应保证当泄漏量为表 5-6 所示值时测压仪表能判读压力变化。

3）关闭压力［见 2）中③］等于上述经温度修正后两次读数的最大值，由此算得的关闭压力等级 SG 应符合表 5-14 的要求。

4）用 2）的③中两次测得的出口压力计算泄漏量，应符合表 5-6 的要求。

5）当试验台不能提供所需流量时，可使用经验证可靠的替代试验方法。

4. 流量系数 C_g

（1）试验步骤

1）将调压阀调至全开状态，把试验台上的流量调节阀开至最大，使出口压力尽量低。

2）逐渐增加调压阀进口压力，测量各参数并做出图 5-9 所示曲线图。在图 5-9中，亚临界流动状态对应的是曲线图上的非线性段；临界流动状态对应的是曲线图上的线性段，非线性段和线性段的交界点即为临界点。试验时，亚临界流动状态和临界流动状态下，均应至少有 3 个测试工况。

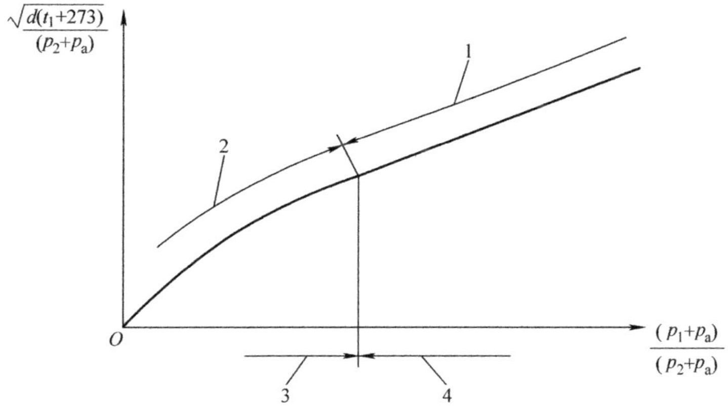

图 5-9 调节元件位置固定时调压阀的流动状态

1—线性段 2—非线性段 3—亚临界流动状态 4—临界流动状态

3）根据临界流动状态下的试验数据确定流量系数。

各测试工况下的流量系数 C_{gi} 按式（5-6）计算得

$$C_{gi}=\frac{Q\sqrt{d(t_1+273)}}{69.7(p_1+p_a)}=\frac{Q\frac{\sqrt{d(t_1+273)}}{(p_2+p_a)}}{69.7\frac{(p_1+p_a)}{(p_2+p_a)}} \tag{5-6}$$

式中 C_{gi}——测试工况下的流量系数；

Q——通过调压阀的流量（m^3/h）；

d——试验介质的相对密度，对于空气 $d=1$；

t_1——调压阀前试验介质温度（℃）；

p_1——进口压力（MPa）；

p_2——出口压力（MPa）；

p_a——大气压力（MPa）。

流量系数等于临界流动状态时各测试工况下流量系数的平均值，即

$$C_g = \sum_{i=1}^{n} \frac{C_{gi}}{n} \tag{5-7}$$

式中 C_g——流量系数；

C_{gi}——测试工况下的流量系数；

n——临界流动状态下的测试工况数。

4）根据亚临界流动状态下的试验数据确定形状系数。

各测试工况下的形状系数按式（5-8）计算得

$$K_{1j} = \frac{\left\{\arcsin\left[\frac{Q\sqrt{d(t_1+273)}}{69.7C_g(p_1+p_a)}\right]\right\}_{deg}}{\sqrt{\frac{p_1-p_2}{p_1+p_a}}} \tag{5-8}$$

式中 K_{1j}——测试工况下的形状系数；

Q——通过调压阀的流量（m^3/h）；

d——试验介质的相对密度，对于空气 $d=1$；

t_1——调压阀前试验介质温度（℃）；

C_g——流量系数；

p_1——进口压力（MPa）；

p_2——出口压力（MPa）；

p_a——大气压力（MPa）。

形状系数 K_1 为亚临界流动状态时各测试工况下形状系数的平均值，即

$$K_1 = \sum_{j=1}^{m} \frac{K_{1j}}{m} \tag{5-9}$$

式中 K_1——形状系数；

K_{1j}——测试工况下的形状系数；

m——亚临界流动状态下的测试工况数。

（2）试验结果评定　所得流量系数 C_g 不应低于制造单位标称值的 90%。

流量系数 C_g 的流量计算公式为

$$C_g = \frac{Q\sqrt{d(t_1+273)}}{69.7(p_1+p_a)\sin\left(K_1\sqrt{\frac{p_1-p_2}{p_1+p_a}}\right)_{deg}} \tag{5-10}$$

式中　d——试验介质相对密度，对于空气 $d=1$；

t_1——调压阀前试验介质温度（℃）；

p_1——进口压力（MPa）；

p_2——出口压力（MPa）；

p_a——大气压力（MPa）。

针对更大的开度在亚临界流动状态下做试验，用上述形状系数 K_1 及式（5-10）计算 C_g，至少对三个开度做出上述试验和计算，做出如图 5-10 所示的函数曲线，外延图 5-10 中曲线，求出 100% 开度的 C_g 值。

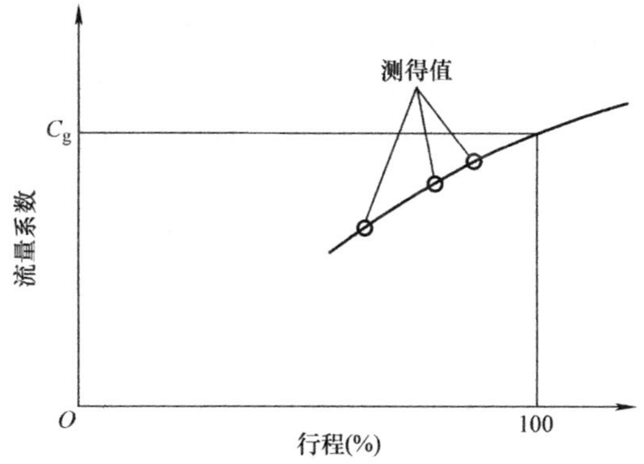

图 5-10　流量系数-行程曲线

(3) 试验方法　当试验台能提供的最大流量不能满足试验要求时，可用图 5-10所示的试验方法或其他经验证实可靠的替代方法。

(4) 计算　可按 GB 27790—2020 附录 D 计算不同调压阀开度和进、出口压力下的流量。

5. 极限温度下的适应性

1）在极限温度下，按 GB/T 27790—2020 7.5 节所示的方法进行外密封试验，应无可见泄漏。

2）将调压阀按装在恒温室内，根据静特性的出厂检测的试验方法检查调压阀在极限温度（检查前试验介质应具有相应的温度）、进口压力分别在最大及最小值、出口压力在最小值时的关闭压力等级，应符合式（5-11）或式（5-12）要求。

工作温度范围为 -10 ~ 60℃时，关闭压力应符合式（5-11）。

工作温度范围为 -20 ~ 60℃时，-10℃和 60℃下关闭压力应满足式（5-11）的要求；-20℃下关闭压力应符合式（5-12）的要求。

$$p_b \leqslant p_{2s}\left(1+\frac{SG}{100}\right) \tag{5-11}$$

$$p_b \leqslant p_{2s}\left(1+\frac{2SG}{100}\right) \tag{5-12}$$

式中 p_b——关闭压力（MPa）；

p_{2s}——设定压力（MPa）；

SG——关闭压力等级。

3）零流量下使调压阀运动件运动检查全行程范围内的运动应灵活。

6. 耐久性

调压阀在室温条件下，进行30000次的行程大于50%全行程（不包括关闭和全开位置）和频率大于5次/min的启闭动作后，依次进行如下试验：外密封试验应无可见泄漏；稳压精度应符合表5-13的要求；关闭压力等级应符合表5-14的要求；关闭压力区等级应符合表5-15的要求。

分别在调压阀进口压力范围 Δp_1 取2点和出口压力范围 Δp_2 内取2点，按静特性的型式检测方法进行静特性试验。初设出口压力 p_{2c} 和进口压力 p_1 的取值应符合下列要求：

① 初设出口压力 p_{2c} 分别为 p_{2cmin} 和 p_{2cmax}。

② 进口压力 p_1 的取值分别为：p_{1min} 和 p_{1max}。

③ 当按上述规定确定的进口压力 p_{1min} 小于该族的 $p_{2c}+\Delta p$ 时，p_{1min} 应按 $p_{2c}+\Delta p$ 选用。Δp 为调压闭尚能保证稳压精度等级的最小进出口压差，由制造单位明示。

5.4.3 工作调压阀（轴流式调节阀）性能试验

1. 轴流式调节阀的基本误差

将规定的输入信号平稳地按增大或减小方向输入执行机构（或定位器），测量各点所对应的行程值，并按公式（5-13）计算实际“信号行程”关系与理论关系之间的各点误差，其最大值即为基本误差。

$$\delta_i=\frac{l_i-L_i}{L}\times 100\% \tag{5-13}$$

式中 δ_i——第 i 点的误差；

l_i——第 i 点的实际行程；

L_i——第 i 点的理论行程；

L——调节阀的额定行程。

除非另有规定，试验点应至少包括信号范围的0、25%、50%、75%、100%五个点。

测量仪表基本误差限应不超过被试调节阀基本误差限的1/4。

2. 轴流式调节阀的回差

试验程序与基本误差相同，在同一输入信号上所测得的正反行程的最大差值的绝对值即为回差。

3. 轴流式调节阀的死区

死区试验应在壳体试验时不能有任何肉眼可见的泄漏和渗漏或在调节阀（带执行机构）没有内部压力并且填料压紧时进行。

（1）试验装置

1）人工记录试验装置：阀杆（或阀轴）的运动可由一个刻度盘指示。电信号用一个有足够范围和灵敏度的测试仪测量。

2）自动记录试验装置：阀杆（或阀轴）的运动和操作信号由一个能够测量整个行程范围和操作信号范围的模拟式 $X-Y$ 记录仪连续地记录下来。此记录仪与一个位移－电压转换器和一个压力或电流－电压转换器配合使用。试验中也可以使用具备这些特征的调节阀诊断仪表。

（2）试验程序

1）弹簧执行机构调节阀的试验程序：从调节阀执行机构行程的端点（0 或 100%）开始改变操作信号，直至阀杆（或阀轴）移动到额定行程的25%，保持这个点的信号并记录它的值（A）。然后信号缓慢地反向变化，直至阀杆（或阀轴）开始反向运动。记录下反向运动开始时的操作信号值（B）。以同样的方法记录额定行程 50% 和 75% 时的值。

每个参考点的死区 x 就是使阀杆（或阀轴）产生反向运动所施加的操作信号的变化量。死区 x 以操作信号全量程的百分数表示，即

$$x=\frac{|A-B|}{a-b}\times 100\% \tag{5-14}$$

式中　x——死区；

A——行程终点记录的信号；

B——产生反向运动所需的信号；

a——信号范围上限值；

b——信号范围下限值。

如果试验和数据记录符合试验中死区部分的要求，死区计算所需要的数据可根据制造商的选择从回差和死区的复合试验中获得，如图 5-11 所示。

2）带双作用执行机构调节阀的试验程序：除了信号施加给定位器之外，带双作用执行机构调节阀的试验程序同 1）中的试验程序。不带定位器的执行机构的试验由制造商和买方协商决定。在这种情况下，应记录两个气室的压差。

（3）验收标准　死区的最大推荐值见表 5-17。

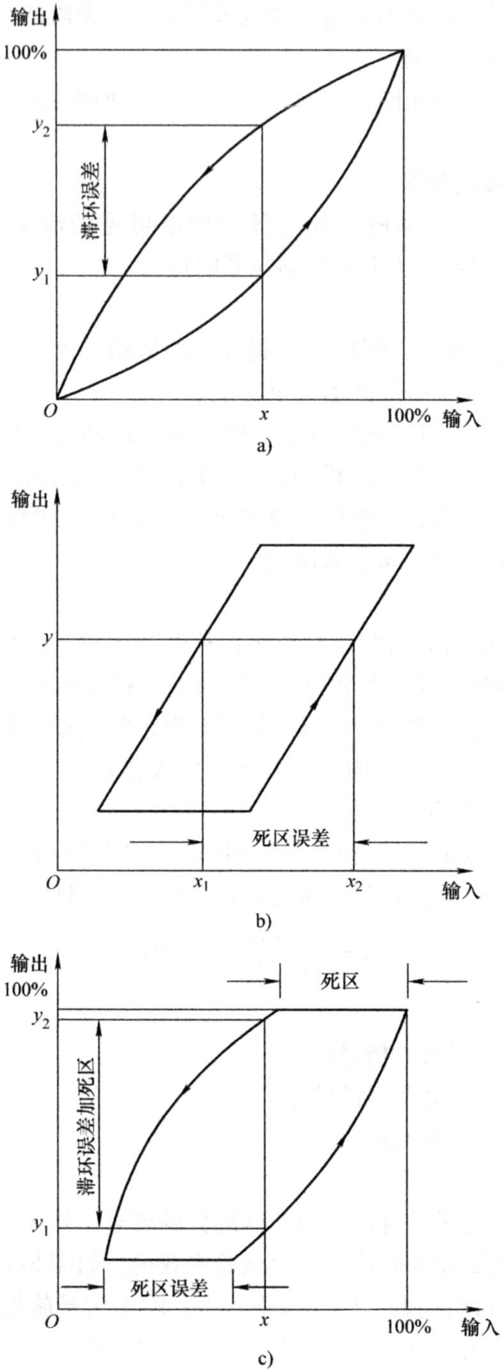

图 5-11　滞环误差和死区

a）滞环误差　b）死区　c）回差

表 5-17 死区的最大推荐值

阀类型	死区的最大推荐值（满量程输入信号的百分数,%）
带执行机构，无定位器的调节阀	6.0①
带定位器但经人为脱离的调节阀	15.0②
带执行机构，有定位器的调节阀	1.0③

① 当死区值超过 6% 时，阀宜带定位器。

② 若进行补充检验（如全行程时间，时滞）或其他等效的动态分析，死区值允许超过 15%。但摩擦力过大可能会影响调节阀的动态性能。

③ 经制造商和买方协商同意，可以用定位器静态性能检验来替代带定位器的调节阀和执行机构的死区试验。

4. 轴流式调节阀的始终点偏差

将输入信号上、下限值分别加入定位器，测取相应的行程值，按式（5-13）计算始终点偏差。

5. 轴流式调节阀的额定行程偏差

调节阀额定行程试验应在壳体试验时不能有任何肉眼可见的泄漏和渗漏或在调节阀（带执行机构）没有内部压力并且填料压紧时进行。

（1）带有定位器的调节阀　带有定位器的阀，当施加一个量程的 0～3% 的输入信号时，应开始开启（或关闭），而当施加一个量程的 97%～100% 的信号时，则应完全打开（或关闭）。

对于分程信号，用 6% 代替 3%，用 94% 代替 97%。

注：对于数字定位器，这些值可以通过编程任意选择。

（2）不带有定位器的弹簧执行机构调节阀

1）随信号增大而阀门开启的调节阀，在弹簧范围的上限值时，应达到行程的 100%，而在弹簧范围的下限值时，则应完全关闭。

2）随信号增大而阀门关闭的调节阀，在弹簧范围的下限值时，应达到行程的 100%，而在弹簧范围的上限值时，则应完全关闭。

注：由于存在回差、死区和制造误差（弹簧等），规定的弹簧范围和实际值之间可能会有差别，需要检验弹簧范围以确保安装了正确的弹簧。随执行机构压力增大而打开的调节阀的弹簧范围下限值和随执行机构压力减小而打开的调节阀的弹簧范围上限值会影响阀的切断能力，故宜对其进行检查。

（3）不带定位器的双作用执行机构调节阀　试验进行时不带定位器。在向两个气室中的一个提供了规定的气压后，调节阀应该达到 100% 的行程，并且在向另一个气室提供了规定的气压后，应达到全关。试验期间，执行机构不充压的气室应向大气排气。

6. 轴流式调节阀的流通能力试验

（1）符号 符号及其单位见表5-18。

表5-18 符号及其单位

符号	说明	单位
C	流量系数（K_v、C_v）	各不相同（见GB/T 17213.1—2015）
C_R	额定行程时的流量系数	各不相同（见GB/T 17213.1—2015）
d	调节阀公称尺寸	—
F_d	调节阀类型修正系数	—
F_F	液体临界压力比系数	—
F_L	无附接管件调节阀的液体压力恢复系数	—
F_{LP}	带附接管件调节阀的液体压力恢复系数和管道几何形状系数的复合系数	—
F_P	管道几何形状系数	—
F_R	雷诺数系数	—
F_γ	比热容比系数	—
M	流体相对分子质量	kg/kmol
N	数字常数（见表4-31）	各不相同①
p_c	绝对热力学临界压力	kPa或bar②
p_v	入口温度下液体的蒸汽的绝对压力	kPa或bar
p_1	上游取压口测得的入口绝对静压力	kPa或bar
p_2	下游取压口测得的出口绝对静压力	kPa或bar
Δp	上、下游取压口的压力差（p_1-p_2）	kPa或bar
Δp_{max}	最大压差	kPa或bar
$\Delta p_{max(L)}$	无附接管件的最大有效压差Δp	kPa或bar
$\Delta p_{max(LP)}$	带附接管件的最大有效压差Δp	kPa或bar
Q	体积流量	m^3/h③
Q_{max}	最大体积流量（阻塞流条件下）	m^3/h
$Q_{max(L)}$	不可压缩流体的最大体积流量（无附接管件阻塞流条件下）	m^3/h
$Q_{max(LP)}$	不可压缩流体的最大体积流是（带附接管件阻塞流条件下）	m^3/h
$Q_{max(T)}$	可压缩流体的最大体积流量（无附接管件阻塞流条件下）	m^3/h
$Q_{max(TP)}$	可压缩流体的最大体积流量（带附接管件阻塞流条件下）	m^3/h
Re_v	调节阀雷诺数	—
T_1	入口绝对温度	K
t_s	标准条件下的参比温度	℃

（续）

符号	说　明	单位
x	压差与入口绝对压力之比（$\Delta p/p_1$）	—
x_T	无附接管件调节阀在阻塞流条件下的压差比系数	—
x_{TP}	带附接管件调节阀在阻塞流条件下的压差比系数	—
Y	膨胀系数	—
Z	压缩系数（对表征理想气体性能的气体 $Z=1$）	—
γ	比热容比	—
ν	运动黏度	m^2/s④
ξ	调节阀带有渐缩管、渐扩管或其他管件时的速度头损失系数	—
ρ_1/ρ_0	相对密度（水在 15.5℃时，$\rho_1/\rho_0=1$）	—

① 为确定常数的单位，应使用表 4-31 给出的单位对相应的公式进行量纲分析。

② $1bar=10^2kPa=10^5Pa$

③ 对可压缩流体，用符号 Q 表示的体积流量（m^3/h）是指绝对压力为 101.325kPa（1.01325bar），温度为 0℃或 15℃的标准条件下的值。

④ $1cSt=10^{-6}m^2/s$。

（2）试验系统　基本的流量试验系统如图 5-12 所示。

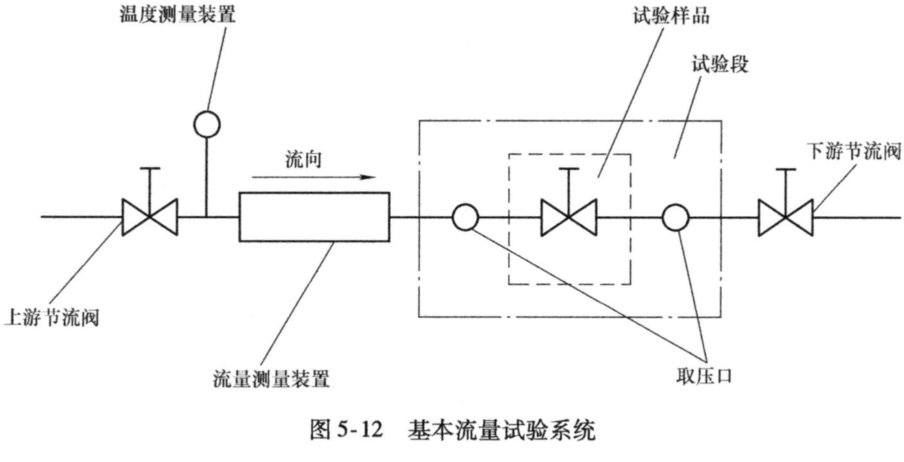

图 5-12　基本流量试验系统

1）试验样品是要求取得试验数据的任何阀或阀同渐缩管、渐扩管或其他管件的组合体。

虽然最好采用实际尺寸的样品或模型，但本部分也允许采用缩小尺寸的试验样品进行模拟试验。为使模拟试验能取得令人满意的结果，要注意几个因素之间的关系，如完全充满管道的流体在流动时的雷诺数，可当压缩性为重要因素时的马赫数以及几何相似性等。

2）试验段应由表5-19列出的两个直管段组成。连接试验样品的上、下游管段应与试验样品的公称尺寸一致。

对于公称尺寸在DN250以下（包括DN250），公称压力在PN100以下（包括PN100）的阀，管道内径与试验样品入口和出口处的内径应与连接管道内径相匹配。

管道内壁应无铁锈、氧化皮或其他可能引起流体过度扰动的障碍物。

表5-19　试验段管道要求

l_1	l_2	l_3	l_4
管道公称尺寸的2倍	管道公称尺寸的6倍	最短为管道公称尺寸的18倍	最短为管道公称尺寸的1倍

标准试验段配置

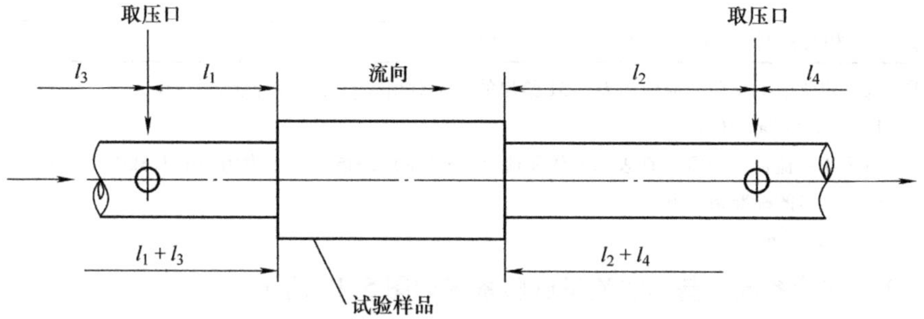

注：1. 若认为有益，可使用整流导叶。如果使用了整流导叶，则长度 l_3 可缩短到不小于管道公称尺寸的8倍。

2. 取压口的位置是在试验样品的上游和下游。试验样品不仅可以是一个调节阀，也可以是调节阀与附接管件的任意组合（见图5-13～图5-16）。

3. 如果上游流体扰动是由位于不同平面上的两个串联的弯头造成的，除非使用整流导叶，否则 l_3 的长度应大于管道公称尺寸的18倍。

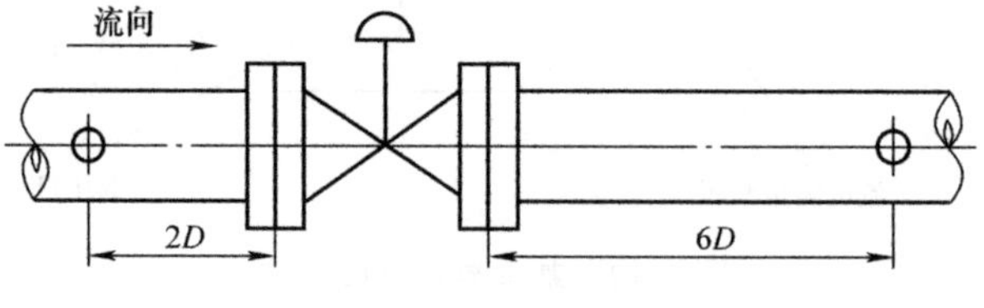

图5-13　调节阀

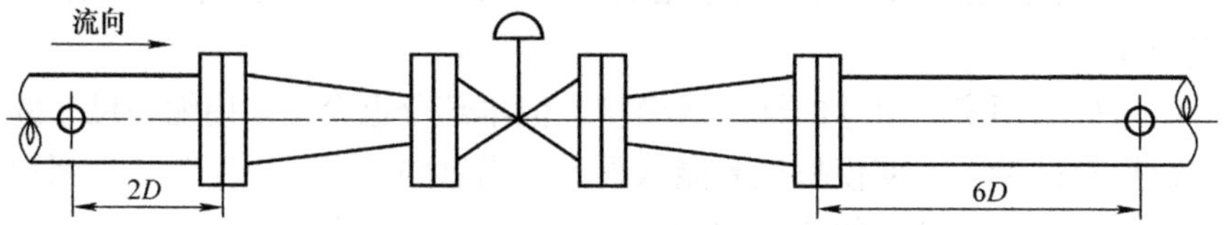

图5-14　带渐缩管和渐扩管的调节阀

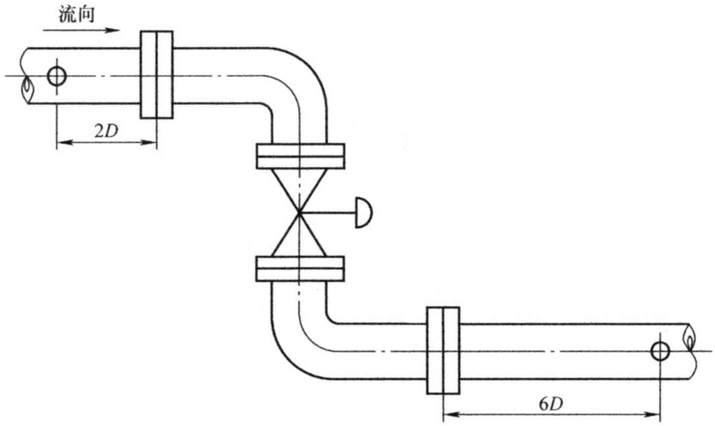

图 5-15　带弯管的调节阀

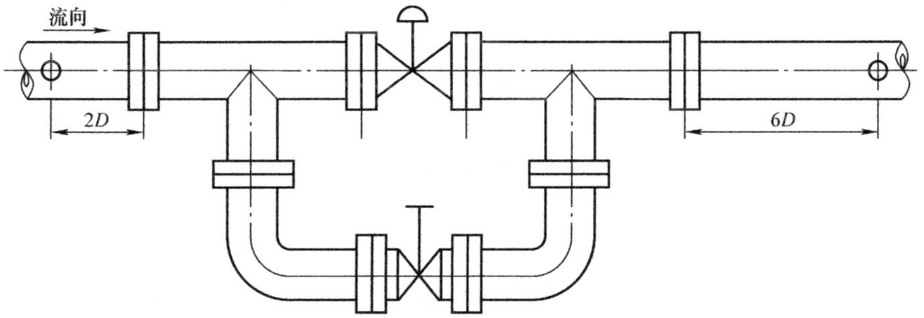

图 5-16　带旁路的调节阀

3）节流阀：上游节流阀用来控制试验段的入口压力，下游节流阀用于试验期间的控制。这两个阀一起用来控制试验段取压口前后的压差，并使下游压力保持一个恒定值。对这两个阀的形式无任何限定，只是上游阀宜经过选择且其安装位置要适当，使之不影响流量测量的精确度。下游节流阀的公称尺寸可大于试验样品的公称尺寸，以保证阻塞流发生在试验样品内。

4）流量的测量：流量测量仪表可位于试验段的上游也可位于试验段的下游。它可以是任何符合规定精度的装置，并需要经常进行校准，以保持其精确度。流量测量仪表应用表测定时间平均流量，其精度应为实际值的 ±2% 范围以内。

5）取压口：应根据表 5-19 的规定在试段管道上装置取压口，其结构如图 5-17所示。当管道内流动形态不一致时，为达到所需要的测量精确度可能需要设置多个取压口。

取压口 b 的直径至少应为 3mm，但不能超过 12mm 或管道公称尺寸的 1/10

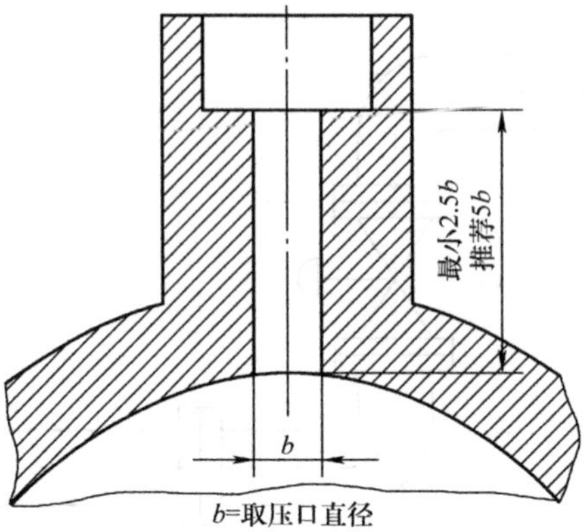

管道尺寸/mm	b取值范围/mm
<50	$3 \leqslant b \leqslant 6$
50~75	$3 \leqslant b \leqslant 9$
100~200	$3 \leqslant b \leqslant 13$
>250	$3 \leqslant b \leqslant 19$

图 5-17　推荐的取压口连接

（取其小者）。上、下游取压口直径应一致。

取压口应为圆形，其边缘应光滑，呈锐角或微带圆角，无毛刺，不形成线状边缘或其他不规则形状。

只要能达到上述要求，可以采用任何适当的方法进行物理连接，但管道内不允许有任何管件突出。

① 不可压缩流体。取压口中心线应处于水平位置，应与管道中心线成直角相交，以减少取压口处空气逗留和污物聚集的可能性。

② 可压缩流体。取压口中心线应处于水平位置或垂直于管道上方，并应与管道中心线成直角相交。以减少灰尘滞留的可能性。

6）压力测量。所有压力和压差测量的精确度都应达到读数的 ±2%。压力测量装置需要经常进行校准，以保持规定的精确度。

7）温度测量。流体入口温度测量的精确度应达到 ±1℃。测温探头必须经过选择，并设置在对流量测量和压力测量的影响为最小的位置上。

8）调节阀行程。在任何一个特定流量试验的过程中，阀的行程偏差都应控制在额定行程的 ±0.5% 以内。

9）试验样品安装。试验管道轴线与试验样品入口和出口的轴线的同轴度应在以下范围内：

管道公称尺寸	同轴度/mm
DN15～DN25	0.8
DN32～DN150	1.6
≥DN200	管道公称尺寸的0.01

试验样品应进行定位，以避免流体形态在取压口处产生速度头。当进行角行程阀试验时，阀轴应与取压口平行。

每个垫片内径应进行尺寸测量和定位，以免凸出于管道之内。

（3）试验精确度　若采用本部分所述试验程序，对于 C/d^2 小于或等于 N_{25} 的阀，全口径流量系数值的偏差应在 ±5% 以内。

（4）试验流体

1）不可压缩流体。本试验程序使用的基本流体为5～40℃的水。只要试验结果不会受到不利的影响，可以使用防腐剂来防止或延迟腐蚀和防止有机物生长。

2）可压缩流体。本试验程序使用的基本流体是空气或其他可压缩流体。饱和蒸汽不能用作试验流体。试验过程中应防止内部结冰。

（5）可压缩流体的试验程序

1）流量系数 C 的试验程序。

① 按照表5-19的管道要求安装无附接管件的试验样品。

② 流量试验应包括3种压差下的流量测量。为了接近流动条件，可以假设其为不可压缩的，压差比（$x=\Delta p/p_1$）应当小于或等于0.02。

③ 应通过流量试验确定：a）100%额定行程时的额定流量系数 C；b）5%、10%、20%、30%、40%、50%、60%、70%、80%、90%和100%额定行程时的固有流量特性（任选）。

注：为更完整地确定固有流量特性，还可以在小于额定行程5%的行程下进行流量试验。

④ 记录下列数据：a）调节阀行程；b）入口压力 p_1；c）上、下游取压口的压差（p_1-p_2）；d）流体入口温度 T_1；e）体积流量 Q；f）大气压力；g）试验样品的结构描述（如轴流式、公称尺寸、公称压力、流向）。

2）压差比系数 x_T 和 x_{TP} 的试验程序。

对于 $F_\gamma=1$（$\gamma=1.4$）的流体，x_T 和 x_{TP} 这两个量是压差与入口绝对压力之比（$\Delta p/p_1$）。但当使用 $F_\gamma\neq1$ 的试验气体时，根据式（5-22）和式（5-23）仍能求得这两个值。在计算 x_T（对给定的无附接管件的试验样品）和 x_{TP}（对给定的带附接管件的试验样品）时，还需要最大的体积流量 Q_{max}（称之为阻塞流）。在固定的入口条件下，如果压差增大而流量不再增加，这就证明是阻塞流。x_T

和 x_{TP} 的值应当分别用式（5-22）和式（5-23）进行计算。

确定 Q_{max} 应当采用下列试验程序。

① 用（2）中2）规定的试验段，试验样品的行程为100%额定行程。

② 与试验样品前后的压差一样，只要符合阻塞流的要求，可以采用任何一种是以产生阻塞流的上游压力。

③ 下游节流阀应处于全开位置，在预先选定的入口压力下测量流量，并记录入口压力和出口压力。本试验确定试验系统中试验样品的最大压差（p_1-p_2）。在相同入口压力下，将压差降低到第一次试验确定压差的90%，进行第二次试验。如果第二试验的流量与第一次试验的流量相差不超过0.5%，那么就可将第一次试验测得的流量作为最大流量。否则，就在较高的入口压力下重复此试验。

尽量测量流量绝对值的误差不应超过 ±2%，但是为了达到预期的精确度，x_T 的试验重复性应优于 ±0.5%。这一系列试验应在使用相同的仪表并且不改变试验装置的条件下连续进行。

④ 记录下列数据：a）调节阀行程；b）入口压力 p_1；c）出口压力 p_2；d）流体入口温度 T_1；e）体积流量 Q；f）大气压力；g）试验样品的结构描述（如轴流式、公称尺寸、公称压力、流向）。

⑤ 压差比系数 x_T、x_{TP} 及流量系数 C 的替代试验程序。如果试验室无法用上述程序确定 x_T 值，可采用此替代试验程序。

用（2）中2）规定的试验段，试验样品的行程为100%额定行程。

在预先选定的某个入口压力下，对最少5个间隔恰当的 x 值（压差与入口绝对压力之比）测量流量 Q、流体入口温度 T_1 和下游压力。

根据这些数据点，用式（5-15）计算 YC 之积的值：

$$YC=\frac{Q}{N_9 p_1}\sqrt{\frac{MT_1}{x}} \tag{5-15}$$

式中 Y——膨胀系数，由式（5-16）确定。

$$Y=1-\frac{x}{3F_\gamma - x_T} \tag{5-16}$$

其中，$F_\gamma=\dfrac{\gamma}{1.4}$。

试验点应始终绘在以（YC）对 x 的直角坐标上，使线性曲线同数据重合。如果有任何一点与曲线的偏差大于5%，就要用附加数据来确认样品是否确有异常特征。

样品的 C_0 值从 $x=0$、$Y=1$ 的曲线处获取。

至少应有一个试验点 $(YC)_1$ 满足 $(YC)_1 \geqslant 0.97\ (YC)_0$ 的要求，其中 $(YC)_0$ 对应于 $x\approx0$。

至少应有一个试验点 $(YC)_n$ 满足 $(YC)_n \leqslant 0.83\ (YC)_0$ 的要求。

样品的 x_T 应从 $YC = 0.667\ (YC)_0$ 的曲线处获取。

如果采用此法，应加以说明。

3）管道几何形状系数 F_p 的试验程序。管道几何形状系数 F_p 修正带附接管件阀的流量系数 C。系数 F_p 是在相同工作条件下试验时，带附接管件阀的 C 与无附接管件阀的额定 C 之比。

为了获得此系数，用要求的阀和附接管件的组合作为试验样品，按照上述 1）进行流量试验，以确定试验段的管道公称尺寸。例如，DN100 的阀装在附接渐缩管和渐扩管的 DN150 的管线上，应按 DN150 管线来确定取压口的位置。

4）雷诺数系数 F_R 的试验程序。为了确定雷诺数系数 F_R 的值，应通过试验阀产生非紊流。在使用可压缩流体时，如果 C_R 值用 C_v 表示时小于 0.5，用 K_v 表示时小于 0.43，只能非常典型地产生这种条件。

当使用上述 2）列出的程序时，对于特定的调节阀，即使 $x \geqslant x_T$，但测得的气体流量数值依然在增加，即不存在阻塞流，则认为存在非湍流条件。

为了获得这种非湍流，试验样品入口压力应满足：

$$p_{1\max} = \frac{0.035}{F_d \sqrt{CF_L}} \tag{5-17}$$

$p_{1\max}$ 的单位是 bar，但不会低于 2bar（绝对压力）。

为确定 F_R 的值，要用无附接管件的阀安装在标准试验段进行流量试验。在每个选定阀行程下通过改变入口压力进行足够次数的试验，以覆盖从湍流到层流的整个范围。

5）调节阀类型修正系数 F_d 的试验程序。调节阀类型修正系数 F_d 主要考虑阀内件几何形状对雷诺数的影响。它被定义为特定流路的水力直径与总流路面积等效圆直径之比。

调节阀类型修正系数 F_d 应在所需行程下测量，其值仅能采用不可压缩流体的雷诺数系数 F_R 的试验程序达到完全层流的条件下测量。

完全层流被定义为 $\frac{\sqrt{Re_v}}{F_R}$ 保持恒定，允差范围在 ±15% 的条件（通常 Re_v 值低于 50）。

6）小流量阀内件的试验程序。流量系数 C 小于 0.05（C_v）或 0.043（K_v）的阀内件被定义为小流量阀内件。要保证小流量阀的件的流量系数是在完全湍流状态下的流量系数，入口压力 p_1 应该不小于式（5-18）给出的值：

$$p_1 = \frac{N_{21}}{F_d \sqrt{CF_L}} \tag{5-18}$$

这里出口压力小于 $0.3p_1$。应使用（2）中 2）的试验段，试验样品的额定行程为100%。保持入口压力不变，改变出口压力获得3个不同的流量。

（6）可压缩流体的数据评估程序 可压缩流体的基本流量方程为

$$Q = N_9 F_p C p_1 Y \sqrt{\frac{x}{M T_1 Z}} \tag{5-19}$$

其中

$$Y = 1 - \frac{x}{3 F_\gamma x_T} \tag{5-20}$$

$$F_\gamma = \frac{\gamma}{1.4}$$

对无附接管件阀的流量试验，$F_p = 1$。

对于处理不同于空气的气体的调节阀，x 的极限值（即 $F_\gamma x_T$）应当在 $F_\gamma x_T$ 项中修正。在任何一种计算方程式或者与 Y 的关系式中，尽管实际压差比较大，x 的值仍应保持在这个极限以内。实际上，Y 值的范围可以从压差很小时的将近1到阻塞流时的0.667（$x = F_\gamma x_T$）。

1）流量系数 C 的计算。流量系数 C 可用 C_v 或 K_v 来计算。N_9 相应值见表4-31，此值取决于所选系数和入口压力的测量单位。用（5）中1）获得的数据，并假设 $Y=1$，以式（5-21）计算各个试验点的流量系数：

$$C = \frac{Q}{N_9 p_1} \sqrt{\frac{M T_1}{x}} \tag{5-21}$$

对于空气，$M = 28.97\text{kg/kmol}$。

在每个试验点取得的3个值中，最大值不应比最小值大4%。如果差值超过允许偏差，则该点试验应重复进行。

各行程的流量系数应是3个试验值的算术平均值，圆整到不多于3位有效数字。

2）压差比系数 x_T 的计算。用（5）中2）获得的数据计算 x_T。

当 $x = F_\gamma x_T$ 时，则 $Q = Q_{\max(T)}$ 且 $Y = 0.667$。

$$x_T = \left[\frac{Q_{\max(T)}}{0.667 N_9 C p_1}\right]^2 \left[\frac{M T_1 Z}{F_\gamma}\right] \tag{5-22}$$

如果用空气作为试验介质，则 $F_\gamma = 1$，$M = 28.97\text{kg/kmol}$ 且 $Z = 1$。

3）压差比系数 x_{TP} 的计算。用（5）中2）获得的数据计算 x_{TP}。

当 $x = F_\gamma x_{TP}$ 时，则 $Q = Q_{\max(TP)}$ 且 $Y = 0.667$。

$$x_{TP} = \left[\frac{Q_{\max(TP)}}{0.667 N_9 F_p C p_1}\right]^2 \left[\frac{M T_1 Z}{F_\gamma}\right] \tag{5-23}$$

如果用空气作为试验介质，则 $F_\gamma = 1$，$M = 28.97\text{kg/kmol}$ 且 $Z = 1$。

4）管道几何形状系数 F_p 的计算。用（5）中3）获得的平均值计算 F_p。

$$F_{\mathrm{p}}=\frac{\text{带附接管件阀的 }C}{C_{\mathrm{R}}}=\frac{\dfrac{Q}{N_9p_1}\sqrt{\dfrac{MT_1Z}{x}}}{C_{\mathrm{R}}} \tag{5-24}$$

如果用空气作为试验介质，则 $M=28.97\mathrm{kg/kmol}$。

5）可压缩流体的雷诺数系数 F_{R} 的计算。用（5）中 4）所述程序获得的试验数据，用式（5-25）获得近似的 C。这个 C 近似等同于 CF_{R}，用近似的 C 除以在同一行程上的标准试验条件下确定的试验调节阀的 C 的试验值，获得 F_{R}。

$$CF_{\mathrm{R}}=\frac{Q}{N_{22}}\sqrt{\frac{MT_1}{\Delta p(p_1+p_2)}} \tag{5-25}$$

尽管数据与使用的任何一种试验方法都有关联，但是与采用调节阀雷诺数相关的试验方法被证实是令人满意的，控制阀雷诺数由式（5-26）计算，这里 F_{d} 由式（5-27）或式（5-28）计算。

$$Re_{\mathrm{v}}=\frac{N_4F_{\mathrm{d}}Q}{\nu\sqrt{CF_{\mathrm{L}}}}\left(\frac{F_{\mathrm{L}}^2C^2}{N_2D^4}+1\right)^{\frac{1}{4}} \tag{5-26}$$

6）调节阀类型修正系数 F_{d} 的计算。用（5）中 1）获得的数据，用适用的式（5-27）或式（5-28）计算 F_{d} 值。

$$F_{\mathrm{d}}=\frac{N_{26}\nu F_{\mathrm{R}}^2F_{\mathrm{L}}^2(c/d^2)^2\sqrt{CF_{\mathrm{L}}}}{Q\left(\dfrac{F_{\mathrm{L}}^2C^2}{N_2D^4}+1\right)^{\frac{1}{4}}} \tag{5-27}$$

对于在额定行程时 $c/d^2=\leqslant 0.016N_{18}$ 的缩径阀内件，F_{d} 计算如下：

$$F_{\mathrm{d}}=\frac{N_{31}\nu F_{\mathrm{R}}^2F_{\mathrm{L}}^2\sqrt{CF_{\mathrm{L}}}}{Q\left[1+N_{32}\left(\dfrac{C}{d^2}\right)^{\frac{2}{3}}\right]} \tag{5-28}$$

7）小流量阀内件的流量系数 C 的计算。用（5）中 6）获得的数据，用式（5-29）计算 C 并对结果进行平均：

$$C=\frac{Q}{N_{32}}\sqrt{\frac{MT_1}{0.75p_1}} \tag{5-29}$$

5.5 调压装置关键阀门的其他试验

5.5.1 调压装置关键阀门的抗静电试验

应使用不超过 12V 的直流电源，测量关闭件和阀体之间、阀杆/轴和阀体之间的电阻，在压力试验前和阀体干燥的情况下进行测量，实测电阻值不应超过 10Ω。

5.5.2　调压装置关键阀门的火灾型式试验

1. 安全切断阀

（1）翻板式安全切断阀　翻板式安全切断阀的火灾型式试验按 GB/T 26482—2011《止回阀　耐火试验》或 API 6FD—2013《止回阀耐火试验》进行。

（2）轴流式安全切断阀　轴流式安全切断阀的火灾型式试验按 API 6FA—2020《阀门的耐火性能试验》进行。

2. 工作调压阀（轴流式调节阀）

工作调压阀（轴流式调节阀）的火灾型式试验按 API 6FA—2020《阀门的耐火性能试验》进行。

5.5.3　调压装置关键阀门的逸散性试验

工作调压阀（轴流式调节阀）的逸散性试验按 GB/T 26481—2022《工业阀门的逸散性试验》或 ISO 15848-2：2015《工业阀门　逸散性泄漏的测量、试验和鉴定程序—第 2 部分：阀门产品的验收试验》。

5.5.4　调压装置关键阀门的寿命试验

1. 要求

1）需进行静压寿命试验的工作调压阀（轴流式调节阀）的密封性能应符合 GB/T 17213.4—2015《工业过程控制阀　第 4 部分：检验和例行试验》的规定。

2）静压寿命试验的试验系统原理如图 5-18 所示。

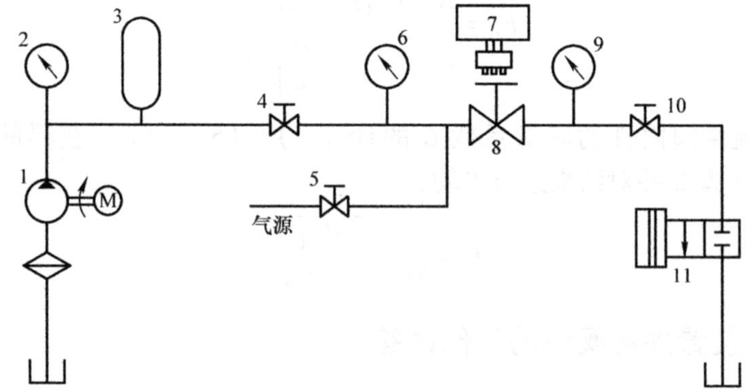

图 5-18　静压寿命试验的试验系统原理

1—往复泵　2—压力表　3—稳压容器　4—水系统阀　5—气系统阀　6—阀前压力表　7—驱动机构　8—被试阀门　9—阀后压力表　10—阀后控制阀　11—液压泄放阀

3）试验介质为常温水。若需要用空气作为试验介质，应按阀门的额定压差控制试验时的开启压差。

4）无论工作调压阀是采用何种方式操作的，进行静压寿命试验时，其所配置的操作装置应与阀门一同进行启闭循环试验。由电动装置驱动的工作调压阀，应用其所配置的操作驱动装置带动工作调压阀进行启闭循环试验。

5）静压寿命试验时，从全关保证密封位置为起点，阀门的开度应达到其实际开度的90%以上。

6）静压寿命试验时，从开启位置到关闭的过程，体腔内应充满介质并带压，介质压力为90%～100%的阀门公称压力；到达关闭位置后，工作阀压阀的出口侧应将介质压力释放。工作调压阀在试验介质的压差条件下开启。工作调压阀有额定压差要求时，试验时应以额定压差为试验压差。

7）试验的操作力矩，以密封试验时，可以保持密封性能的情况下，驱动机构的试验输出力矩重复偏差应小于±5%。

8）静压寿命试验过程中，应根据密封到配对材料的特性，每启闭循环200～300次，进行一次密封性能和操作力矩的检查。密封性能合格后，继续试验。

9）应以工作调压阀要求的流动方向安装。

10）静压寿命试验次数的记录，应通过寿命试验机或电动装置驱动的行程开关所提供的信号，采用电磁计数器记录。

2. 试验方法

1）安装工作调压阀，确定关闭密封时的位置。

2）在100%介质压力和公称压力的压差（或额定压差）条件下，用测力扳手测量工作调压阀的开启和关闭时的最大操作力矩。检测三次，取最大值。

3）按2）测得的力矩调整驱动机构的控制方式和输出力矩，以符合工作调压阀的关闭密封的操作要求，并经密封性能试验达到密封性能要求。

4）在启闭循环200～300次后，检查密封面的泄漏情况，若操作力矩发生变化，应及调整驱动机构的输出力矩，以达到密封要求。

3. 静压寿命试验次数的确定

（1）终止试验　当发生下列情况下，应终止试验：

1）密封试验检查时，密封性能不能符合标准要求。

2）阀杆填料不能保持密封、阀体其他部位泄漏等。

3）工作调压阀的推杆、阀杆45°斜齿条磨损，不能正常启闭操作或启闭操作力矩发生较大的变化，不符合上述1. 要求中7）的规定。

（2）静压寿命试验次数

1）达到要求的试验次数后，工作调压阀的性能符合标准要求时，以此试验次数为静压寿命试验次数。

2）若试验期间，出现异常情况或性能不符合标准要求时，此终止前一次检查时所对应的启闭循环次数为静压寿命试验次数。

5.6 调压装置关键阀门产品抽样和等级评定

5.6.1 调压装置关键阀门产品抽样方法

采取随机抽样的方法从生产厂质检部门检查合格的库存的或供给用户来经使用过的调压装置关键阀门中抽样。每一型号每一规格产品供抽样的最少台数和抽样台数按表5-20的规定。

连续无故障启闭运行（即寿命）试验应从已抽样调压装置关键阀门中任选一台。

对整个系列进行质量考核时，抽检部分根据情况可以从该系列中抽2~3个典型规格进行测试。供抽样的台数和抽样台数按表5-20的规定。

表5-20 供抽样的台数及抽样台数

公称尺寸	供抽样的最小台数			抽样台数
	安全切断阀	监控调压阀	工作调压阀	
<DN50	15	15	15	3
DN50~DN150	12	10	10	3
DN200~DN350	5	5	5	3
DN400~DN500	3	—	3	2
≥DN600	2	—	2	1

注：到用户抽样时，供抽样的台数不受该表的限制，抽样台数仍按该表的规定。

5.6.2 调压装置关键阀门等级评定方法

合格品、一等品、优等品的关键项目（见表5-21）检测结果必须全部达到调压装置关键阀门质量分等标准中相应等级的质量指标。

合格品的主要项目（见表5-21）检测结果若有一台调压装置关键阀门中的一项低于合格品规定的指标时；允许从供抽样的台数中再次抽取规定的抽样台数，但再次检测的关键项目和主要项目必须全部达到合格品规定的质量指标，否则判为不合格品。

一等品的主要项目（见表5-21）检测结果允许有一台调压装置关键阀门中的一项低于一等品规定的质量指标，但该项目不得低于合格品规定的质量指标。

优等品的主要项目（见表5-21）检测结果必须全部达到优等品规定的质量指标。

表 5-21　调压装置关键阀门质量等级规定的关键项目和主要项目

调压装置关键阀门								
安全切断阀			监控调压阀			工作调压阀		
项　目	关键项目	主要项目	项　目	关键项目	主要项目	项　目	关键项目	主要项目
外观和结构	△	—	外观	—	○	外观	△	—
壳体试验	△	—	壳体试验	△	—	壳体试验	△	—
密封性试验	△	—	外密封	△	—	密封试验	△	—
铸件质量	△	—	内密封	△	—	填料及其连接处密封性	△	—
切断压力精度	△	—	稳压精度等级 AC	△	—	基本误差	△	—
响应时间	△	—	压力回差	△	—	回差	△	—
往复压差	△	—	静态	△	—	死区	△	—
流量系数 K_v	—	○	关闭压力等级 SG	△	—	始终点偏差	—	○
耐用性	△	—	关闭压力区等级 SZ	△	—	额定行程偏差	—	○
膜片耐压试验	△	—	静特性线族关闭压力区等级 SZ_{p_2}	—	○	额定流量系数 K_v	△	—
膜片耐燃气性能试验	—	○	流量系数 K_v	—	○	固有流量特性	—	○
内腔清洁度	—	○	极限温度下的适应性	—	○	耐工作振动性能	△	—
弹簧	—	○	耐久性	△	—	动作寿命	—	○
			膜片耐压试验	△	—	铸件质量	△	—
			膜片耐燃气性能试验	—	○	内腔清洁度	—	○
			膜片耐低温试验	△	—			
			内膜清洁度	—	○			
			弹簧	—	○			
			锻件质量	—	○			

注：△为关键项目，○为主要项目。

内腔清洁度（杂质含量）按被抽样产品检测结果的平均值评定等级。

配件及外购件必须保证该调压装置关键阀门达到相应的质量指标。

对整个系列产品进行质量等级评定时，应按上述评定方法分别对所抽产品进行质量等级评定，该系列产品的质量等级应以质量等级最低的规格为准。

第 6 章　天然气调压装置关键阀门的选型与应用

6.1　天然气调压装置简介

天然气调压装置如图 6-1 所示。

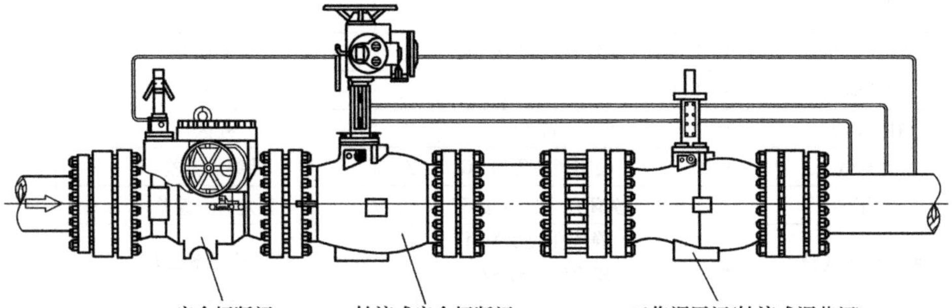

图 6-1　天然气调压装置（双切断调压装置）

天然气是重要的能源，世界各国对天然气的开发利用、节能环保等十分重视。在天然气的开采、输送、贮运等过程中，管道运输因具有诸多优点，得到了长足的发展。

天然气长输管线站场输配系统的调压装置关键阀门，一般是由安全切断阀、监控调压阀（自力式调压阀）、工作调压阀（轴流式调压阀）组成，三种阀门按照从上游至下游的顺序，串联在一起形成安全、监控、工作调压系统。当下游信号采集点处的压力超出设定范围时，采集点处的压力信号反馈给指挥器（导阀），使阀门快速关闭，从而切断气体向下游输送，保护下游设备及管道的安全。

6.2　天然气调压装置关键阀门

6.2.1　安全切断阀

1. 工作原理

安全切断阀的工作原理参见第 2 章 2.1.1 小节。

2. 主要性能指标

安全切断阀的主要性能指标见表 6-1。

表6-1　安全切断阀的主要性能指标（EN 14382：2019/JB/T 13885—2020）

项目	性能要求	
公称尺寸	DN25/NPS1 ~ DN1000/NPS40	
公称压力	Class150、Class300、Class600、Class900	
试验压力/MPa	壳体（水压）	额定压力的1.5倍
	外密封	额定压力的1.1倍
	内密封	0.01
		额定压力的1.1倍
超压切断精度等级	AG1、AG2.5、AG5	
欠压切断精度等级	AG1、AG2.5、AG5	
响应时间/s	≤1.0	
流量系数 K_v/(m^3/h)	DN25/NPS1	10
	DN50/NPS2	40
	DN80/NPS3	102
	DN100/NPS4	160
	DN150/NPS6	360
	DN200/NPS8	640
	DN250/NPS10	1000
	DN300/NPS12	1440
	DN350/NPS14	1900
	DN400/NPS16	2480
	DN500/NPS20	3880
	DN600/NPS24	5590
	DN700/NPS28	7610
	DN800/NPS32	9940
	DN900/NPS36	12580
	DN1000/NPS40	15540
适用温度范围/℃	壳体材料：WCB	-29 ~ 60
	壳体材料：LCC	-46 ~ 60
适用介质	天然气和非腐蚀气体	

3. 主要零件材料

安全切断阀的主要零件材料见表6-2。

表 6-2　安全切断阀的主要零件材料

零件名称	材料	零件名称	材料
壳体	A216 WCB、A352 LCC	阀板轴	A276 420
阀板	A105、A182 F316	阀杆、推杆	35CrMo
弹簧	55CrSi、X750、A276 316	阀瓣套筒	20Cr13
阀芯	20Cr13	气缸	1045
阀座	20Cr13	气缸支架	1025
止动套	20Cr13	指挥器（导阀）	WCB、LCC、A105、LF2、F316
密封材料	RPTFE、PTFE＋316、丁腈橡胶、氟橡胶	连接螺栓	B7（见 ASTM A193/A193M—2023）

4. 主要公称压力、公称尺寸和主要尺寸

安全切断阀的主要公称压力、公称尺寸和主要尺寸见表 6-3（主要尺寸符号参照图 2-1、图 2-2、图 2-5）。

表 6-3　安全切断阀的主要公称压力、公称尺寸和主要尺寸

公称压力	公称尺寸	主要尺寸/mm									连接螺栓	
		L	L_1	L_2	D	D_1	D_2	D_3	d	H	规格	数量
Class 150（RF）	DN25/NPS1	170	12.7	2	110	79.4	50.8	—	25.4	330	M14	4
	DN50/NPS2	230	17.5	2	150	120.7	92.1	—	50.8	360	M16	4
	DN80/NPS3	280	22.3	2	190	152.4	127.0	—	76.2	420	M16	4
	DN100/NPS4	320	22.3	2	230	190.5	157.2	—	101.6	460	M16	8
	DN150/NPS6	430	23.9	2	280	241.3	215.9	—	152.4	720	M20	8
	DN200/NPS8	725	27.0	2	345	298.5	269.9	—	203.2	750/—	M20	8
	DN250/NPS10	730	28.6	2	405	362.0	323.8	—	254.0	810/—	M24	12
	DN300/NPS12	850	30.2	2	485	431.8	381.0	—	304.8	880/—	M24	12
	DN350/NPS14								336.6			
	DN400/NPS16								387.4			
	DN500/NPS20								489.0			
	DN600/NPS24								590.6			
	DN700/NPS28								692.2			
	DN800/NPS32								793.7			
	DN900/NPS36								895.3			
	DN1000/NPS40								996.9			

（续）

公称压力	公称尺寸	主要尺寸/mm									连接螺栓	
		L	L_1	L_2	D	D_1	D_2	D_3	d	H	规格	数量
Class 300（RF）	DN25/NPS1	170	15.5	2	125	88.9	50.8	—	25.4	330	M16	4
	DN50/NPS2	230	20.4	2	165	127.0	92.1	—	50.8	360	M16	8
	DN80/NPS3	290	27.0	2	210	168.3	127.0	—	76.2	420	M20	8
	DN100/NPS4	330	30.2	2	255	200.0	157.2	—	101.6	460	M20	8
	DN150/NPS6	440	35.0	2	320	269.9	215.9	—	152.4	720	M20	12
	DN200/NPS8	725	39.7	2	380	330.2	269.9	—	203.2	750/—	M24	12
	DN250/NPS10	775	46.1	2	445	387.4	323.8	—	254.0	810/—	M27	16
	DN300/NPS12	850	49.3	2	520	450.8	381.0	—	304.8	880/—	M30	12
	DN350/NPS14								336.6			
	DN400/NPS16								387.4			
	DN500/NPS20								489.0			
	DN600/NPS24								590.6			
	DN700/NPS28								692.2			
	DN800/NPS32								793.7			
	DN900/NPS36								895.3			
	DN1000/NPS40								996.9			
Class 600（RF）	DN25/NPS1	180	17.5	7	125	88.9	50.8	—	25.4	330	M16	4
	DN50/NPS2	250	25.4	7	165	127.0	92.1	—	50.8	360	M16	8
	DN80/MPS3	310	31.8	7	210	168.3	127.0	—	76.2	420	M20	8
	DN100/NPS4	350	38.1	7	275	215.9	157.2	—	101.6	470	M24	8
	DN150/NPS6	470	47.7	7	355	292.1	215.9	—	152.4	730	M27	12
	DN200/NPS8	725	55.6	7	420	349.2	269.9	—	199.9	770/—	M30	12
	DN250/NPS10	775	63.5	7	510	431.8	323.8	—	247.7	840/—	M33	16
	DN300/NPS12	900	66.7	7	560	489.0	381.0	—	298.5	900/—	M33	20
	DN350/NPS14								326.9			
	DN400/NPS16								374.7			
	DN500/NPS20								463.6			
	DN600/NPS24								558.8			
	DN700/NPS28								647.7			
	DN800/NPS32								736.6			
	DN900/NPS36								828.5			
	DN1000/NPS40								920.7			

（续）

公称压力	公称尺寸	主要尺寸/mm									连接螺栓	
		L	L_1	L_2	D	D_1	D_2	D_3	d	H	规格	数量
Class 900（RJ）	DN50/NPS2	368	38.1	7.92	215	165.1	124	R24	47.5	385/—	M24	8
	DN80/NPS3	381	38.1	7.92	240	190.5	156	R31	72.9	435/—	M24	8
	DN100/NPS4	457	44.5	7.92	290	235.0	181	R37	98.3	480/—	M30	8
	DN150/NPS6	610	55.6	7.92	380	317.5	241	R45	146.1	745/—	M30	12
	DN200/NPS8	813	63.5	7.92	470	393.7	308	R49	190.5	800/—	M36×3	12
	DN250/NPS10	838	69.9	7.92	545	469.9	362	R53	238.0	860/—	M36×3	16
	DN300/NPS12	965	79.4	7.92	610	533.4	419	R57	282.4	930/—	M36×3	20
	DN350/NPS14								311.2			
	DN400/NPS16	1140	88.9	11.13	705	616	524	R66	355.6	—/1902	M42×3	20
	DN500/NPS20								444.5			
	DN600/NPS24	1568	139.7	15.88	1040	901.7	772	R78	533.4	—/2611	M65×3	20
	DN700/NPS28								622.3			
	DN800/NPS32								711.2			
	DN900/NPS36								800.1			
	DN1000/NPS40								889.0			

5. 指挥器（导阀）的型号及适应的产品参数

指挥器（导阀）的型号及适应的产品参数见表6-4。

表6-4 指挥器（导阀）的型号及适应的产品参数

指挥器（导阀）型号	适用阀门公称尺寸	弹簧编号及颜色		设定压力范围/MPa		切断精度 AG
		编号	颜色	超压切断	欠压切断	
951-1	DN25/NPS1~DN150/NPS6	1	红	0.1~1.0	—	20/10
951/954-2	DN25/NPS1~DN150/NPS6	2	橙	0.5~2.0		5/2.5
		3	黄	1.5~4.5		2.5/1
		4	绿	4.0~7.0		1
		5	蓝	6.0~9.0		1
		6	紫	8.0~11.0		1
—		7	黑	—	0.01~0.30	20/10
		8	白		0.10~0.50	
953-1	DN150/NPS6~DN600/NPS24	1	红	1.0~4.0	—	2.5/1
953-2		2	橙	3.0~6.0		1
953-3		3	黄	5.0~8.0		1
953-4		4	绿	7.0~10.0		1
953-5		5	蓝	9.0~11.0		1
—		6	银灰	—	0.10~0.50	20/10

6.2.2 监控调压阀（自力式调节阀）

1. 监控调压阀（自力式调节阀）产品结构

监控调压阀（自力式调节阀）的产品结构如图 2-7 所示。该监控调压阀主要由阀体、阀体连接螺钉、前置指挥器（导阀）、控制指挥器（导阀）、膜片、阀瓣套筒、弹簧、阀座、密封件等零部件组成。

前置指挥器（导阀）的作用是为控制指挥器（导阀）提供一个稳定的进口压力，消除输气管线压力不稳定对控制指挥器（导阀）调压的影响。

控制指挥器（导阀）的作用是调节和稳定调压阀的出口压力。当控制指挥器（导阀）将调压阀的出口压力给定后，还能够在用气量发生变化时，使调压阀的出口压力波动稳定在 5% 以内。

2. 工作原理

监控调压阀（自力式调节阀）的工作原理参见第 2 章 2.2.1 小节。

3. 主要性能指标

监控调压阀（自力式调节阀）的主要性能指标见表 6-5。

表 6-5 监控调压阀（自力式调节阀）的主要性能指标

（EN 334：2019、GB 27790—2020、JB/T 11049—2010）

项目	性能指标		
公称尺寸	DN25/NPS1 ~ DN300/NPS12		
公称压力	Class150、Class300、Class600、Class900		
最大进口压力/MPa	12		
出口压力范围/MPa	0.10 ~ 11.00		
稳压精度等级	AC1 ~ AC5		
关闭压力等级	SG2.5 ~ SG10		
关闭压力区等级	SZ2.5 ~ SZ10		
入口与出口最小压差/MPa	0.5		
流量系数	公称尺寸	流量系数 KG 值/(m^3/h)	
		ρ_n = 0.83kg/m^3	ρ_n = 0.77kg/m^3
	DN25/NPS1	550	570
	DN50/NPS2	2200	2280
	DN80/NPS3	5610	5820
	DN100/NPS4	8800	9130
	DN150/NPS6	19800	20550
	DN200/NPS8	37400	38820
	DN250/NPS10	55000	57090
	DN300/NPS12	9650	98070
适用温度范围/℃	壳体材料：A105、WCB	-29 ~ 60	
	壳体材料：LF2、LCC	-46 ~ 60	
防爆/防护等级	Exdb Ⅱ BT4/IP65		
适用介质	天然气、页岩气和非腐蚀性气体		

4. 主要零件材料

监控调压阀（自力式调节阀）的主要零件材料见表6-6。

表6-6 监控调压阀（自力式调节阀）的主要零件材料

主要零件名称	材料
壳体	A105、A350、LF2、WCB、LCC
连接螺钉	B7（ASTM A193/A193M—2023）、L7（ASTM A320/A320M—2022a）
阀瓣套筒	F316（ASTM A182/A182M—2023）
弹簧	55CrSi、X750、316（ASTM A276/A276M—2023）
膜片	丁腈橡胶
密封材料	增强聚四氟乙烯、丁腈橡胶、氟橡胶
指挥器（导阀）	A105、A350、LF2、F316（ASTM A182/A182M—2023）

5. 主要外形尺寸和连接尺寸

监控调压阀（自力式调节阀）的主要外形尺寸和连接尺寸见表6-7（主要尺寸符号参照图2-7）。

表6-7 监控调压阀（自力式调节阀）的主要外形尺寸和连接尺寸

公称尺寸	公称压力	主要尺寸/mm									连接螺钉	
		L	L_1	L_2	D	D_1	D_2	D_3	d	H	规格	数量
DN25/NPS1	Class150 RF	184	12.7	2	110	79.4	50.8	—	25.4	580	M14	4
	Class300 RF	197	15.5	2	125	88.9	50.8	—	25.4	580	M16	4
	Class600 RF	210	17.5	7	125	88.9	50.8	—	25.4	580	M16	4
	Class900 RJ	254	28.6	6.35	150	101.6	71.5	R16	22.1	660	M24	4
DN50/NPS2	Class150 RF	254	17.5	2	150	12.7	92.1	—	50.8	670	M16	4
	Class300 RF	267	20.4	2	165	127.0	92.1	—	50.8	670	M16	8
	Class600 RF	286	25.4	7	165	127.0	92.1	—	50.8	670	M16	8
	Class900 RJ	368	38.1	7.92	215	165.1	124.0	R24	47.5	755	M24	8
DN80/NPS3	Class150 RF	298	22.3	2	190	152.4	127.0	—	76.2	760	M16	4
	Class300 RF	317	27.0	2	210	168.3	127.0	—	76.2	760	M20	8
	Class600 RF	337	31.8	7	210	168.3	127.0	—	76.2	760	M20	8
	Class900 RJ	381	38.1	7.92	240	190.5	156.0	R31	72.9	850	M24	8
DN100/NPS4	Class150 RF	352	22.3	2	230	190.5	157.2	—	101.6	830	M16	8
	Class300 RF	368	30.2	2	255	200.0	157.2	—	101.6	830	M20	8
	Class600 RF	394	38.1	7	275	215.9	157.2	—	101.6	830	M24	8
	Class900 RJ	457	44.5	7.92	290	235.0	181.0	R37	98.3	925	M30	8
DN150/NPS6	Class150 RF	451	23.9	2	280	241.3	215.9	—	152.4	920	M20	8
	Class300 RF	473	35.0	2	320	269.9	215.9	—	152.4	920	M20	12
	Class600 RF	508	47.7	7	355	292.1	215.9	—	152.4	920	M27	12
	Class900 RJ	610	55.6	7.92	380	317.5	241.0	R45	146.1	1020	M30	12

（续）

公称尺寸	公称压力	主要尺寸/mm									连接螺钉	
		L	L_1	L_2	D	D_1	D_2	D_3	d	H	规格	数量
DN200/NPS8	Class150 RF	543	27.0	2	345	298.5	269.9	—	203.2	1030	M20	8
	Class300 RF	568	39.7	2	380	330.2	269.9	—	203.2	1030	M24	12
	Class600 RF	610	55.6	7	420	349.2	269.9	—	199.9	1030	M30	12
	Class900 RJ	737	63.5	7.92	470	393.7	308.0	R49	190.5	1100	M36×3	12
DN250/NPS10	Class150 RF	673	28.6	2	405	362	323.8	—	254.0	1090	M24	12
	Class300 RF	708	46.1	2	445	387.4	323.8	—	254.0	1090	M27	16
	Class600 RF	752	63.5	7	510	431.8	323.8	—	247.7	1090	M33	16
	Class900 RJ	838	69.9	7.92	545	469.9	362.0	R53	238.0	1190	M36×3	16
DN300/NPS12	Class150 RF	737	30.2	2	485	431.8	381.0	—	304.8	1170	M24	12
	Class300 RF	775	49.3	2	520	450.8	381.0	—	304.8	1170	M30	16
	Class600 RF	819	66.7	7	560	489	381.0	—	298.5	1170	M33	20
	Class900 RJ	968	79.4	7.92	610	533.4	419.0	R57	282.4	1280	M36×3	20

6. 指挥器（导阀）型号及适应的产品参数

指挥器（导阀）的型号及适应的产品参数见表6-8。

表6-8 指挥器（导阀）型号及适应的产品参数

指挥器（导阀）型号	适用调压阀公称尺寸	弹簧编号及颜色		设定压力范围/MPa
		编号	颜色	
943-1	DN25/NPS1～DN300/NPS12	1	红	0.1～0.5
943-2		2	橙	0.4～1.2
943-3		3	黄	1.0～2.0
943-4		4	绿	1.5～3.0
943-5		5	蓝	2.5～5.5
943-6		6	紫	4.5～8.0
943-7		7	黑	7.0～11.0

6.2.3 工作调压阀（轴流式调节阀）

1. 工作调压阀（轴流式调节阀）技术特点

工作调压阀（轴流式调节阀）的技术特点见第2章2.3.1小节。

2. 工作调压阀（轴流式调节阀）的结构

工作调压阀（轴流式调节阀）的结构如图2-11所示。

3. 主要零件材料

工作调压阀（轴流式调节阀）的主要零件材料见表6-9。

表6-9 工作调压阀（轴流式调节阀）的主要零件材料

主要零件名称	材料
壳体	WCB（ASTM A216/A216M—2021）、LCC（ASTM A352/A352M—2021）
执行机构支架	1005（ASTM A29/A29M—2023）
止动套	F6a（ASTM A182/A182M—2023）
阀座、内套筒、外套筒	F6aⅡ（ASTM A182/A182M—2023）
阀杆、推杆	4135（ASTM A29/A29M—2023）
导套	F6a（ASTM A182/A182M—2023）
O形密封圈	NBR
平衡密封圈	PTFE+316
平衡密封圈	RPTFE+碳纤维

4. 主要外形尺寸和连接尺寸

工作调压阀（轴流式调节阀）的主要外形尺寸和连接尺寸见表6-10（主要尺寸符号参照图2-11）。

表6-10 工作调压阀（轴流式调节阀）的主要外形尺寸和连接尺寸

公称尺寸	公称压力	主要尺寸/mm									连接螺栓	
		L	L_1	L_2	D	D_1	D_2	D_3	d	H	规格	数量
DN50/NPS2	Class300 RF	292	20.7	2	165	127	92.1	—	50.8	390	M16	8
	Class600 RF	292	25.4	7	165	127	92.1	—	50.8	390	M16	8
	Class900 RJ	371	38.1	6.35	215	165.1	92.1	R24	47.5	390	M24	8
DN80/NPS3	Class300 RF	356	27.0	2	210	168.3	127.0	—	76.2	410	M20	8
	Class600 RF	356	31.8	7	210	168.3	127.0	—	76.2	410	M20	8
	Class900 RJ	384	38.1	7.92	240	190.5	127.0	R35	72.9	410	M24	8
DN100/NPS4	Class300 RF	432	30.2	2	255	200	157.2	—	101.6	470	M20	8
	Class600 RF	432	38.1	7	275	215.9	157.2	—	101.6	470	M24	8
	Class900 RJ	460	44.5	7.92	290	235	157.2	R39	98.3	470	M30	8
DN150/NPS6	Class300 RF	559	35.0	2	320	269.9	215.9	—	152.4	660	M20	12
	Class600 RF	559	47.7	7	355	292.1	215.9	—	152.4	660	M27	12
	Class900 RJ	613	55.6	7.92	380	317.5	215.9	R46	146.1	600	M30	12
DN200/NPS8	Class300 RF	660	39.7	2	380	330.2	269.9	—	203.2	750	M24	12
	Class600 RF	660	55.6	7	420	349.2	269.9	—	199.9	750	M30	12
	Class900 RJ	740	63.5	7.92	470	393.7	269.2	R49	190.5	750	M36×3	12
DN250/NPS10	Class300 RF	568	46.1	2	445	387.4	323.8	—	254.0	875	M27	16
	Class600 RF	787	63.5	7	510	431.8	323.8	—	247.7	875	M33	16
	Class900 RJ	841	69.9	7.92	545	469.9	362	R53	238.0	875	M36×3	16
DN300/NPS12	Class300 RF	568	49.3	2	520	450.8	381.0	—	304.8	970	M30	16
	Class600 RF	838	66.7	7	560	489.0	381.0	—	298.5	970	M33	20
	Class900 RJ	968	79.4	7.92	610	533.4	419.0	R57	282.4	970	M36×3	20

（续）

公称尺寸	公称压力	主要尺寸/mm									连接螺栓	
		L	L_1	L_2	D	D_1	D_2	D_3	d	H	规格	数量
	Class300 RF	762	52.4	2	585	514.4	412.8	—	336.6	1024	M30	20
DN350/NPS14	Class600 RF	889	69.9	7	605	527.0	412.8	—	326.9	1024	M36×3	20
	Class900 RJ	1038	85.8	11.13	640	558.8	467	R62	311.2	1024	M39×3	20
	Class300 RF	838	55.6	2	650	571.5	369.9	—	387.4	1130	M33	20
DN400/NPS16	Class600 RF	991	76.2	7	685	603.2	369.9	—	374.7	1130	M39×3	20
	Class900 RJ	1140	88.9	11.13	705	616.0	524	R66	355.6	1130	M42×3	20
	Class300 RF	991	62.0	2	775	685.8	584.2	—	489.0			
DN500/NPS20	Class600 RF	1194	88.9	7	815	723.9	584.2	—	463.6			
	Class900 RJ	1334	108.0	12.70	855	749.3	648	R74	444.5			
	Class300 RF	1143	68.3	2	915	812.8	692.2	—	590.6			
DN600/NPS24	Class600 RF	1397	101.6	7	940	838.2	692.2	—	558.8			
	Class900 RJ	1568	139.7	15.88	1040	901.7	772	R78	533.4	2000	M65×3	20
	Class300 RF	1346	84.2	—	1035	939.8	800	—	692.2		M42×3	28
DN700/NPS28	Class600 RF	1549	111.2	—	1075	965.2	800	—	647.7		M52×3	28
	Class900 RJ	1775	142.9	12.7	1170	1022.4	825	R94	622.3		M80×3	20
	Class300 RF	1524	96.9	—	1150	1054.1	914	—	793.7		M52×3	28
DN800/NPS32	Class600 RF	1778	117.5	—	1195	1079.5	914	—	736.6		M60×3	28
	Class900 RJ	1981	158.8	14.27	1315	1155.7	942.5	R96	711.2		M85×3	20
	Class300 RF	1727	103.2	—	1270	1168.4	1022	—	895.3		M52×3	32
DN900/NPS36	Class600 RF	2083	123.9	—	1315	1193.8	1022	—	828.5		M64×3	28
	Class900 RJ	2194	171.5	14.27	1460	1289.0	1052	R98	800.1		M90×3	20

6.3 天然气调压装置关键阀门的选择

6.3.1 工作调压阀（轴流式调节阀）

1. 天然气介质的参数

天然气（CH_4 体积分数）：96.226%。

气体常数：$R=518\text{J/(kg}\cdot\text{K)}$。

密度：$\rho_n=0.7174\text{kg/m}^3$（标况）。

相对密度（空气=1）：0.5548。

熔点：−182.5℃。

沸点：−161.49℃。

比定压热容：$c_p=1.545\text{J/(kJ}\cdot\text{K)}$；

绝热指数：$K=1.369$；

临界压力：$p_0=4.641\text{MPa}$；

临界温度：$T_0=190.7\text{K}$；

临界摩尔体积：$U_0=0.0995\text{m}^3/\text{kmol}$；

临界压缩系数：$Z_0=0.290$；

导热系数：$\lambda=0.084\text{kJ}/(\text{m}\cdot\text{h}\cdot℃)$；

动力黏度：$\mu=10.395\times10^{-6}\text{Pa}\cdot\text{s}$；

运动黏度：$\nu=1.45\times10^{-5}\text{m}^2/\text{s}$。

2. 轴流式调节阀的技术要求

入口压力：对于公称压力 Class600 为 10.0MPa，对于公称压力 Class900 为 12.0MPa。

出口压力：对于公称压力 Class600 为 4.0MPa，对于公称压力 Class900 为 4.0MPa。

环境温度：-46～60℃。

入口介质温度：0～60℃。

控制阀的形式：轴流式套筒全孔阀。

流量特性：等百分比或近似等百分比。

流量：对于 Class600，$Q_{max}=70\times10^4\text{m}^3/\text{h}$、$Q_{min}=9\times10^4\text{m}^3/\text{h}$。

对于 Class900，$Q_{max}=90\times10^4\text{m}^3/\text{h}$、$Q_{min}=10\times10^4\text{m}^3/\text{h}$。

压比：≥1.6。

阀门开度：15%～85%。

精度：±1.0%。

回差：≤1.0%。

流量必须以最大流量的 11% 为基础；流过阀内件的动压头低于 480kPa；阀芯出口马赫数 <0.2；出口处流速≤40m/s；距离阀门 1m 处的噪声不得超过 85dB；泄漏等级满足 GB/T 17213.4—2015 Ⅳ级。

3. 根据对轴流式调节阀的要求进行计算并选择

（1）选择轴流式调节阀的项目　选择轴流式调节阀的项目包括：调节阀的类型、调节阀的密封性能、调节阀的固有流量特性、调节阀的公称尺寸 DN/NPS 的确定、调节阀的材料、调节阀与管道的连接方式等。

（2）调节阀类型的选择

1）从使用功能上选择调节阀。

① 控制功能：要求调节阀的动作平稳；开度比较小时的调节性能好，对管路不产生振动；选择好所需的固有流量特性；满足固有可调比；流通能力强，阻力小；噪声低，距阀门出口 1m 处，噪声小于 85dB。

② 泄漏量与切断压差。这两者是不可分割、互相关联的两个因素，泄漏量应满足工艺要求，且有密封面可靠的保护措施；切断压差（调节阀关闭时的压差）必须关注，确保所选调节阀有足够的输出力来克服切断压差，否则会导致选择执行机构过大或过小。

③ 防堵。即使调节阀所通过的流体是清洁的，也存在堵塞问题，这是由于管路内的焊渣、氧化皮等异物被流体带入调节阀内引发堵塞，所以应考虑调节阀的防堵性能。

④ 耐腐蚀。包括耐冲蚀、气蚀、腐蚀，主要涉及调节阀材料的选择，以及阀座、阀芯的表面处理，同时涉及经济问题，选择的调节阀应该具有良好的耐蚀性，且价格合理。

⑤ 耐压与耐温。这涉及调节阀的公称压力 PN/Class、工作温度的选择，应恰当地选择调节阀的壳体材料和内件材料，碳素钢选择 WCB 或 LCC。WCB 的工作温度可以达到 -29 ~ 425℃，LCC 的工作温度可以达到 -46 ~ 345℃。WCB 的最高工作压力可以达到 42.0MPa，LCC 的最高工作压力可以达到 60.0MPa。

2）综合的经济效果。在满足上述功能要求的基础上，至少应考虑以下四个问题：①可靠性高；②使用寿命长；③维修方便，有足够的备品、备件；④产生的性能价格比适宜。

（3）调节阀的密封性能　调节阀的密封性能是考核调节阀质量优劣的主要指标之一。调节阀的密封性能主要包括两个方面：内漏和外漏。内漏是指阀座与关闭件之间对介质的密封程度，考核标准是 GB/T 17213.4—2015。外漏是指阀杆填料部位的泄漏、推杆泄漏、中法兰垫片部位的泄漏，以及壳体因铸造缺陷造成的泄漏，检验标准或考核标准是 GB/T 26481—2022 或 API 598—2023。

1）调节阀密封面。调节阀密封面是指阀座与关闭件互相接触而进行关闭的部分，调节阀在使用过程中，由于密封面在进行密封的过程中要受到流体的冲刷、气蚀和磨损，所以调节阀的密封性能会随着使用时间的增长而降低。

① 金属密封面。金属密封面易受夹入流体颗粒的影响而变形，同时受流体的腐蚀、冲刷的损坏，如果磨损颗粒比表面不平整度大，在密封面磨合时，其表面粗糙度就会变差，因此，密封面必须选用耐磨蚀、耐冲刷和抗磨损的材料，如果不能满足其中任意一个要求，那么这种材料就不适宜用来制作密封面。

各种密封面材料对蒸汽喷射冲刷的冲蚀深度见表 6-11。

表 6-11　各种密封面材料对蒸汽喷射冲刷的冲蚀深度

密封面	冲蚀深度	材料
一级密封	<0.0127mm	Stellite No. 6、304（ASTM A276/A276M—2023）
二级密封	≥0.0127 ~ 0.0254mm	气焊 Stellite No. 6、316（ASTM A276/A276M—2023）
三级密封	≥0.0254 ~ 0.0508mm	410（ASTM A276/A276M—2023）
四级密封	≥0.0508 ~ 0.1016mm	高碳高铬氮化合金钢
五级密封	≥0.1016 ~ 0.2032mm	蒙乃尔合金
六级密封	≥0.2032 ~ 0.4064mm	低合金钢
七级密封	≥0.4064 ~ 0.8128mm	碳素钢

② 非金属密封面。接触的两个密封面可以单独、也可以全部使用氟塑料、橡胶这样的软质材料，由于这种材料会使接触面容易配合，调节阀能达到极高程

度的密封。缺点是这种材料受到流体适应性和使用温度的限制。

当非金属材料应用在工作压力10.0MPa以上时，应选择抗失压爆裂的材料。

2）调节阀垫片。垫片是调节阀产生外漏的关键因素之一，因此，针对不同介质、不同温度和不同的工作压力应选择不同的垫片。

① 金属平垫片。金属平垫片以其弹性和塑性变形来适应法兰面的不平整度。为了防止法兰面的塑性变形，垫片材料的屈服强度远低于法兰面材料的屈服强度，常用的材料有022Cr19Ni10、022Cr17Ni14Mo2。

② 缠绕式垫片。缠绕式垫片是由旋绕在外层的V形金属带和叠层之间镶嵌的软质材料组成。金属带使垫片具有一定程度的弹性，以补偿法兰面的微小变形，而镶嵌的软质材料进入法兰密封面不平整度空隙中起密封介质作用。

金属带通常用奥氏体不锈钢，垫片的填充材料可用聚四氟乙烯。

③ O形圈。O形圈密封性能好，一般受温度限制，但现在已有工作温度可达315℃的全氟橡胶。不过，对于使用在工作压力高于10.0MPa的橡胶材料，要选用抗失压爆裂的类型。

3）阀杆密封。阀杆密封主要涉及唇形填料和挤压式填料。

① 唇形填料。唇形填料由于其唇片柔软，又有弹簧支撑，在介质压力作用下会横向扩张，紧贴在圆柱的表面，密封力随介质压力上升而加大，因此，密封性能相对良好。大部分用于阀杆的唇形填料是用纯聚四氟乙烯或增强聚四氟乙烯制造的，通常做成U形和V形。

② 挤压式填料。挤压式填料的名称适用于O形圈一类的填料，这类填料安装后其侧面受到挤压，借助材料的弹性变形保持其侧向预紧力。

（4）轴流式调节阀的固有流量特性　轴流式调节阀的固有流量特性参见第4章4.3.2小节。

（5）轴流式调节阀公称尺寸DN/NPS的确定　轴流式调节阀公称尺寸DN/NPS的确定需要依据正确的工艺数据。确定轴流式调节阀公称尺寸DN/NPS的步骤如下：

① 确定操作条件，如阀前和阀后的压力是否是阀门全开时的数据，流量是最大流量还是正常流量，以及流体组分、流体密度、调节阀环境温度、噪声要求等。

② 确定调节阀的流量系数，如压力恢复系数、调节阀的类型修正系数、液体临界压力比系数等。

③ 确定调节阀的额定流量系数。计算调节阀的开度，对实际可调比进行验算。

（6）计算流量系数

① 判断是否为阻塞流。对于气体，当$x \geqslant F_\gamma x_T$时为阻塞流，当$x < F_\gamma x_T$时

为非阻塞流。

a）对于公称压力为 Class600：

$$x = \Delta p/p_1 = (p_1 - p_2)/p_1 = (101.0 - 41.0)/101.0 = 0.594$$

查标准 GB/T 17213.2—2017 可知，CH_4 的 $\gamma = 1.32$，$F_\gamma = 0.943$，$x_T = 0.68$。也可计算 F_γ：

$$F_\gamma = \frac{\gamma}{1.40} = \frac{1.32}{1.40} = 0.943$$

$$F_\gamma x_T = 0.943 \times 0.68 = 0.641$$

式中　x——压差与入口绝对压力之比（$\Delta p/p_1$），无量纲；

x_T——阻塞流条件下无附接管件调节阀的压力恢复系数，无量纲；

F_γ——比热容比系数，无量纲。

$x < F_\gamma x_T$，因此，流态是非阻塞流。

b）对于公称压力 Class900：

$$x = \Delta p/p_1 = (p_1 - p_2)/p_1 = (121.0 - 41.0)/121.0 = 0.661$$

查标准 GB/T 17213.2—2017 可知。CH_4 的 $\gamma = 1.32$，$F_\gamma = 0.943$，$x_T = 0.68$。

$$F_\gamma x_T = 0.943 \times 0.68 = 0.641$$

$x > F_\gamma x_T$，因此，流态是阻塞流。

② 计算流量系数 C。

a）对于 Class600，流态是非阻塞流。

计算膨胀系数 Y：

$$Y = 1 - \frac{x}{3F_\gamma x_T} = 1 - \frac{0.594}{3 \times 0.943 \times 0.68} = 1 - \frac{0.594}{1.924} = 0.691$$

计算流量系数 C：

$$C = \frac{Q}{N_9 p_1 Y}\sqrt{\frac{MT_1 Z}{x}}$$

式中　C——流量系数（K_v）；

Q——体积流量（m^3/h）；

N_9——数字常数（K_v），$t_s = 15℃$时，$N_9 = 2.60 \times 10^3$；

p_1——上游取压口测得的入口绝对压力（bar），$p_1 = 101.0bar$；

Y——膨胀系数，$Y = 0.691$；

M——摩尔质量（kg/kmol），$M = 16.04kg/kmol$；

T_1——入口绝对温度（K），$T_1 = 273K + 60K = 333K$；

Z——压缩系数，按比压力 p_γ 和比温度 T_γ，按 4.3.1. 小节可知，$Z = 0.91$；

x——压差与入口绝对压力之比（$\Delta p/p_1$），$x = 0.594$。

$$p_{\gamma}=\frac{p_1}{p_c}=\frac{101}{46.34}=2.18$$

式中 p_{γ}——比压力；

p_c——绝对热力学临界压力，查 GB/T 17213.2—2017 可知，p_c = 46.34bar。

$$T_{\gamma}=\frac{T_1}{T_c}=\frac{333}{203}=1.64$$

式中 T_{γ}——比温度；

T_c——绝对热力学临界温度，查 GB/T 17213.2—2017 可知，$T_c=203$。

最大流量时的流量系数 $C(K_v)$ 值：

$$C(K_v)=\frac{70\times10^4}{2.6\times10^3\times101\times0.691}\times\sqrt{\frac{16.04\times333\times0.91}{0.594}}=\frac{700}{181.4566}\times\sqrt{\frac{4860.6}{0.594}}$$

$$=3.86\times90.459=349.0$$

最小流量时的流量系数 $C(K_v)$ 值：

$$C(K_v)=\frac{9\times10^4}{2.6\times10^3\times101\times0.691}\times\sqrt{\frac{16.04\times333\times0.91}{0.549}}=\frac{90}{181.4566}\times\sqrt{\frac{4860.6}{0.594}}$$

$$=0.496\times90.459=44.87$$

b）对于 Class900，流态是阻塞流。

计算流量系数 $C(K_v)$：

$$C(K_v)=\frac{Q}{0.667N_9p_1}\sqrt{\frac{MT_1Z}{F_{\gamma}x_T}}$$

式中 C——流量系数（K_v）；

Q——体积流量（m^3/h）；

N_9——数字常数（K_v），$t_s=15℃$时，$N_9=2.6\times10^3$；

p_1——上游取压口测得的入口绝对静压力（kPa），$p_1=121.0$bar；

M——摩尔质量，$M=16.04$g/mol；

T_1——入口绝对温度，$T_1=273K+60K=333K$；

Z——压缩系数，按比压力 p_{γ} 和比温度 T_{γ} 查 4.3.1 小节可知，$Z=0.91$；

F_{γ}——比热容比系数，$F_{\gamma}=0.943$（查 GB/T 17213.2—2017）；

x_T——阻塞流条件下无附接管件控制阀的压差比系数，$x_T=0.68$；（查 GB/T17213.2—2017）。

$$p_{\gamma}=\frac{p_1}{p_c}=\frac{121}{46.34}=2.611$$

式中　p_{γ}——比压力；

p_c——绝对热力学临界压力（bar），$p_c=46.34\text{bar}$（查 GB/T 17213.2—2017）。

$$T_{\gamma}=\frac{T_1}{T_c}=\frac{333}{203}=1.64$$

式中　T_{γ}——比温度；

T_c——绝对热力学临界温度（K），$T_c=203\text{K}$（查 GB/T 17213.2—2017）。

最大流量时的流量系数 $C(K_v)$ 值：

$$C(K_v)=\frac{90\times10^4}{0.667\times2.6\times10^3\times121}\times\sqrt{\frac{16.04\times333\times0.91}{0.943\times0.68}}=\frac{900}{209.84}\times\sqrt{\frac{4860.6}{0.641}}$$
$$=4.289\times87.08=373.48$$

最小流量时的流量系数 $C(K_v)$ 值：

$$C(K_v)=\frac{10\times10^4}{0.667\times2.6\times10^3\times121}\times\sqrt{\frac{16.04\times333\times0.91}{0.943\times0.68}}=\frac{100}{209.84}\times\sqrt{\frac{4860.6}{0.641}}$$
$$=0.4766\times87.08=41.5$$

（7）计算轴流式调节阀的雷诺数

$$Re_v=\frac{N_4F_dQ}{\nu\sqrt{C_iF_L}}\left(\frac{F_L^2C_i^2}{N_2D^4}+1\right)^{1/4}$$

式中　Re_v——调节阀雷诺数；

N_4——数字常数，$N_4(K_v)=7.07\times10^{-2}$；

F_d——调节阀类型修正系数（查 GB/T 17213.2—2017 可知，$F_d=0.09$）；

Q——体积流量（m^3/h）；对于 Class600，$Q_{max}=70\times10^4$，$Q_{min}=9\times10^4$；对于 Class900，$Q_{max}=90\times10^4$，$Q_{min}=10\times10^4$；

ν——运动黏度（m^2/s），$\nu=1.45\times10^{-5}m^2/s$；

C_i——用于反复计算的假定流量系数，$C_i=1.3C$；对于 Class600，$C_{imax}=1.3C\ (K_v)_{max}=1.3\times349=453.7$，$C_{imin}=1.3C\ (K_v)_{min}=1.3\times44.87=58.331$；对于 Class900，$C_{imax}=1.3C\ (K_v)_{max}=1.3\times373.48=485.524$，$C_{imin}=1.3C\ (K_v)_{min}=1.3\times41.5=53.95$。

F_L——无附接管件调节阀的液体压力恢复系数，查 GB/T 17213.2—2017，$F_L=0.9$；

N_2——数字常数，$N_2(K_v)=1.6\times10^{-3}\text{mm}$；

D——管道内径，对于 Class600，$D=247.7\text{mm}$，对于 Class900，$D=282.4\text{mm}$。

对于 Class600：

$$Re_v=\frac{7.07\times10^{-2}\times0.09\times70\times10^4}{1.45\times10^{-5}\sqrt{453.7\times0.9}}\times\left(\frac{0.9^2\times453.7^2}{1.6\times10^{-3}\times247.7^4}+1\right)^{\frac{1}{4}}=\frac{4454.1}{0.0002929}\times(1.025)^{\frac{1}{4}}$$

$$=15.2\times10^6\times1.00619=15.3\times10^6$$

对于 Class 900：

$$Re_v=\frac{7.07\times10^{-2}\times0.09\times90\times10^4}{1.45\times10^{-5}\sqrt{485.524\times0.9}}\times\left(\frac{0.9^2\times485.524^2}{1.6\times10^{-3}\times282.4^4}+1\right)^{\frac{1}{4}}=\frac{5726.7}{0.0003}\times(1.02)^{\frac{1}{4}}$$

$$=19\times10^6\times1.00496=19.1\times10^6$$

判断：对于 Class600，$Re_v=15.3\times10^6>10000$；对于 Class900，$Re_v=19.1\times10^6>10000$。阀尺寸等于管道尺寸。

采用计算出的 C：对于 Class600，C（K_v）=453.7；对于 Class900，C（K_v）=485.524。

（8）轴流式调节阀额定流量系数的确定　调节阀额定流量系数是调节阀出厂时所具备的流量系数。额定流量系数与调节阀公称尺寸等因素有关，公称尺寸放大，额定流量系数随之变大，通常，调节阀流路越复杂，额定流量系数越小，例如，同公称尺寸低噪声调节阀的额定流量系数要比直通单座调节阀小，相同公称尺寸螺阀比直通单阀座阀的流量系数大。

根据调节阀的计算流量系数（用 C 表示），所选用调节阀的固有流量特性等，确定调节阀的额定流量系数（用 C_{100} 表示），在确定额定流量系数后需要核算调节阀的开度，实际可调比等数据，检查它们是否满足工艺过程控制和操作的要求，如果不满足，则需要重新选调节阀额定流量系数，并进行核算，直到满足所需要求。

计算流量系数的圆整。对调节阀计算流量系数进行圆整的原因如下：

① 调节阀制造商提供的额定流量系数与计算流量系数不可能一致，因此，要对计算流量系数进行放大，并圆整到调节阀制造商能够提供的额定流量系数。

② 调节阀计算流量系数点最大流量工况下的计算值，没有考虑一定的操作裕度，因此，要进行必要的放大。

③ 通常，希望调节阀在最大流量时的开度为 85%，对不同流量特性的调节阀，在最大流量时的开度不同，例如，固有可调比 R 为 30 的调节阀，线性流量特性调节阀的开度为 79.3%，等百分比流量特性调节阀的开度为 93.4%，因此，选用线性流量特性调节阀时，通常要放大一级，而选用等百分比流量特性调节阀时，需放大二级。

④ 对于不同压降比，最大流量时调节阀开度也有变化，因此，需要考虑压

降比的影响。

计算流量系数 C 圆整的经验方法是：向上圆整一级或圆整二级，圆整后的流量系数是调节阀额定流量系数 C_{100}，也可按相对开度确定应放大的倍率 k，$C_{100}=kC$。

表 6-12 列出了所需放大倍率与相对开度 L 的关系。

表 6-12　所需放大倍率与相对开度 L 的关系（$R=30$）

L(%)	10	20	30	40	50	60	65	70	75	80	85	90	95	100
线性	7.692	4.412	3.093	2.381	1.935	1.630	1.511	1.409	1.319	1.240	1.170	1.107	1.051	1
等百分比	21.35	15.19	10.81	7.696	5.477	3.898	3.289	2.774	2.34	1.974	1.666	1.405	1.185	1

对于 Class600：计算流量系数 $C(K_v)=453.7$。阀门的开度为 80%，按表 6-12选用所需倍率为 1.974。额定流量系数 $C_{100}(K_{v100})=kC=1.974\times453.7=895.6$。

对于 Class900：计算流量系数 $C(K_v)=485.524$。阀门的开度为 80%，按表 6-12选用所需倍率为 1.974。额定流量系数 $C_{100}(K_{v100})=kC=1.974\times485.524=958.5$。

（9）轴流式调节阀的开度　不同流量特性调节阀，其开度计算公式不同。等百分比调节阀压降比 S 为 1 时开度计算如下：

对于 Class600：

$$q=\frac{C}{C_{100}}=R^{(l-1)}$$

$$l=\frac{L}{L_{\max}}=1+\frac{1}{\lg R}\lg q$$

当 $R=30$ 时：

$$l=\frac{L}{L_{\max}}=1+0.677\lg q=1+0.677\times\lg\frac{453.7}{895.6}=1+0.677\times\lg 0.5066$$
$$=1+0.677\times(-0.2954)=1-0.1999=0.80=80\%$$

对于 Class900：

$$q=\frac{C}{C_{100}}=R^{(l-1)}$$

$$l=\frac{L}{L_{\max}}=1+\frac{1}{\lg R}\lg q$$

当 $R=30$ 时：

$$l=\frac{L}{L_{\max}}=1+0.677\lg q=1+0.677\times\lg\frac{485.524}{958.5}=1+0.677\times\lg 0.5066$$
$$=1+0.677\times(-0.2954)=1-0.1999=0.80=80\%$$

（10）轴流式调节阀公称尺寸 DN/NPS 的选择　根据调节阀制造商提供的流量系数：

对于 Class600、DN250 的流量系数 $C(K_v)$ 为 900；满足计算的额定流量系数 $C(K_v)=895.6$，故对于 Class600 的公称尺寸确定为 DN250/NPS10。

对于 Class900、DN300 的流量系数 $C(K_v)$ 为 1200；满足计算的额定流量系数 $C(K_v)=958.5$，故对于 Class900 的公称尺寸确定为 DN300/NPS12。

6.3.2 安全切断阀的选择

1. 翻板式安全切断阀的选择

根据对调节阀的公称压力 PN/Class 和公称尺寸 DN/NPS 的确定。翻板式安全切断阀应选择与调节阀相同的公称压力和公称尺寸。但翻板式安全切断阀由于翻板结构的限制，公称尺寸过大，则翻板对密封面的冲击力过大，会对密封面的寿命有影响，因此，不宜选用公称压力过高和公称尺寸过大的翻板式安全切断阀；宜选用公称压力 PN100/Class600、公称尺寸小于或等于 DN400/NPS16 的翻板式安全切断阀和公称压力 PN150/Class900、公称尺寸小于或等于 DN300/NPS12 的翻板式安全切断阀。

2. 自驱式安全切断阀的选择

根据对调节阀的公称压力 PN/Class 和公称尺寸 DN/NPS 的确定。自驱式安全切断阀应选用与调节阀相同的公称压力和公称尺寸。但自驱式安全切断阀由于要用气缸和弹簧去控制轴流式的套筒阀瓣快速关闭，由于结构尺寸的关系，自驱式安全切断阀不宜选用公称尺寸过小的自驱式安全切断阀，宜选用公称尺寸大于或等于 DN250/NPS10 的自驱式安全切断阀。

6.3.3 监控调压阀（自力式调节阀）的选择

根据对工作调压阀（轴流式调节阀）的公称压力 PN/Class 和公称尺寸 DN/NPS 的确定。监控调压阀应选用与工作调压阀（轴流式调节阀）的公称压力 PN/Class 和公称尺寸 DN/NPS 相同的监控调压阀，但监控调压阀由于结构的关系，公称尺寸 DN/NPS 过大的监控调压阀的中法兰直径会很大，如公称压力 PN150/Class900、公称尺寸 DN300/NPS12 的中法兰直径为 ϕ1030mm，它的自重会对天然气管线承重有很大影响。另外它的膜片的制造受尺寸的限制，尺寸太大它的膜片的模具和压力机都受影响，因此膜片的制造是个关键问题。其次膜片承压也是问题，因此监控调压阀（自力式调节阀）制造受公称压力 PN/Class 和公称尺寸 DN/NPS 的限制，根据监控调压阀的结构选择在公称压力 PN150/Class900，公称尺寸 DN300/NPS12 为宜，大于公称尺寸 DN300/NPS12 的工作调压阀（轴流式调节阀）的调压装置宜选用双切断、一调节的调压壳，即安全切断阀—安全切断阀—工作调压阀（轴流式调节阀）的调压壳。

6.4　天然气调压装置关键阀门压力取样点的安装位置和取样点的管路尺寸

气体调压阀取样点和工作阀门取样点分别如图 6-2 和图 6-3 所示，气体调压阀（PCV）的压力取样点为工作阀门（PVC 或 PV）后（5 ~ 8）DN。

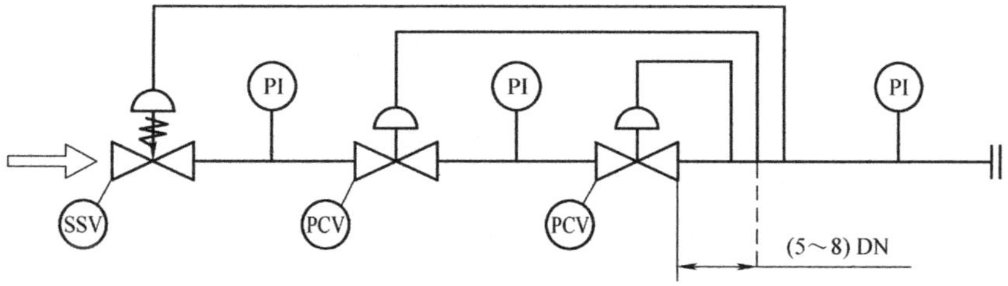

图 6-2　气体调压阀取样点

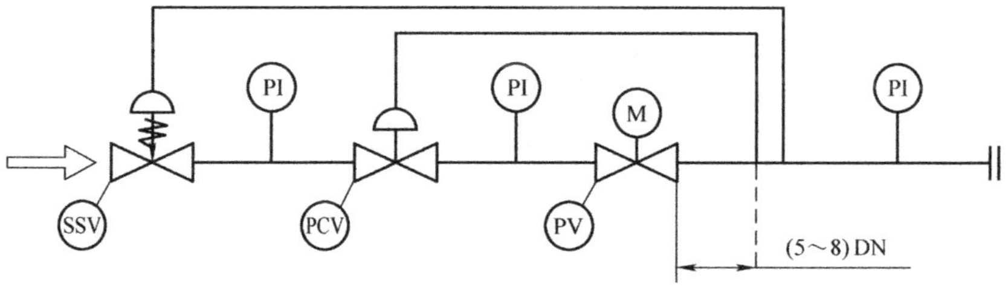

图 6-3　工作阀门取样点

6.5　调压壳外观图

调压壳外观图如图 6-4 所示。

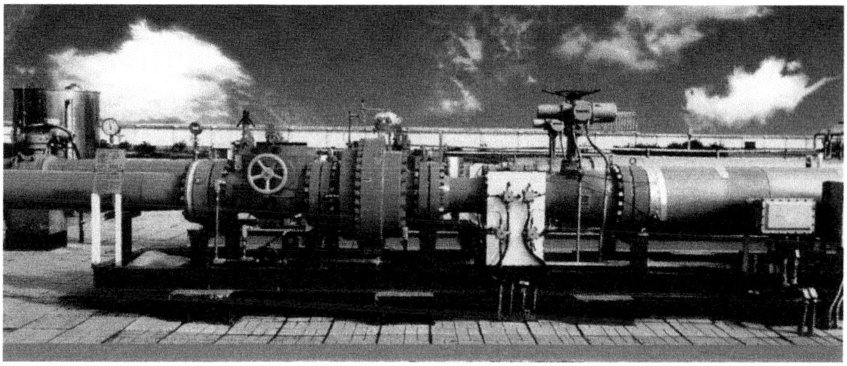

图 6-4　调压壳外观图

参考文献

［1］陆培文．实用阀门设计手册［M］．4 版．北京：机械工业出版社，2020.

［2］陆培文，宁道俊．国外先进阀门连接法兰标准解析［M］．北京：中国质检出版社，中国标准出版社，2015.

［3］宁丹枫，陆培文．国外先进阀门材料标准解析［M］．北京：中国质检出版社，中国标准出版社，2015.

［4］陆培文，宁道俊．国外先进阀门产品标准解析：上［M］．北京：中国质检出版社，中国标准出版社，2015.

［5］陆培文，宁道俊．国外先进阀门试验与检验标准解析［M］．北京：中国质检出版社，中国标准出版社，2015.

［6］陆培文，宁道俊．国外先进阀门设计基础与结构长度标准解析［M］．北京：中国质检出版社，中国标准出版社，2016.

［7］陆培文．工业过程控制阀设计选型与应用技术［M］．北京：中国质检出版社，中国标准出版社，2016.

［8］陆培文，汪裕凯．调节阀实用技术［M］．2 版．北京：机械工业出版社，2017.